应用型本科"十三五"规划教材／电子信息类系列课程

信号与线性系统分析

主　编　谭　静
副主编　卞晓晓　张小琴　徐　超

南京大学出版社

内容简介

本书是南京航空航天大学金城学院"信号与系统"精品课程项目的建设内容之一。主要内容为"确定性信号通过线性时不变系统的传输和处理",按照"先时域再频域"、"先连续再离散"的顺序介绍卷积、傅里叶变换、拉普拉斯变换、z变换等理论基础知识。通过较多的实例分析帮助理解和接受理论概念,强化信号与线性系统理论和性质的应用,并增加 MATLAB 程序仿真内容。

本书注重知识点的前后联系与逻辑关系,充分考虑体现本书知识点与后续专业课程的逻辑关系。可作为电子信息工程、通信工程、信息与通信工程、电气工程及其自动化、自动化、计算机科学与技术、软件工程等专业的"信号与系统"课程教材。

图书在版编目(CIP)数据

信号与线性系统分析 / 谭静主编. —— 南京:南京大学出版社,2016.8(2018.7 重印)

应用型本科"十三五"规划教材. 电子信息类系列课程
ISBN 978-7-305-17493-3

Ⅰ. ①信… Ⅱ. ①谭… Ⅲ. ①信号系统－系统分析－高等学校－教材②线性系统－系统分析－高等学校－教材 Ⅳ. ①TN911.6

中国版本图书馆 CIP 数据核字(2016)第 202774 号

出版发行	南京大学出版社
社　　址	南京市汉口路 22 号　　邮　编　210093
出 版 人	金鑫荣
丛 书 名	应用型本科"十三五"规划教材·电子信息类系列课程
书　　名	信号与线性系统分析
主　编	谭　静
责任编辑	周　琛　王南雁　　　　编辑热线　025-83597482
照　　排	南京南琳图文制作有限公司
印　　刷	南京鸿图印务有限公司
开　　本	787×1092 1/16　印张 15.5　字数 368 千
版　　次	2016 年 8 月第 1 版　2018 年 7 月第 2 次印刷
ISBN	978-7-305-17493-3
定　　价	33.80 元

网　址:http://www.njupco.com
官方微博:http://weibo.com/njupco
微信服务号:njuyuexue
销售咨询热线:(025) 83594756

* 版权所有,侵权必究

* 凡购买南大版图书,如有印装质量问题,请与所购图书销售部门联系调换

前　言

　　本书是南京航空航天大学金城学院"信号与系统"精品课程项目建设内容之一，根据高等学校理工科科学指导委员会制定的"信号与系统"课程教学基本要求，结合参编本教材的教师的多年教学经验、科研教改成果编写而成。

　　本书立足于适应技术应用型本科院校，尤其是适应独立学院的教学现状需要，既把握信号与线性系统课程为重要的电类专业基础课程的特点，又充分考虑技术应用型本科院校学生自身理论基础相对薄弱的特点。

　　本书主要内容为"确定性信号通过线性时不变系统的传输和处理"，按照"先时域再频域"、"先连续再离散"的顺序介绍卷积、傅里叶变换、拉普拉斯变换、z变换等理论基础知识。与已出版的同类教材相比，本教材致力于简化繁杂的公式推导过程，强化信号与线性系统理论和性质的应用，通过较多的实例分析帮助理解和接受理论概念，以较多的形象化图形来进行解析。做到以实例教学和形象化教学，教材内容针对性强、通俗易懂。

　　本书注重知识点的前后联系与逻辑关系，也充分考虑体现本书知识点与后续专业课程的逻辑关系，为学生学习本课程和学习后续专业课程打下良好的基础。教程中的知识点：拉普拉斯变换与傅里叶变换、z变换与拉普拉斯变换、离散系统分析与连续系统分析等都有着密切的逻辑关系；"信号与系统"课程在整个专业教学中起着承前启后的重要作用，它是继高等数学、电路理论基础课程之后向数字信号处理、通信原理或自动控制原理等专业课程过渡的桥梁。对于与前面知识点联系密切的新知识点，通过"温故而知新"引出；对在后续课程中起重要作用的知识点，突出其重要性，提出待解决问题，使学生保持学习兴趣。

　　本书充分考虑增强理论的实际应用性和提高使用者的实践能力，增加 MATLAB 程序实现，通过软件仿真图形结果让使用者更客观地学习并掌握信号与系统的理论概念和应用。开发了"基于 MATLAB GUI 可视化信号与系统辅助教学仿真平台"，配套本教材使用。教师利用该平台能在课堂上以交互的方式对课程中的抽象概念进行实时仿真，并以图形和动画的方式显示仿真结果，这种形式有助于教师的讲解和学生的理解。

　　本书由谭静、卞晓晓、张小琴、徐超编写。由于作者水平有限，书中难免有不妥之处，敬请读者批评指正。作者邮箱：nuaatans@nuaa.edu.cn。

编者

2016 年 7 月

目 录

前 言 ··· 1
第一章 信号与系统的基本概念 ··· 1
  1.1 引言 ··· 1
  1.2 信号的基本概念 ··· 2
    1.2.1 信号的定义及分类 ··· 2
    1.2.2 常用连续信号 ·· 3
  1.3 连续信号的简单处理 ··· 11
  1.4 系统的概念 ··· 15
  1.5 线性非时变系统的分析 ·· 17
  习 题 ··· 18
第二章 连续时间信号与系统的时域分析 ······································ 20
  2.1 连续时间系统的数学模型与算子表示法 ······························ 20
    2.1.1 连续时间系统的数学模型 ·· 20
    2.1.2 系统微分方程的算子表示形式 ···································· 21
    2.1.3 转移算子 ·· 22
    2.1.4 电路模型的算子形式 ·· 23
  2.2 连续时间系统的零输入响应 ·· 25
    2.2.1 初始条件 ·· 25
    2.2.2 通过微分算子方程求解系统的零输入响应 ···················· 26
  2.3 连续时间系统的冲激响应 ··· 31
  2.4 卷积积分 ·· 35
    2.4.1 卷积的引入 ··· 35
    2.4.2 卷积的求解 ··· 36
    2.4.3 卷积的主要性质 ·· 39
  2.5 连续时间系统的零状态响应和全响应求解 ···························· 42
    2.5.1 连续时间系统的零状态响应求解 ································· 42
    2.5.2 系统全响应求解 ·· 43
    2.5.3 典型信号的响应求解 ·· 45
  2.6 MATLAB 仿真实例 ·· 49
  习 题 ··· 56
第三章 连续时间信号与系统的频域分析 ······································ 61
  3.1 信号的正交分解与傅里叶级数 ··· 61

  3.1.1 三角傅里叶级数 ·· 62
  3.1.2 指数傅里叶级数 ·· 65
  3.1.3 函数的对称性与谐波含量 ·· 66
 3.2 周期信号的频谱 ·· 70
  3.2.1 周期信号的频谱特点 ··· 70
  3.2.2 周期信号频谱的带宽 ··· 71
 3.3 傅里叶变换与非周期信号的频谱 ··· 74
  3.3.1 从傅里叶级数到傅里叶变换 ·· 74
  3.3.2 傅里叶变换的物理意义 ·· 76
  3.3.3 傅里叶变换的奇偶性 ··· 77
 3.4 典型信号的傅里叶变换 ··· 78
 3.5 傅里叶变换的性质 ··· 84
 3.6 频域系统函数 ··· 98
  3.6.1 频域系统函数的定义 ··· 98
  3.6.2 系统函数的求法 ··· 98
 3.7 连续系统的频域分析法 ··· 100
 3.8 傅里叶变换的应用 ··· 103
  3.8.1 理想低通滤波器的传输特性 ·· 103
  3.8.2 调制与解调 ·· 106
  3.8.3 系统无失真传输及其条件 ··· 109
 3.9 MATLAB仿真实例 ·· 111
 习 题 ·· 117

第四章 连续时间信号与系统的复频域分析 ··· 121
 4.1 拉普拉斯变换 ·· 121
  4.1.1 拉普拉斯变换的定义 ··· 121
  4.1.2 拉普拉斯变换的收敛域 ·· 123
  4.1.3 常见信号的拉普拉斯变换对 ··· 124
 4.2 拉普拉斯变换的性质 ·· 128
 4.3 拉普拉斯反变换 ·· 137
 4.4 复频域系统函数 ·· 141
  4.4.1 系统函数 $H(s)$ 的求法 ··· 141
  4.4.2 零、极点图 ·· 145
 4.5 线性系统复频域分析法 ··· 148
  4.5.1 拉普拉斯变换求全响应 ·· 148
  4.5.2 从信号分解的角度分析系统 ··· 149
 4.6 线性系统的模拟 ·· 152
  4.6.1 线性系统的模拟方框图 ·· 152
  4.6.2 信号流图 ··· 157

4.7 系统稳定性判断 ······ 165
    4.7.1 系统稳定 ······ 165
    4.7.2 根据极点在 s 平面的位置判断系统稳定性 ······ 166
    4.7.3 罗斯-霍维茨判据 ······ 166
4.8 MATLAB 仿真实例 ······ 170
习 题 ······ 181

第五章 离散时间信号与系统的时域分析 ······ 185

5.1 离散时间信号 ······ 185
    5.1.1 离散时间信号的表示 ······ 185
    5.1.2 常用基本序列 ······ 186
5.2 连续信号的抽样 ······ 187
    5.2.1 抽样信号 ······ 188
    5.2.2 抽样定理 ······ 189
    5.2.3 抽样信号的恢复 ······ 190
5.3 离散系统的描述与模拟 ······ 191
    5.3.1 离散系统的描述——差分方程 ······ 191
    5.3.2 离散系统的算子方程 ······ 192
    5.3.3 离散系统的模拟框图 ······ 192
5.4 离散系统的零输入响应 ······ 195
    5.4.1 一阶离散系统的零输入响应 ······ 195
    5.4.2 n 阶离散系统的零输入响应 ······ 196
    5.4.3 离散系统的特征根的物理意义 ······ 198
5.5 离散系统的零状态响应 ······ 199
    5.5.1 离散卷积 ······ 199
    5.5.2 单位函数响应 ······ 202
5.6 离散系统的全响应 ······ 204
    5.6.1 离散系统全响应 ······ 204
    5.6.2 离散系统与连续系统时域分析法的比较 ······ 206
5.7 MATLAB 仿真实例 ······ 206
习 题 ······ 211

第六章 离散时间信号与系统的 z 域分析 ······ 213

6.1 z 变换定义及其收敛域 ······ 213
    6.1.1 z 变换的定义 ······ 213
    6.1.2 z 变换的收敛域 ······ 214
    6.1.3 常用序列的 z 变换 ······ 215
6.2 z 变换的性质 ······ 216
6.3 z 反变换 ······ 220
    6.3.1 幂级数法 ······ 221

  6.3.2 部分分式法 ·· 222
 6.4 离散系统的z域分析 ··· 224
  6.4.1 离散系统的系统函数 ·· 224
  6.4.2 z变换求解全响应 ·· 225
  6.4.3 从信号分解的角度分析系统 ··· 226
  6.4.4 离散系统的稳定性 ·· 228
 6.5 MATLAB仿真实例 ··· 229
 习　题 ··· 230
附录A 符号一览 ·· 232
附录B 主要术语中英文对照 ··· 234
参考文献 ··· 240

第一章 信号与系统的基本概念

本章配套

信号与系统的基本特性及分析方法是研究通信、自控、电气及计算机技术等学科必备的知识。本章介绍信号与系统的概念以及它们的分类方法,并讨论基本信号的定义和性质。深入研究阶跃信号、冲激信号及其特性,介绍连续信号的简单处理方法,以方便读者对后面各章节的理解。

【学习要求】

初步掌握信号的定义及分类方法,要求掌握直流信号、余弦信号、单位阶跃信号、门信号、单位冲激信号、单位斜坡信号、单边衰减指数信号、复指数信号、抽样信号等的定义和性质。掌握连续信号的基本运算和时域变换,明确系统的概念及分类方法。

1.1 引言

信息,即音讯、消息、通信系统传输和处理的对象,泛指人类社会传播的一切内容。传递信息,首先需要用某种物理方式将信息表达出来,例如语言、文字、图像等,还可用事先约定的编码来表达。用约定方式组成的含有信息的符号统称为消息。消息依附于某一个物理量的变化就构成信号,在无线电技术中一般是指电信号。电信号常常是随时间变化的电压或电流。

信号的传输与处理要用由许多具有不同功能的单元组织起来的一个复杂的系统来完成。广义上讲,一切信息的传输过程都可以看成通信,一切完成信息传输任务的系统都是通信系统。一个通信系统的主要任务是消息和信号的互相转换及信号的处理、信号的转换。通信系统的组成如图 1.1.1 所示。

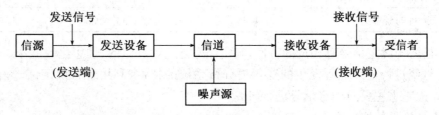

图 1.1.1 通信系统的组成

图 1.1.1 中,信息源把各种消息转换成原始电信号,如麦克风。信源可分为模拟信源和数字信源。发送设备产生适合于在信道中传输的信号。信道是将来自发送设备的信号传送到接收端的物理媒质,分为有线信道和无线信道两大类。接收设备从受到减损的接收信号中正确恢复出原始电信号。受信者把原始电信号还原成相应的消息,如扬声器等。

通信技术研究的任务是保证通过信道传输后的输出信号能够尽量和信息源的输入信号相同或达到某种需要的变换。由此需要考虑一系列问题，如：信号通过通信系统的各个部分以后会产生怎样的变化；什么样的系统适合信号传输；在同一信道中如何传输多个信号而不导致相互干扰等。为了解决这些问题，必须建立系统性的分析方法，以满足工程应用中的需求。

除了通信系统外，其他电子系统也担负着信号的传输和处理工作，如自动控制系统等。控制系统的组成部分与通信系统不同，工作目标有差异，但是它们设计的基本理论和方法同样是信号的处理、系统对信号的传输等。这些对信号处理的方法同样适用于许多非电系统。所以，信号与系统分析理论的应用非常广泛，成为诸多学科的重要基础。

1.2 信号的基本概念

信号是带有信息的随时间和空间变化的物理量或物理现象，是信息的载体与表现形式，电信号是一种最便于传输、控制与处理的信号。在数学上，信号可以被描述为一个或多个变量的函数，除了可以用解析式描述外，还可以用图形、测量或统计数据表格来描述。

1.2.1 信号的定义及分类

在信息传输系统中传输的主体是信号。广义上说，信号是随时间变化的某种物理量。本书中信号表示为时间的函数，所以信号和函数可以通用。

按照信号的不同性质与数学特征，信号有多种不同的分类方式。

1. 确定信号和随机信号

确定信号是指在定义域内的任意时刻都有确定的函数值，能够表示为确定的时间函数的信号，如正弦信号 $f(t)=\sin t$。对随机信号，给定时间 t 时信号值不确定，而只知道取某一数值的概率，如表 1.2.1 所示的随机信号。

表 1.2.1 随机信号举例

随机信号 $s(t)$	$\sin t$	$\cos t$	1
出现的概率	1/4	1/4	1/2

实际信号与确定信号有相近的特性，确定信号是一种近似的、理想化的信号。也可以利用确定信号经过特定系统所发生的变化去分析系统的特性，利用各种确定信号去调试（测试）系统。故本书主要对确定信号进行研究。

2. 连续信号和离散信号

确定信号如果在某一时间段内的所有时间点上（除了有限个断点之外）都有定义，这种信号就称为连续时间信号，简称为连续信号。在连续信号中可有不连续点，连续是指时间变量 t 的连续。图 1.2.1 所示的函数为在时间间隔 $-\infty < t < +\infty$ 内的连续信号。

如果信号仅在离散时刻上有定义，称为离散时间信号，简称为离散信号。间隔相等的离散信号也称为序列，如图 1.2.2 所示的函数。图中函数 $f(k)$ 只在 k 取整数的时候有定义。

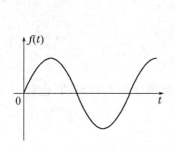
图 1.2.1　连续信号的图形表示

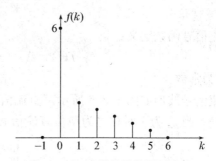
图 1.2.2　离散信号的图形表示

3. 周期信号与非周期信号

按信号值随时间变化的规律,可以将信号分为周期信号和非周期信号。在工程上周期信号常常只是指在较长的时间内周期重复的信号,并非严格的数学意义上的周期信号。连续时间周期性信号满足:

$$f(t-nT)=f(t) \quad (n=0,\pm 1,\pm 2,\cdots) \tag{1.2.1}$$

离散时间周期性信号满足:

$$f(k\pm N)=f(k) \tag{1.2.2}$$

式中,N 为大于零的整数。

非周期性信号是不满足上述关系的信号。注意:非周期信号可以认为是周期 T 趋向于无穷大的周期信号。

4. 能量信号与功率信号

按信号的能量特性可以将信号分为能量信号和功率信号。连续信号 $f(t)$ 的能量定义为

$$E \triangleq \lim \int_{-\infty}^{\infty} |f(t)|^2 \mathrm{d}t \tag{1.2.3}$$

连续信号 $f(t)$ 的平均功率定义为

$$P \triangleq \lim_{T\to\infty} \frac{1}{T} \int_{-\frac{T}{2}}^{\frac{T}{2}} |f(t)|^2 \mathrm{d}t \tag{1.2.4}$$

如果信号的总能量是非零的有限值,则称其为能量信号。如果信号的总能量为无穷大但平均功率为有限值,则称其为功率信号。

按信号的特点,还可以将信号分类为正弦信号与非正弦信号、一维信号与二维或多维信号等。本书研究的信号是确定的一维连续和离散的信号。若 $t<0$ 时 $f(t)=0$,则称 $f(t)$ 为有始信号,或因果信号;$t=0$ 为一时间参考点。本书主要研究因果信号通过系统后的响应。

1.2.2　常用连续信号

波形及其时间函数的表达式较为简洁,并且是在工程实际中与理论研究中常用的信号,称为基本信号。复杂信号可以由一系列基本信号组合而成。本节介绍基本的常用连续信号。

1. 直流信号

直流信号函数定义：
$$f(t)=A \quad (-\infty<t<+\infty) \tag{1.2.5}$$

式中，A 为常数。

直流信号波形如图 1.2.3 所示。直流信号的取值范围是整个时间轴，也称直流信号为常量信号。当 A 为 1 时称之为单位直流信号。

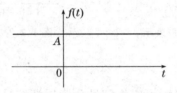

图 1.2.3　直流信号

2. 正弦信号

本书中正弦信号用 cos 的形式表示。正弦信号的函数定义式：
$$f(t)=A\cos(\Omega t+\psi) \quad (-\infty<t<+\infty) \tag{1.2.6}$$

式中，A、Ω、ψ 分别称为正弦信号的振幅、角频率和初相角，三者均为实常数。

正弦信号波形如图 1.2.4 所示。

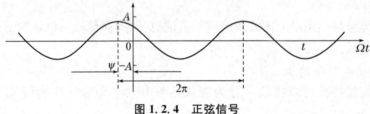

图 1.2.4　正弦信号

正弦信号性质：

(1) 正弦信号是周期 $T=2\pi/\Omega$ 时的无时限周期信号，当 $T\to\infty$ 时就变为非周期的直流信号。

(2) 其导函数仍然是同频率的正弦信号，振幅变为 ΩA，相位增加了 $\pi/2$。如式(1.2.7)所示：
$$f'(t)=\frac{\mathrm{d}}{\mathrm{d}t}f(t)=\frac{\mathrm{d}}{\mathrm{d}t}[A\cos(\Omega t+\psi)]=\Omega A\cos\left(\Omega t+\psi+\frac{\pi}{2}\right) \tag{1.2.7}$$

(3) 满足如下形式的二阶微分方程：
$$f''(t)+\Omega^2 f(t)=0 \tag{1.2.8}$$

3. 单位阶跃信号

单位阶跃信号的函数定义式如式(1.2.9)所示：
$$\varepsilon(t)=\begin{cases}0 & (t<0)\\ 1 & (t>0)\end{cases} \tag{1.2.9}$$

单位阶跃信号波形如图 1.2.5(a)所示。由图可见，$\varepsilon(t)$ 在 $t=0$ 时从 $\varepsilon(0_-)=0$ 跃变到 $\varepsilon(0_+)=1$，跃变了一个单位。

单位阶跃信号 $\varepsilon(t)$ 延迟 t_0 单位后得到函数 $\varepsilon(t-t_0)$,发生阶跃的时刻为 $t=t_0$,图形见图 1.2.5(b)。

$$\varepsilon(t-t_0)=\begin{cases} 0 & (t<t_0) \\ 1 & (t>t_0) \end{cases} \tag{1.2.10}$$

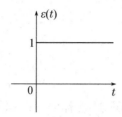
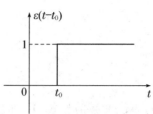

(a) 阶跃信号　　　　　　(b) 延迟 t_0 的单位阶跃信号

图 1.2.5　单位阶跃信号

非因果信号 $f(t)$ 乘以 $\varepsilon(t)$ 后,得到因果信号 $f(t)\varepsilon(t)$,如式(1.2.11)所示:

$$f(t)\varepsilon(t)=\begin{cases} 0 & (t<0) \\ f(t) & (t>0) \end{cases} \tag{1.2.11}$$

利用阶跃信号,可以将分段定义的信号表示为定义在 $(-\infty,\infty)$ 上的闭形表达式:

【例 1.2.1】　利用阶跃信号,将如下分段函数表示为定义在 $(-\infty,\infty)$ 上的闭形表达式:

$$f(t)=\begin{cases} -2 & (t<0) \\ 5t & (0<t<2) \\ 10 & (t>2) \end{cases}$$

【解】　上式的闭形表达式为

$$f(t)=-2\varepsilon(-t)+5t[\varepsilon(t)-\varepsilon(t-2)]+10\varepsilon(t-2)$$

4. 单位门信号

单位门信号常用 $G_\tau(t)$ 表示,函数定义式为

$$G_\tau(t)=\begin{cases} 1 & \left(-\dfrac{\tau}{2}<t<\dfrac{\tau}{2}\right) \\ 0 & \left(t<-\dfrac{\tau}{2},t>\dfrac{\tau}{2}\right) \end{cases} \tag{1.2.12}$$

单位门信号的门宽为 τ、门高为 1,信号波形如图 1.2.6(a)所示。

单位门信号可由图 1.2.6(b)、(c)所示的两个阶跃信号之差表示,即

$$G_\tau(t)=\varepsilon\left(t+\dfrac{\tau}{2}\right)-\varepsilon\left(t-\dfrac{\tau}{2}\right) \tag{1.2.13}$$

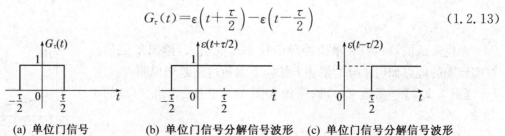

(a) 单位门信号　　(b) 单位门信号分解信号波形　(c) 单位门信号分解信号波形

图 1.2.6　单位门信号分解信号波形

5. 单位冲激信号

冲激信号是对于强度甚大而作用时间甚短的物理量的理想模型。单位冲激信号（或函数）通常用 $\delta(t)$ 表示。下面给出两种定义方式。

定义一：由狄拉克(Dirac)给出

$$\delta(t) = \begin{cases} 0 & (t \neq 0) \\ \infty & (t = 0) \end{cases} \tag{1.2.14}$$

其面积为

$$\int_{-\infty}^{\infty} \delta(t) \mathrm{d}t = 1 \tag{1.2.15}$$

由定义可知，单位冲激信号 $\delta(t)$ 除原点以外处处为零，且具有单位面积，此面积称为冲激强度。其波形如图 1.2.7 所示。

定义二：由门信号近似得到

单位冲激信号 $\delta(t)$ 可理解为由如图 1.2.8 所示的门宽为 τ、门高为 $\frac{1}{\tau}$，即无论 τ 取何值面积都保持为 1 的门信号在 $\tau \to 0$ 时的极限值。这个定义表明单位冲激信号 $\delta(t)$ 为偶函数。

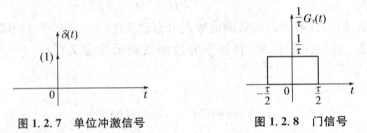

图 1.2.7 单位冲激信号　　　　图 1.2.8 门信号

单位冲激信号 $\delta(t)$ 和单位阶跃信号 $\varepsilon(t)$ 互为微分与积分的关系：

$$\int_{-\infty}^{t} \delta(\tau) \mathrm{d}\tau = \begin{cases} 1 & (t > 0) \\ 0 & (t < 0) \end{cases} \tag{1.2.16}$$

即

$$\varepsilon(t) = \int_{-\infty}^{t} \delta(\tau) \mathrm{d}\tau \tag{1.2.17}$$

$$\delta(t) = \frac{\mathrm{d}\varepsilon(t)}{\mathrm{d}t} \tag{1.2.18}$$

同理，

$$\varepsilon(t - t_0) = \int_{-\infty}^{t} \delta(\tau - t_0) \mathrm{d}\tau \tag{1.2.19}$$

$$\delta(t - t_0) = \frac{\mathrm{d}\varepsilon(t - t_0)}{\mathrm{d}t} \tag{1.2.20}$$

单位阶跃信号 $\varepsilon(t)$ 和单位冲激信号 $\delta(t)$ 的引入，给出了信号在有跃变的地方如何求导的解决方法。下面通过例题来说明。

【例 1.2.2】 函数 $f(t)$ 的图像如图 1.2.9 所示，求 $f(t)$ 的导数。

【解】 利用阶跃函数写出 $f(t)$ 的闭形表达式：

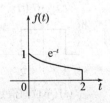

图 1.2.9　$f(t)$ 原函数图像

$$f(t)=\mathrm{e}^{-t}[\varepsilon(t)-\varepsilon(t-2)]$$
$$f'(t)=\mathrm{e}^{-t}\delta(t)-\mathrm{e}^{-t}\varepsilon(t)-\mathrm{e}^{-t}\delta(t-2)+\mathrm{e}^{-t}\varepsilon(t-2)$$

单位冲激信号 $\delta(t)$ 仅在 $t=0$ 处有值，所以 $\mathrm{e}^{-t}\delta(t)=\mathrm{e}^{-0}\delta(t)=\delta(t)$；同理，$\delta(t-2)$ 仅在 $t=2$ 处有值，所以 $\mathrm{e}^{-t}\delta(t-2)=\mathrm{e}^{-2}\delta(t-2)$。上式可化简为

$$f'(t)=\delta(t)-\mathrm{e}^{-2}\delta(t-2)-\mathrm{e}^{-t}[\varepsilon(t)-\varepsilon(t-2)]$$

$f'(t)$ 的函数图像如图 1.2.10 所示。

函数求导基本方法可总结如下：函数连续的部分用常规求导方法求解；函数有跃变的地方则有一个冲激函数存在，冲激方向取决于原函数值向上还是向下跃变，冲激的强度则取决于原函数的跃变量。

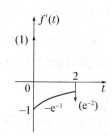

图 1.2.10 $f(t)$ 的导函数图像

单位冲激信号 $\delta(t)$ 性质：

(1) 与有界函数 $f(t)$ 相乘，设 $f(t)$ 在 $t=0$ 及 $t=t_0$ 处连续，则有

$$f(t)\delta(t)=f(0)\delta(t) \tag{1.2.21}$$
$$f(t)\delta(t-t_0)=f(t_0)\delta(t-t_0) \tag{1.2.22}$$

(2) $\delta(t)$ 的抽样性（筛分性）：

$$\int_{-\infty}^{\infty}f(t)\delta(t)\mathrm{d}t=f(0) \tag{1.2.23}$$

$$\int_{-\infty}^{\infty}f(t)\delta(t-t_0)\mathrm{d}t=f(t_0) \tag{1.2.24}$$

(3) $\delta(t)$ 为偶函数，即有

$$\delta(-t)=\delta(t) \tag{1.2.25}$$

(4) 尺度变换。

对实常数 $a\neq 0$，由偶函数性

$$\delta(at)=\frac{1}{|a|}\delta(t) \tag{1.2.26}$$

$a\neq 0$ 时推广：

$$\delta(at-t_0)=\frac{1}{|a|}\delta\left(t-\frac{t_0}{a}\right) \tag{1.2.27}$$

$$\int_{-\infty}^{\infty}f(t)\delta(at-t_0)\mathrm{d}t=\frac{1}{|a|}f\left(\frac{t_0}{a}\right) \tag{1.2.28}$$

【例 1.2.3】 试简化下列各信号的表达式：

(1) $f_1(t)=\sin\left(\dfrac{\pi}{6}t+\dfrac{\pi}{3}\right)\delta(t-2)$

(2) $f_2(t)=\displaystyle\int_{-\infty}^{\infty}\sin t\cdot\delta(t-t_0)\mathrm{d}t$

(3) $f_3(t)=(t+1)^2\delta(-2t)$

(4) $f_4(t)=\displaystyle\int_{-\infty}^{\infty}t^2\delta(2-5t)\mathrm{d}t$

【解】 根据单位冲激信号 $\delta(t)$ 的性质有

(1) $f_1(t) = \sin\dfrac{2\pi}{3}\delta(t-2) = \dfrac{\sqrt{3}}{2}\delta(t-2)$

(2) $f_2(t) = \sin t_0$

(3) $f_3(t) = (t+1)^2 \cdot \dfrac{1}{2}\delta(t) = \dfrac{1}{2}\delta(t)$

(4) $f_4(t) = \displaystyle\int_{-\infty}^{\infty} t^2 \cdot \dfrac{1}{5}\delta\left(t - \dfrac{2}{5}\right)\mathrm{d}t = \dfrac{4}{125}$

6. 单位冲激偶信号

单位冲激偶信号 $\delta'(t)$ 的定义为单位冲激信号 $\delta(t)$ 的一阶导数,定义式为

$$\delta'(t) = \dfrac{\mathrm{d}}{\mathrm{d}t}[\delta(t)] \tag{1.2.29}$$

$\delta'(t)$ 在 $t=0$ 的位置上有一正一负两个冲激,如图 1.2.11 所示。

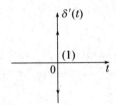

图 1.2.11 单位冲激偶信号图像

带括号的"1"标在中间,它不表示冲激的强度,而是表示单位冲激函数的导数。

单位冲激信号 $\delta(t)$ 可以表示为图 1.2.8 所示的 $\dfrac{1}{\tau}G_\tau(t)$ 门信号在 $\tau \to 0$ 时的极限值。对 $\dfrac{1}{\tau}G_\tau(t)$ 求微分,结果为在 $t = -\dfrac{\tau}{2}$ 时刻冲激方向向上、$t = +\dfrac{\tau}{2}$ 时刻冲激方向向下的冲激强度均为 $\dfrac{1}{\tau}$ 的两个冲激信号。因此冲激偶信号 $\delta'(t)$ 可表示为对 $\dfrac{1}{\tau}G_\tau(t)$ 求导结果在 $\tau \to 0$ 时的极限值。分析过程如图 1.2.12 所示。

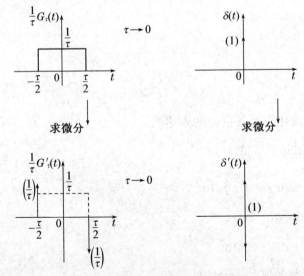

图 1.2.12 冲激偶信号的解释图

冲激偶函数的性质：
$$f(t)\delta'(t)=f(0)\delta'(t)-f'(0)\delta(t) \tag{1.2.30}$$

7. 单位斜坡信号

单位斜坡信号的定义为

$$r(t)=t\varepsilon(t)=\begin{cases}0 & (t<0)\\ t & (t>0)\end{cases} \tag{1.2.31}$$

其波形如图 1.2.13 所示。

单位斜坡函数 $r(t)$ 的一次积分是单边抛物线，它与 $r(t)$、$\varepsilon(t)$、$\delta(t)$、$\delta'(t)$ 的关系如下：

$$\delta'(t)\underset{\frac{d}{dt}}{\overset{\int_{-\infty}^{t}}{\rightleftarrows}}\delta(t)\underset{\frac{d}{dt}}{\overset{\int_{-\infty}^{t}}{\rightleftarrows}}\varepsilon(t)\underset{\frac{d}{dt}}{\overset{\int_{-\infty}^{t}}{\rightleftarrows}}r(t)\underset{\frac{d}{dt}}{\overset{\int_{-\infty}^{t}}{\rightleftarrows}}\frac{1}{2}t^2\varepsilon(t)$$

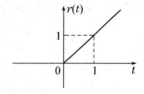

图 1.2.13 单位斜坡信号

单位阶跃函数 $\varepsilon(t)$、单位冲激函数 $\delta(t)$、单位斜变函数 $r(t)$ 和单位冲激偶函数 $\delta'(t)$ 在实际中并不存在，是数学上对某些信号的一种抽象和理想化。称阶跃函数和冲激函数及它们的若干次积分和若干次导数为奇异函数。

8. 单边衰减指数信号

单边衰减指数信号的定义为

$$f(t)=Ae^{-\alpha t}\varepsilon(t)=\begin{cases}0 & (t<0)\\ Ae^{-\alpha t} & (t>0)\end{cases} \tag{1.2.32}$$

式(1.2.32)中衰减系数 α 为正的实常数。经过 $1/\alpha$ 这一时间常数（量纲为 s），信号会衰减为原先大小的 $e^{-1}\approx 0.368$ 倍。注意：信号是单边的，且信号值从 $t=0_-$ 时的 0 跃变为 $t=0_+$ 时的 A，其波形如图 1.2.14 所示。

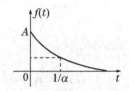

图 1.2.14 单边衰减指数信号波形

9. 复指数信号

复指数信号定义为

$$f(t)=Ae^{st} \quad (-\infty<t<\infty) \tag{1.2.33}$$

式中，$s=\sigma+j\omega$ 称为复频率；A、σ、ω 均为实常数，σ 的单位为 $1/s$，ω 的单位为 rad/s。

由于

$$f(t)=Ae^{(\sigma+j\omega)t}=Ae^{\sigma t}e^{j\omega t}=Ae^{\sigma t}[\cos(\omega t)+j\sin(\omega t)] \tag{1.2.34}$$

可见该信号的模 $|A|e^{\sigma t}$ 为实指数信号，辐角为 ωt，实部与虚部均为按指数规律 $Ae^{\sigma t}$ 变化且角频率为 ω 的正弦信号。

复指数信号的几种特殊情况如下：

(1) 当 $s=0$ 时，$f(t)=A$，为直流信号；

(2) 当 $s=\sigma$ 时，$f(t)=Ae^{\sigma t}$，为实指数信号；

(3) 当 $s=j\omega$ 时，$f(t)=Ae^{j\omega t}=A[\cos(\omega t)+j\sin(\omega t)]$，其实部与虚部均为角频率为 ω 的等幅正弦信号，也是一个以 $T=2\pi/\omega$ 为周期的周期性信号。

其中欧拉公式

$$e^{j\omega t}=\cos(\omega t)+j\sin(\omega t) \tag{1.2.35}$$

将三角函数和指数函数联系在一起,是复变函数中最重要的公式,在本书中应用也极为广泛。

由于

$$e^{-j\omega t} = \cos(\omega t) - j\sin(\omega t) \tag{1.2.36}$$

联立式(1.2.35)、式(1.2.36),于是也可以用指数函数来表示三角函数

$$\cos(\omega t) = \frac{e^{j\omega t} + e^{-j\omega t}}{2} \tag{1.2.37}$$

$$\sin(\omega t) = \frac{e^{j\omega t} - e^{-j\omega t}}{2j} \tag{1.2.38}$$

10. 抽样信号

抽样信号定义为

$$Sa(t) = \frac{\sin t}{t} \quad (-\infty < t < \infty) \tag{1.2.39}$$

其波形如图 1.2.15 所示。抽样信号 $Sa(t)$ 有如下性质:

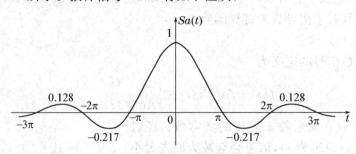

图 1.2.15 抽样信号

(1) $Sa(t)$ 为实变量 t 的偶函数,即 $Sa(-t) = Sa(t)$;

(2) $Sa(0) = \lim\limits_{t \to 0} \frac{\sin t}{t} = 1$;

(3) $Sa(t) = 0 \ (t = \pm\pi, \pm 2\pi, \cdots)$;

(4) $\int_{-\infty}^{\infty} Sa(t)dt = \int_{-\infty}^{\infty} \frac{\sin t}{t} dt = \pi$;

(5) $\lim\limits_{t \to \pm\infty} Sa(t) = 0$。

11. 符号函数

符号函数定义为

$$\text{sgn}(t) = \begin{cases} -1 & (t<0) \\ 1 & (t>0) \end{cases} \tag{1.2.40}$$

符号函数的闭形表达式为 $\text{sgn}(t) = \varepsilon(t) - \varepsilon(-t) = 2\varepsilon(t) - 1$。符号函数波形如图 1.2.16 所示。

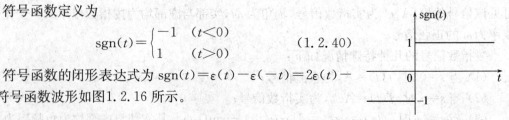

图 1.2.16 符号函数

【例1.2.4】 画出 sgn[cos(πt)] 的波形图。

【解】 先画出 cos(πt) 的波形图如图1.2.17所示。

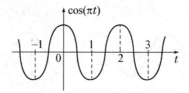

图 1.2.17 cos(πt)波形图

再由符号函数的定义式:自变量大于零的部分,值为1;自变量小于零的部分,值为-1,从而画出 sgn[cos(πt)] 的波形图。

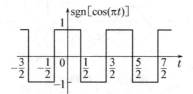

图 1.2.18 sgn[cos(πt)]波形图

1.3 连续信号的简单处理

所谓对信号的处理,从数学意义上来说,就是将信号经过一定的数学运算转变为另一信号。本节将介绍一些简单的信号处理,如叠加、相乘、平移、反褶、尺度变换等。对信号复杂的处理运算将在后面章节再介绍。

1. 信号的相加与相乘

两个信号的相加,即为两个信号的时间函数相加,反映在波形上则是相同的时刻对应的函数值之和,信号的时域相加运算可以用加法器实现。如图1.3.1所示,$f_3(t)$为信号 $f_1(t)$ 和信号 $f_2(t)$ 相加后的波形。

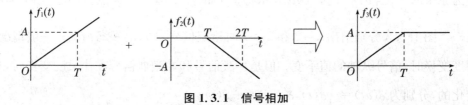

图 1.3.1 信号相加

两个信号相乘,其积信号在任意时刻的值等于这两个信号在该时刻的值之积。信号相乘可以用乘法器实现。信号处理系统中常通过信号相乘运算,实现信号的抽样与调制。

【例1.3.1】 已知 $x_1(t)=\dfrac{1}{t}$,$x_2(t)=\sin t$,$x_3(t)=x_1(t) \cdot x_2(t)$,画出 $x_1(t)$、$x_2(t)$ 和 $x_3(t)$ 的波形图。

【解】 信号 $x_1(t)$ 为反比例信号，$x_2(t)$ 为正弦信号，两信号相乘后的信号 $x_3(t)$ 为抽样信号。各波形如图 1.3.2 所示。

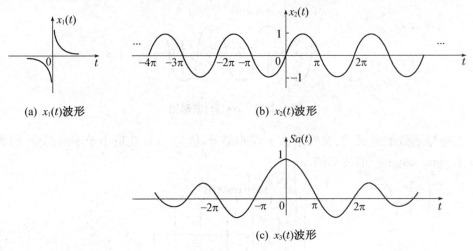

(a) $x_1(t)$ 波形　　(b) $x_2(t)$ 波形

(c) $x_3(t)$ 波形

图 1.3.2　信号相乘

2. 信号的移位

信号 $x(t)$ 的波形如图 1.3.3 所示，延时 t_0 后的信号表示为 $x(t-t_0)$，如图 1.3.4 所示。显然 $x(t)$ 在 $t=0$ 时的值 $x(0)$，在 $x(t-t_0)$ 中将出现在 $t=t_0$ 时刻。

图 1.3.3　$x(t)$ 信号波形图　　　　图 1.3.4　$x(t-t_0)$ 信号波形图

3. 信号的尺度变换

将信号 $x(t)$ 的自变量 t 换成 at，其中 a 为正的实常数，得到另一个信号 $x(at)$ 的时域变换称为信号的尺度变换。当 $0<a<1$ 时，$x(at)$ 表示将 $x(t)$ 的波形以坐标原点为中心，沿 t 轴展宽为原来的 $\frac{1}{a}$；当 $a>1$ 时，$x(at)$ 表示将 $x(t)$ 的波形以坐标原点为中心，沿 t 轴压缩为原来的 $\frac{1}{a}$。图 1.3.5 分别给出 $a=2$ 和 $a=\frac{1}{2}$ 时给定信号 $x(t)$ 的展缩情况。一般情况下，信号作尺度变换时，信号纵轴的值不变。但是冲激信号和冲激偶信号在作尺度变换时，冲激强度是变化的，分别为 $\delta(at)=\frac{1}{a}\delta(t)$，$\delta'(at)=\frac{1}{a^2}\delta(t)$。

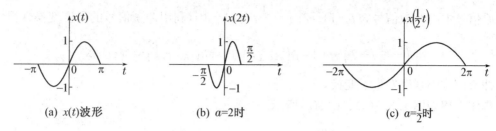

(a) $x(t)$波形　　(b) $a=2$时　　(c) $a=\frac{1}{2}$时

图 1.3.5　信号的尺度变换举例

4. 信号反褶

将信号 $x(t)$ 的自变量 t 换为 $-t$，而得到另一个信号 $x(-t)$ 的时域变换称为反褶变换。其几何意义是将信号 $x(t)$ 的波形以纵轴为轴旋转 $180°$。如图 1.3.6 所示。

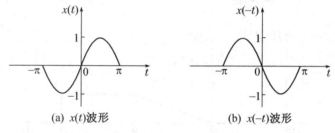

(a) $x(t)$波形　　　　　　(b) $x(-t)$波形

图 1.3.6　信号的反褶变换举例

考虑对 $x(at+b)$ 这个信号进行移位、尺度变换、反褶。对 $x(at+b)$ 进行移位，设右移 $t_0(t_0>0)$，得到 $x[a(t-t_0)+b]$；对 $x(at+b)$ 进行尺度变换，设变为原来的 k 倍($k>0$)，得到 $x\left(\frac{a}{k}t+b\right)$；对 $x(at+b)$ 进行反褶，得到 $x(-at+b)$。可以总结出：移位时位移量发生变换，受时间变量 t 前面的系数的影响；尺度变换和反褶则都是针对时间变量 t 前面的系数的变化，不影响位移量。

但需注意如果图形中有冲激函数分量，冲激函数分量需要单独考虑，利用冲激函数的尺度变换等性质进行处理。

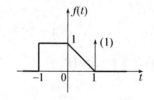

图 1.3.7　例 1.3.2 $f(t)$ 的波形

【例 1.3.2】　已知信号 $f(t)$ 的波形如图 1.3.7 所示，试画出 $f\left(-\frac{1}{3}t+2\right)$ 的波形。

【解】　观察所得信号可知，原信号要经过反褶、移位、展缩三种变换。三种变换的先后顺序不会影响运算结果，本题以折叠→移位→展缩为例求解。

$$f(t) \xrightarrow[\text{图 1.3.8(a)}]{\text{折叠}} f(-t) \xrightarrow[\text{图 1.3.8(b)}]{\text{右移 2}} f[-(t-2)]=f(-t+2) \xrightarrow[\text{图 1.3.8(c)}]{\text{展宽 3 倍}} f\left(-\frac{1}{3}t+2\right)$$

原信号中有冲激函数，需要另外处理。由于 $f(t) \rightarrow f\left(-\frac{1}{3}t+2\right)$，自变量 $t \rightarrow -\frac{1}{3}t+2$，

所以原信号中的冲激信号 $\delta(t-1) \to \delta\left[\left(-\frac{1}{3}t+2\right)-1\right]$，利用冲激信号的尺度变换性得

$$\delta\left[\left(-\frac{1}{3}t+2\right)-1\right]=\delta\left(-\frac{1}{3}t+1\right)=\delta\left(\frac{1}{3}t-1\right)=3\delta(t-3)$$

冲激信号的强度发生了变换。

具体步骤如图 1.3.8(a)、(b)、(c)所示。

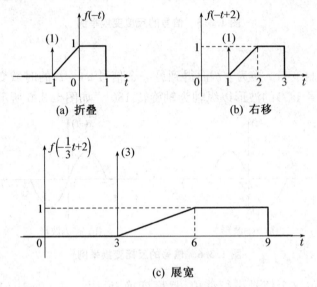

图 1.3.8　例 1.3.2 求解步骤

【**例 1.3.3**】 已知信号 $f(t)$ 变换后 $f(4-2t)$ 的图形如图 1.3.9 所示，求 $f(t)$ 中的冲激信号的表达式 $g(t)$。

【**解**】 由于图 1.3.9 为 $f(4-2t)$ 的图形，所以图中冲激函数为 $g(4-2t)$，又图中冲激函数表达式为 $2\delta(t-3)$，故有

$$g(4-2t)=2\delta(t-3)$$

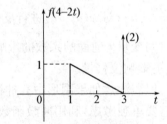

图 1.3.9　例 1.3.3 $f(4-2t)$ 的波形

设 $\tau=4-2t$，有 $t=-\frac{\tau}{2}+2$，则

$$g(\tau)=2\delta\left(-\frac{\tau}{2}+2-3\right)$$

由冲激函数的性质

$$g(\tau)=2\delta\left[-\frac{1}{2}(\tau+2)\right]=4\delta(\tau+2)$$

即 $f(t)$ 中的冲激信号表达式为

$$g(t)=4\delta(t+2)$$

1.4 系统的概念

系统的概念是非常广泛的。所谓系统，从一般意义上说，是由若干个互有关联的单元组成，具有某种功能，用来达到某种特定目标的有机整体。相对于信号而言，系统是能够完成对信号传输、处理、存储、运算与再现的集合体。系统可用一个方框来表示，如图 1.4.1 所示。

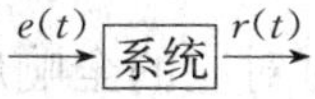

$$e(t) \rightarrow \boxed{\text{系统}} \rightarrow r(t)$$

图 1.4.1 系统的方框图

其中，$e(t)$ 为输入信号，也称激励；$r(t)$ 为输出信号，也称响应。

【注意】 复杂的系统可有多个输入、多个输出；实际的系统都应具有因果性，即结果不能早于原因出现。对于一个系统，激励为原因，响应为结果。

不同系统具有各种不同的特性。按照系统的特性，系统可作如下分类。

1. 连续时间系统和离散时间系统

连续时间系统和离散时间系统是根据它们所传输和处理的信号的性质而决定的。前者传输和处理的连续信号，其激励和响应在连续时间的一切值上都有确定的意义；与后者有关的激励和响应则是不连续的离散序列。在实际工作中，离散时间系统常常与连续时间系统联合运用，同时包含这两者的系统称为混合系统。

2. 线性系统与非线性系统

通俗地说，线性系统是由线性元件组成的系统，非线性系统则是含有非线性元件的系统。对于线性系统应满足齐次性和叠加性。

若
$$e(t) \rightarrow r(t), e_1(t) \rightarrow r_1(t), e_2(t) \rightarrow r_2(t)$$

齐次性：
$$ke(t) \rightarrow kr(t) \quad (k \text{ 为常数}) \tag{1.4.1}$$

叠加性：
$$e_1(t) + e_2(t) \rightarrow r_1(t) + r_2(t) \tag{1.4.2}$$

同时满足齐次性和叠加性，称为线性性，即有
$$k_1 e_1(t) + k_2 e_2(t) \rightarrow k_1 r_1(t) + k_2 r_2(t) \quad (k_1, k_2 \text{ 为常数}) \tag{1.4.3}$$

满足式(1.4.3)的系统称为线性系统，否则称为非线性系统。

线性系统具有分解性，对于初始状态不为零的情况，系统全响应可以分为零输入响应 $r_{zi}(t)$ 和零状态响应 $r_{zs}(t)$ 两部分，即

$$r(t) = r_{zi}(t) + r_{zs}(t) \tag{1.4.4}$$

式中，零输入响应 $r_{zi}(t)$ 是由系统初始状态引起的响应，零状态响应 $r_{zs}(t)$ 则是由系统激励 $e(t)$ 引起的响应。

【例 1.4.1】 一个线性系统初始状态非零，已知激励为 $k_1 e(t)$ 和 $k_2 e(t)$ 时的全响应分别

为 $r_1(t)$ 和 $r_2(t)$，求激励为 $e(t)$ 时系统的全响应。

【解】 设初始状态引起的响应为 $r_{zi}(t)$，激励 $e(t)$ 对应的响应为 $r_{zs}(t)$。

由线性性，激励 $k_1 e(t)$ 引起的响应为 $k_1 r_{zs}(t)$，此时对应的全响应为

$$r_1(t) = r_{zi}(t) + k_1 r_{zs}(t) \tag{1.4.5}$$

激励 $k_2 e(t)$ 引起的响应为 $k_2 r_{zs}(t)$，此时对应的全响应为

$$r_2(t) = r_{zi}(t) + k_2 r_{zs}(t) \tag{1.4.6}$$

由式(1.4.5)和式(1.4.6)联立方程组，可求得

$$r_{zi}(t) = \frac{k_2 r_1(t) - k_1 r_2(t)}{k_2 - k_1}, \quad r_{zs}(t) = \frac{r_2(t) - r_1(t)}{k_2 - k_1}$$

激励 $e(t)$ 引起的响应为 $r_{zs}(t)$，此时对应的全响应为

$$r_3(t) = r_{zi}(t) + r_{zs}(t) = \frac{(k_2 - 1) r_1(t) - (k_1 - 1) r_2(t)}{k_2 - k_1}$$

3. 非时变系统和时变系统

系统又可根据其中是否包含随时间变化的参数的元件而分为非时变系统和时变系统。

若

$$e(t) \rightarrow r(t)$$

有

$$e(t - t_0) \rightarrow r(t - t_0)$$

则称非时变系统，否则为时变系统。

非时变系统又称时不变系统和定常系统，它具有响应的形状不随激励施加的时间不同而改变的特性。图1.4.2为非时变系统的激励和响应图。

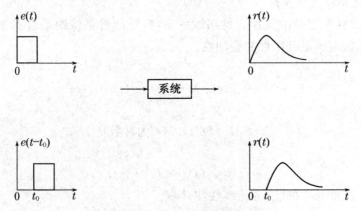

图 1.4.2 非时变系统的激励和响应

如果一个系统既满足线性又满足非时变，则称线性非时变系统。用表达式可表示为

若 $e_1(t) \rightarrow r_1(t)$，$e_2(t) \rightarrow r_2(t)$，$k_1$、$k_2$、$t_1$、$t_2$ 为常数，有

$$k_1 e_1(t - t_1) + k_2 e_2(t - t_2) \rightarrow k_1 r_1(t - t_1) + k_2 r_2(t - t_2) \tag{1.4.7}$$

线性非时变系统是本课程要研究的主要对象，今后若不加特别说明，则都是指线性非时变系统。

【例 1.4.2】 连续时间系统的输入 $e(t)$ 和输出 $r(t)$ 满足微分方程，且初始状态为零。

$$\frac{\mathrm{d}r(t)}{\mathrm{d}t}+t \cdot r(t)=e(t)$$

问:(1) 该系统是否为线性系统？(2) 该系统是否为非时变系统？

【解】 (1) 研究线性。

设 $e_1(t) \to r_1(t), e_2(t) \to r_2(t)$，则

$$\frac{\mathrm{d}r_1(t)}{\mathrm{d}t}+t \cdot r_1(t)=e_1(t), \frac{\mathrm{d}r_2(t)}{\mathrm{d}t}+t \cdot r_2(t)=e_2(t)$$

两式两边分别乘以常数 k_1、k_2 后相加，

$$\frac{\mathrm{d}[k_1 r_1(t)+k_2 r_2(t)]}{\mathrm{d}t}+t \cdot [k_1 r_1(t)+k_2 r_2(t)]=k_1 e_1(t)+k_2 e_2(t)$$

上式意味着 $k_1 e_1(t)+k_2 e_2(t) \to k_1 r_1(t)+k_2 r_2(t)$，从而系统是线性的。

(2) 研究非时变性。

如系统是时不变的，则可用 $t-t_0$ 代替 $\frac{\mathrm{d}r(t)}{\mathrm{d}t}+t \cdot r(t)=e(t)$ 中的变量 t，t_0 为常数：

$$\frac{\mathrm{d}r(t-t_0)}{\mathrm{d}t}+(t-t_0) \cdot r(t-t_0)=e(t-t_0) \tag{1.4.8}$$

但延时后的输入 $e(t-t_0)$ 和输出 $r(t-t_0)$ 必满足如下的系统微分方程：

$$\frac{\mathrm{d}r(t-t_0)}{\mathrm{d}t}+t \cdot r(t-t_0)=e(t-t_0)$$

说明 $t_0 \neq 0$ 的情况下式(1.4.8)不成立，从而系统是时变的。

4. 因果系统和非因果系统

对于一个系统，激励是原因，响应是结果，因而 $t \geqslant t_0$ 时作用于实际物理系统的激励绝不会于 $t < t_0$ 时在该系统中产生响应，这个性质称为实际物理系统的因果性。满足因果性的系统称为因果系统，否则称为非因果系统。

5. 稳定系统和不稳定系统

一个系统，如果对任意有界的激励 $e(t)$ 所产生的零状态响应 $r_{zs}(t)$ 也是有界时，这个系统就称为有界输入/有界输出稳定，有时也称系统是零状态稳定的。

若某一系统的零输入响应 $r_{zi}(t)$ 随变量 t 的增大而无限增大，就称该系统为零输入不稳定的；若 $r_{zi}(t)$ 总是有界的，则称系统是临界稳定的；若 $r_{zi}(t)$ 随变量 t 的增大而衰减为零，则称系统是渐近稳定的。

1.5 线性非时变系统的分析

系统分析的任务是在给定系统结构和参数的情况下研究系统的特性，包括已知系统的输入激励，求系统的输出响应；也可以根据已给的系统激励和响应分析系统应有的特性，知道了系统的特性，就可以对系统进行识别；也可以按照信号处理中对系统输入-输出关系的需求，完成特定系统的设计。

系统分析的一般步骤：对于实际系统，先得到它的物理模型，如电路图、方框图等；然后

建立数学模型;最后进行数学分析。

实际系统由许多元件构成,在一定条件下,这些元件可用理想元件来表示,如理想电阻 R,理想电感 L,理想电容 C;或理想的运算器,如加法、乘法、微分、运算器和延时器等。因此所谓建立"物理模型"实际上就是作出电路图或方框图。

"数学模型"即列方程,对于线性非时变系统,其数学模型是一个线性常系数方程(微分或差分),今后我们还会学到另一种数学模型——状态方程。

最后的数学分析是指解方程(微分、差分、状态)求响应。关于解方程的方法在高等数学、电路分析课程中已学过一些。在本课程中,时域法和变换域法是系统分析的两种重要的方法。卷积方法在时域分析中又占有重要的地位;变换域法可以是复频域 s 变换或其他变换。本书着重研究线性时移不变连续和离散时间系统的时域与变换域解法,各种典型信号通过上述系统的情况,以及信号和系统的特性,并引出一些重要的概念。

习 题

【1.1】 粗略绘出下列各函数式的波形图:

(1) $f(t)=(2-e^{-t})\varepsilon(t)$;

(2) $f(t)=(3e^{-t}+6e^{-2t})\varepsilon(t)$;

(3) $f(t)=(5e^{-t}-5e^{-3t})\varepsilon(t)$;

(4) $f(t)=e^{-t}\cos(10\pi t)[\varepsilon(t-1)-\varepsilon(t-2)]$。

【1.2】 分别求下列各周期信号的周期 T:

(1) $\cos(10t)-\cos(30t)$;

(2) e^{j10t};

(3) $5\sin^2(8t)$;

(4) $\sum_{n=0}^{\infty}(-1)^n[\varepsilon(t-nT)-\varepsilon(t-nT-T)]$。

【1.3】 计算下列各题的值:

(1) $\int_{-5}^{5}(3t-2)[\delta(t)+\delta(t-2)]dt$;

(2) $\int_{-\infty}^{\infty}(2-t)[\delta'(t)+\delta(t)]dt$;

(3) $\int_{-5}^{5}(t^2-2t+3)\delta'(t)dt$;

(4) $\int_{-5}^{1}[\delta(t-2)+\delta(t+4)]\cos\frac{\pi t}{2}dt$。

【1.4】 已知 $f(t)$ 的波形如题图 1.1 所示。

(1) 求 $f(1-2t)$ 的表达式,并画出波形。

(2) 求 $f_1(t)=\dfrac{d}{dt}[f(1-2t)]$ 的表达式,并画出波形。

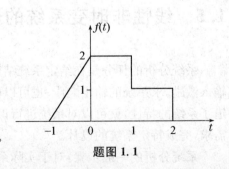

题图 1.1

【1.5】 试判断下列方程所描述的系统是否为线性系统,是否为时变系统。

(1) $\dfrac{\mathrm{d}r(t)}{\mathrm{d}t}+t\cdot r(t)+\int_{-\infty}^{t}r(\tau)\mathrm{d}\tau=\dfrac{\mathrm{d}e(t)}{\mathrm{d}t}+e(t)$;

(2) $r(t)=10e^2(t)+10$。

【1.6】 一线性时不变系统具有非零的初始状态,已知当激励为 $e(t)$ 时,系统全响应为 $r_1(t)=\mathrm{e}^{-t}+2\cos(\pi t)(t>0)$;当初始状态不变,激励为 $2e(t)$ 时,系统的全响应为 $r_2(t)=3\cos(\pi t)(t>0)$。求在同样初始状态条件下,当激励为 $3e(t)$ 时,系统的全响应 $r_3(t)$。

【1.7】 一具有两个初始条件 $x_1(0)$、$x_2(0)$ 的线性非时变系统,其激励为 $e(t)$,输出响应为 $r(t)$,已知:

(1) 当 $e(t)=0$、$x_1(0)=5$、$x_2(0)=2$ 时,$r(t)=\mathrm{e}^{-t}(7t+5)(t>0)$;

(2) 当 $e(t)=0$、$x_1(0)=1$、$x_2(0)=4$ 时,$r(t)=\mathrm{e}^{-t}(5t+1)(t>0)$;

(3) 当 $e(t)=\begin{cases}1 & (t>0)\\0 & (t<0)\end{cases}$、$x_1(0)=1$、$x_2(0)=1$ 时,$r(t)=\mathrm{e}^{-t}(t+1)(t>0)$;

求 $e(t)=\begin{cases}3 & (t>0)\\0 & (t<0)\end{cases}$ 时的零状态响应。

第二章 连续时间信号与系统的时域分析

本章配套

对线性时不变(LTI)连续时间系统进行分析,如果在分析的过程中,所涉及的函数变量都是时间 t,那么这种分析方法称为时域分析法。本章在建立系统数学模型的基础上,对 LTI 连续时间系统进行时域分析;并引入微分算子,将系统的数学模型——微分方程转化为微分算子方程,简化系统在时域分析中的过程,并与后续的变换域分析法进行形式上的统一,从而形成具有一致性、系统性的分析方法。

【学习要求】

建立系统的数学模型,完成微分方程与微分算子方程之间的转换,用经典法求解系统的零输入响应;在微分算子方程的基础上求出转移算子 $H(p)$,并求出系统的单位冲激响应 $h(t)$;通过一种新的运算方法——卷积积分,计算输入信号为 $e(t)$、单位冲激响应为 $h(t)$ 时的零状态响应;在零输入响应以及零状态响应已经求解出来的基础上,通过加法运算得出最终的全响应。

2.1 连续时间系统的数学模型与算子表示法

2.1.1 连续时间系统的数学模型

在进行系统分析时,首先要建立系统的数学模型。本节中的系统是建立在电路分析基础之上的,因此针对电路系统,根据电路元件的特性,利用基尔霍夫定律,列出系统的线性微分方程,也就是系统的数学模型。例如,对于图 2.1.1 所示的一个最简单的 RLC 电路,可以列出其微分方程:

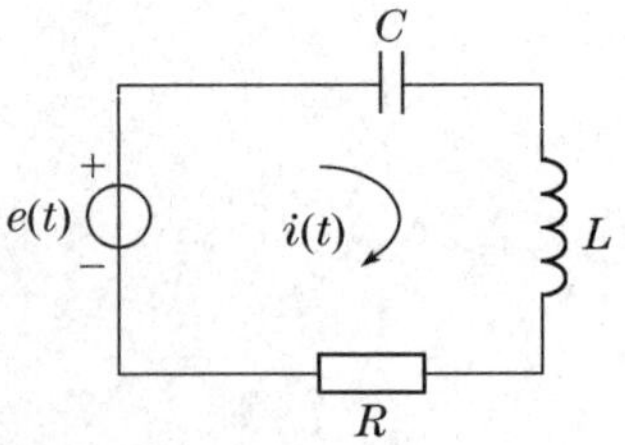

$$\frac{1}{C}\int_{-\infty}^{t} i(\tau)\mathrm{d}\tau + L\frac{\mathrm{d}i(t)}{\mathrm{d}t} + Ri(t) = e(t) \quad (2.1.1)$$

图 2.1.1 RLC 串联电路

对式(2.1.1)两端同时进行微分运算,可得式(2.1.2):

$$L\frac{\mathrm{d}^2 i(t)}{\mathrm{d}t^2} + R\frac{\mathrm{d}i(t)}{\mathrm{d}t} + \frac{1}{C}i(t) = \frac{\mathrm{d}e(t)}{\mathrm{d}t} \quad (2.1.2)$$

式(2.1.2)是一个二阶常系数线性微分方程,对应了该 RLC 电路是一个二阶系统。对于一个 n 阶的线性时不变连续时间系统,其输入、输出的数学模型可用式(2.1.3)所示的常系数微分方程来描述:

$$\frac{\mathrm{d}^n r}{\mathrm{d}t^n} + a_{n-1}\frac{\mathrm{d}^{n-1} r}{\mathrm{d}t^{n-1}} + \cdots + a_1\frac{\mathrm{d}r}{\mathrm{d}t} + a_0 r = b_m\frac{\mathrm{d}^m e}{\mathrm{d}t^m} + b_{m-1}\frac{\mathrm{d}^{m-1} e}{\mathrm{d}t^{m-1}} + \cdots + b_1\frac{\mathrm{d}e}{\mathrm{d}t} + b_0 e \quad (2.1.3)$$

式中,r 为响应/输出函数 $r(t)$;e 为激励/输入函数 $e(t)$。它们都是与时间相关的函数。

对于线性时不变系统,组成系统的元件都是参数恒定的线性元件,因此式(2.1.3)中各系数都是常数。

在电路分析基础课程中介绍了此类微分方程的古典解法。古典解法适用于激励为直流、正弦或者指数信号等简单形式的情况,当激励信号为复杂函数时,此法不适用,需要寻找其他方法来求解系统响应。

2.1.2 系统微分方程的算子表示形式

线性时不变连续系统响应函数和激励函数之间的数学模型为高阶的微分方程时,求解过程比较复杂,因此引入了微分和积分算子来简化运算过程。微分算子以及积分算子的定义如下:

$$\frac{\mathrm{d}}{\mathrm{d}t}=p \tag{2.1.4}$$

$$\int_{-\infty}^{t}\mathrm{d}t=\frac{1}{p} \tag{2.1.5}$$

其中,式(2.1.4)中的 p 为微分算子;式(2.1.5)中的 $\frac{1}{p}$ 为积分算子。

根据式(2.1.4)和式(2.1.5),式(2.1.2)对应的微分方程可以改写为微分算子方程:

$$Lp^2 i(t)+Rpi(t)+\frac{1}{C}i(t)=pe(t) \tag{2.1.6}$$

$$\left(Lp^2+Rp+\frac{1}{C}\right)i(t)=pe(t) \tag{2.1.7}$$

这里从形式上将微分方程改写成含有 p 的代数方程,但是实际上 p 并不是代数量,实质上还是对其后所接的函数进行微分或者积分运算,在进行运算的时候要牢记这一点。

以 p 的正幂多项式出现的运算一般情况下在形式上可以像代数多项式那样进行展开和因式分解。比如,式(2.1.8)可以经过因式分解为式(2.1.9)的形式:

$$(p^2+3p+2)r(t)=(2p+1)e(t) \tag{2.1.8}$$

$$(p+2)(p+1)r(t)=(2p+1)e(t) \tag{2.1.9}$$

需要注意微分算子方程中 p 不能随便消去。例如微分算子方程 $py(t)=pf(t)$,如欲消去 p,应先改写为微分方程再对方程等号两边作积分运算,正确解为 $y(t)=f(t)+c$,而不是直接约去 p 之后的 $y(t)=f(t)$。又例如:

$$p \cdot \frac{1}{p}f(t) = \frac{\mathrm{d}}{\mathrm{d}t}\int_{-\infty}^{t}f(\tau)\mathrm{d}\tau = f(t) \tag{2.1.10}$$

而

$$\frac{1}{p} \cdot pf(t) = \int_{-\infty}^{t}\frac{\mathrm{d}}{\mathrm{d}\tau}f(\tau)\mathrm{d}\tau = f(t)-f(-\infty) \tag{2.1.11}$$

在 $f(-\infty)$ 不为 0 的情况下,式(2.1.10)和式(2.1.11)显然是不相等的,这说明分子、分母上的 p 不能随便消去。

【总结】

（1）代数量的运算规则对于算子符号一般也适用，但在分子、分母或等式两边的相同算子符号不能随意约去。

（2）算子符号 p 表达的是一个运算过程，应把它看作整体，书写时也应把它写在变量的左边，表示该运算过程作用于某个变量。

（3）算子形式的方程实质上还是微分方程。

2.1.3 转移算子

根据转移算子的定义，n 阶线性时不变连续时间系统的微分算子方程式(2.1.3)可以进一步写成以下形式：

$$(p^n + a_{n-1}p^{n-1} + \cdots + a_1 p + a_0)r = (b_m p^m + b_{m-1}p^{m-1} + \cdots + b_1 p + b_0)e \quad (2.1.12)$$

将等式左边关于 p 的多项式用 $D(p)$ 表示，即 $D(p) = p^n + a_{n-1}p^{n-1} + \cdots + a_1 p + a_0$；等式右边关于 p 的多项式用 $N(p)$ 来表示，即 $N(p) = b_m p^m + b_{m-1}p^{m-1} + \cdots + b_1 p + b_0$；那么式(2.1.12)又可以写成 $D(p)r(t) = N(p)e(t)$。令

$$H(p) = \frac{N(p)}{D(p)} = \frac{b_m p^m + b_{m-1}p^{m-1} + \cdots + b_1 p + b_0}{p^n + a_{n-1}p^{n-1} + \cdots + a_1 p + a_0} \quad (2.1.13)$$

$H(p)$ 定义为系统的转移算子。因此在时域中响应函数与激励函数有如下关系：

$$r(t) = H(p)e(t) \quad (2.1.14)$$

则转移算子也可以表示为

$$H(p) = \frac{r(t)}{e(t)} \quad (2.1.15)$$

转移算子 $H(p)$ 代表了系统对输入的激励信号转变为输出的响应信号所发挥的作用。式(2.1.15)与式(2.1.13)是对 $H(p)$ 的等价描述。

【例 2.1.1】 已知转移算子 $H(p) = \dfrac{p(p+3)}{(p+1)(p+2)}$，写出对应的微分算子方程以及微分方程。

【解】 根据转移算子的定义，可以写出

$$H(p) = \frac{r(t)}{e(t)} = \frac{p^2 + 3p}{p^2 + 3p + 2}$$

微分算子方程为

$$(p^2 + 3p + 2)r(t) = (p^2 + 3p)e(t)$$

微分方程为

$$\frac{d^2 r(t)}{dt^2} + 3\frac{dr(t)}{dt} + 2r(t) = \frac{d^2 e(t)}{dt^2} + 3\frac{de(t)}{dt}$$

【例 2.1.2】 已知系统微分方程为 $\dfrac{d^2 r(t)}{dt^2} + 5\dfrac{dr(t)}{dt} + 6r(t) = \dfrac{de(t)}{dt} + 4e(t)$，写出系统的转移算子 $H(p)$。

【解】 首先将微分方程写成微分算子方程：

$$p^2 r(t) + 5p r(t) + 6r(t) = p e(t) + 4e(t)$$

$$(p^2+5p+6)r(t)=(p+4)e(t)$$

根据转移算子的定义可写出

$$H(p)=\frac{r(t)}{e(t)}=\frac{p+4}{p^2+5p+6}$$

2.1.4 电路模型的算子形式

电路模型的算子形式,可以由电路的微分方程改写而来,也可以由电路的算子模型直接写出。可以先将电路中的基本元件,电阻(R)、电容(C)、电感(L)上的伏安特性关系(VAR)用微分算子形式表示,从而得到电路的算子模型,然后再根据基尔霍夫电流定律(KCL)、基尔霍夫电压定律(KVL)写出电路模型的算子形式。电路元件伏安特性关系的算子形式如表 2.1.1 所示,其中 pL 称为算子感抗,$\frac{1}{pC}$ 称为算子容抗。

表 2.1.1 电路元件的算子模型

元件名称	电路符号	u-i 关系(VAR)	VAR 的算子形式	算子模型
电阻		$u(t)=Ri(t)$	$u(t)=Ri(t)$	
电感		$u(t)=L\dfrac{di(t)}{dt}$	$u(t)=pLi(t)$	
电容		$u(t)=\dfrac{1}{C}\int_{-\infty}^{t}i(\tau)d\tau$	$u(t)=\dfrac{1}{pC}i(t)$	

【例 2.1.3】 电路如图 2.1.2(a)所示,写出 $i_1(t)$、$i_2(t)$ 对应的转移算子。

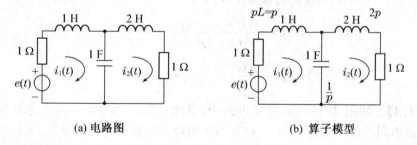

(a) 电路图　　　　　　(b) 算子模型

图 2.1.2　例 2.1.3 电路模型

【解】 将电路中的 L 用 pL 代替,C 用 $\dfrac{1}{pC}$ 来代替,电阻保持不变。画出电路的算子模型如图 2.1.2(b)所示。根据 KVL 定律列写方程为

$$\begin{cases}(1+p)i_1(t)+\dfrac{1}{p}[i_1(t)-i_2(t)]=e(t)\\(2p+1)i_2(t)+\dfrac{1}{p}[i_2(t)-i_1(t)]=0\end{cases}$$

整理后为

$$\begin{cases} \left(1+p+\dfrac{1}{p}\right)i_1(t)-\dfrac{1}{p}i_2(t)=e(t) \\ -\dfrac{1}{p}i_1(t)+\left(2p+1+\dfrac{1}{p}\right)i_2(t)=0 \end{cases}$$

为了化成微分方程组，可以将等式两边同乘以 p，但这样处理会增加方程组的阶次，而且方程两端会出现相同的因子 p，造成消去公共因子的疑虑。所以，在这里直接将 $\dfrac{1}{p}i_1(t)$ 和 $\dfrac{1}{p}i_2(t)$ 作为一个整体来进行求解，因此方程组可以转化为

$$\frac{1}{p}i_1(t)=\frac{\begin{vmatrix} e(t) & -1 \\ 0 & 2p^2+p+1 \end{vmatrix}}{\begin{vmatrix} p^2+p+1 & -1 \\ -1 & 2p^2+p+1 \end{vmatrix}}=\frac{2p^2+p+1}{p(2p^3+3p^2+4p+2)}e(t)$$

$$\frac{1}{p}i_2(t)=\frac{\begin{vmatrix} p^2+p+1 & e(t) \\ -1 & 0 \end{vmatrix}}{\begin{vmatrix} p^2+p+1 & -1 \\ -1 & 2p^2+p+1 \end{vmatrix}}=\frac{1}{p(2p^3+3p^2+4p+2)}e(t)$$

根据微分算子的性质，上面两式等号两端同时乘以 p，等式仍然成立，于是有

$$i_1(t)=\frac{2p^2+p+1}{2p^3+3p^2+4p+2}e(t)$$

$$i_2(t)=\frac{1}{2p^3+3p^2+4p+2}e(t)$$

响应信号 $i_1(t)$、$i_2(t)$ 对应的转移算子分别为

$$H_1(p)=\frac{i_1(t)}{e(t)}=\frac{2p^2+p+1}{2p^3+3p^2+4p+2}$$

$$H_2(p)=\frac{i_2(t)}{e(t)}=\frac{1}{2p^3+3p^2+4p+2}$$

【例 2.1.4】 如图 2.1.3(a)所示电路中，激励为电压源 $f(t)$，响应为电容上的电流 $i_0(t)$ 和 6 kΩ 电阻两端的电压 $u_0(t)$。试列写各响应关于激励的转移算子。

【解】 将电路中的 C 用 $\dfrac{1}{pC}$ 来代替，电阻保持不变。画出电路的算子模型如图 2.1.3(b)所示。电路中含有电容的支路与含有 6 kΩ 电阻的支路是并联电路，电压都为 $u_0(t)$。

并联电路的阻抗可以合并为

$$\frac{1}{p\times 2\times 10^{-6}+\dfrac{1}{6\times 10^3}}=\frac{6\times 10^3}{12p\times 10^{-3}+1}$$

$u_0(t)$ 所对应的转移算子为

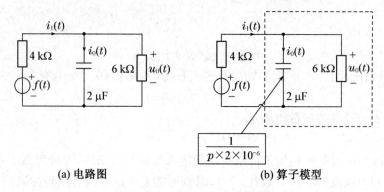

(a) 电路图 (b) 算子模型

图 2.1.3 例 2.1.4 电路模型

$$H_u(p) = \frac{u_0(t)}{f(t)}$$

根据阻抗的分压定律,电压之比可以转化为对应的阻抗之比,所以有

$$H_u(p) = \frac{u_0(t)}{f(t)} = \frac{\dfrac{6 \times 10^3}{12p \times 10^{-3} + 1}}{4 \times 10^3 + \dfrac{6 \times 10^3}{12p \times 10^{-3} + 1}} = \frac{1}{0.008p + \dfrac{5}{3}}$$

$i_0(t)$ 对应的转移算子为

$$H_i(p) = \frac{i_0(t)}{f(t)}$$

由电路

$$i_0(t) = u_0(t) \cdot \frac{1}{p \times 2 \times 10^{-6}}$$

因此利用上述结果有

$$H_i(p) = \frac{i_0(t)}{f(t)} = \frac{u_0(t) \cdot p \times 2 \times 10^{-6}}{f(t)} = \frac{p \times 2 \times 10^{-6}}{0.008p + \dfrac{5}{3}} = \frac{2p}{8\,000p + \dfrac{5}{3} \times 10^6}$$

2.2 连续时间系统的零输入响应

利用信号分解的性质,系统的全响应可以分解为零输入响应与零状态响应之和,即

$$r(t) = r_{zi}(t) + r_{zs}(t) \tag{2.2.1}$$

本节的任务是进行零输入响应的求解。

2.2.1 初始条件

系统的零输入响应是当激励信号为零时的响应。当系统在 $t<0$ 时没有加入激励信号,但 $t<0$ 时系统所处的工作状态使得电路中的储能元件存储了一定的能量,这部分能量不会突然消失,而会以某种方式逐渐释放出来,直至耗尽。零输入响应就是由这些初始储能所引起的,因此零输入响应由系统的初始状态决定,在求解系统的零输入响应之前要先确定系统

的初始状态。

由式(2.2.1)可知
$$r(0_-) = r_{zi}(0_-) + r_{zs}(0_-) \tag{2.2.2}$$

对于因果系统而言，0_-时刻激励没有进入系统，因此$r_{zs}(0_-)=0$，有
$$r(0_-) = r_{zi}(0_-) \tag{2.2.3}$$

同理，对于$r(t)$各阶导数也满足
$$r^{(p)}(0_-) = r_{zi}^{(p)}(0_-) \tag{2.2.4}$$

本书中采用0_-时刻的初始条件来作为确定系统的初始条件，充分考虑了系统在激励作用下，全响应$r(t)$以及其各阶导数在$t=0_-$时刻可能发生跳变或者出现冲激信号的情况。

2.2.2 通过微分算子方程求解系统的零输入响应

将输入信号$e(t)=0$代入式(2.1.12)，可以得到下面的齐次方程：
$$D(p)r_{zi}(t) = 0$$
$$(p^n + a_{n-1}p^{n-1} + \cdots + a_1 p + a_0)r_{zi}(t) = 0 \quad (t>0) \tag{2.2.5}$$

求解系统的零输入响应就是要求解式(2.2.5)所示的微分算子方程。式(2.2.5)要成立，需要满足$D(p)=0$，此方程为系统的特征方程。特征方程的根称为系统的特征根，也称为系统的自然频率。下面针对特征根的单根、共轭复根以及重根三种情况来分别求解对应的零输入响应$r_{zi}(t)$。

1. 特征根为单根

特征方程求解特征根为单根是最常见的情况，下面先讨论比较简单的一阶、二阶系统单根下的零输入响应，再推广到n阶系统单根下的零输入响应。

(1) 一阶系统

假设系统为一阶系统，对应的特征方程为一阶齐次方程：
$$(p-\lambda)r_{zi}(t) = 0 \tag{2.2.6}$$

将此微分算子方程转化为微分方程，即
$$\frac{dr_{zi}(t)}{dt} - \lambda r_{zi}(t) = 0$$
$$\frac{dr_{zi}(t)}{r_{zi}(t)} = \lambda dt$$

两边进行不定积分，有
$$\int \frac{1}{r_{zi}(t)} dr_{zi}(t) = \lambda \int dt$$
$$\ln r_{zi}(t) = \lambda t + K$$
$$r_{zi}(t) = e^{\lambda t + K}$$

然后令其中的常数部分$e^K = C$，则
$$r_{zi}(t) = Ce^{\lambda t} \quad (t>0) \tag{2.2.7}$$

式中，常数C可以根据0_-时刻的初始状态$r(0_-)$来确定，因为$r_{zi}(0_-) = C \cdot e^{\lambda \cdot 0} = r(0_-)$，则
$$C = r(0_-), \quad r_{zi}(t) = r(0_-)e^{\lambda t} \quad (t>0)$$

(2) 二阶系统

假设系统为二阶系统,对应的特征方程为一阶齐次方程：
$$(p^2+a_1p+a_0)r_{zi}(t)=0 \quad (2.2.8)$$
假设特征根为 λ_1、λ_2，则特征方程可改写为
$$(p-\lambda_1)(p-\lambda_2)r_{zi}(t)=0 \quad (2.2.9)$$
当 $(p-\lambda_1)r_{zi}(t)=0$ 或者 $(p-\lambda_2)r_{zi}(t)=0$ 时，二阶齐次方程成立。

当 $(p-\lambda_1)r_{zi}(t)=0$ 时，根据上述一阶单根的情况有 $r_1(t)=C_1 e^{\lambda_1 t}$；同样地，当 $(p-\lambda_2) \cdot r_{zi}(t)=0$ 时，有 $r_2(t)=C_2 e^{\lambda_2 t}$。

显然 $r_1(t)$、$r_2(t)$ 都满足原方程，所以解的一般形式可写为
$$r_{zi}(t)=C_1 e^{\lambda_1 t}+C_2 e^{\lambda_2 t} \quad (t>0) \quad (2.2.10)$$
对式(2.2.10)求一阶导数有
$$r'_{zi}(t)=\lambda_1 C_1 e^{\lambda_1 t}+\lambda_2 C_2 e^{\lambda_2 t}$$
若 $t=0$ 时的初始条件为 $r(0_-)$、$r'(0_-)$，代入 $r_{zi}(t)$ 和 $r_{zi}'(t)$ 的表达式有
$$\begin{cases} C_1+C_2=r(0_-) \\ \lambda_1 C_1+\lambda_2 C_2=r'(0_-) \end{cases}$$
解之便可得 C_1、C_2。

(3) n 阶系统

对于式(2.2.5)所示的 n 阶系统对应的齐次方程 $(p^n+a_{n-1}p^{n-1}+\cdots+a_1p+a_0)r_{zi}(t)=0$，其特征方程 $D(p)=0$ 有 n 个单根 $\lambda_1,\lambda_2,\cdots,\lambda_n$。

因此微分算子方程可写成
$$(p-\lambda_1)(p-\lambda_2)\cdot\cdots\cdot(p-\lambda_n)r_{zi}(t)=0$$
根据前述内容，可推知对应通解形式为
$$r_{zi}(t)=C_1 e^{\lambda_1 t}+C_2 e^{\lambda_2 t}+\cdots+C_n e^{\lambda_n t} \quad (t>0) \quad (2.2.11)$$
若给定系统的 n 个初始条件：$r(0_-),r'(0_-),\cdots,r^{(n-1)}(0_-)$，将初始条件代入 $r_{zi}(t)$ 以及 $r_{zi}(t)$ 的各阶导数对应的表达式，就得到一个 n 元一次线性方程组：
$$\begin{cases} r(0)=C_1+C_2+\cdots+C_n \\ r'(0)=\lambda_1 C_1+\lambda_2 C_2+\cdots+\lambda_n C_n \\ r''(0)=\lambda_1^2 C_1+\lambda_2^2 C_2+\cdots+\lambda_n^2 C_n \\ \cdots\cdots\cdots\cdots \\ r^{(n-1)}(0)=\lambda_1^{n-1}C_1+\lambda_2^{n-1}C_2+\cdots+\lambda_n^{n-1}C_n \end{cases}$$

通过求解这样一个 n 元一次常系数线性方程组，就可以得到通解中的 n 个常系数的具体数值，从而求出零输入响应的具体表达式。

2. 特征根为共轭复根

上面讨论系统特征方程为单根的情况，单根不仅有实根，还可以有复根的情况。因为特征方程的系数为实数，所以如果出现复根则必定成对出现。设特征方程有一对共轭复根 λ_1、λ_2，$\lambda_1=\alpha+j\beta$，$\lambda_2=\alpha-j\beta$。根据式(2.2.11)可以写出共轭复根对应解的表达式为
$$r_{zi}(t)=K_1 e^{(\alpha+j\beta)t}+K_2 e^{(\alpha-j\beta)t} \quad (t>0) \quad (2.2.12)$$
利用欧拉公式将上式进行展开可以得到

$$r_{zi}(t) = K_1 e^{(\alpha+j\beta)t} + K_2 e^{(\alpha-j\beta)t}$$
$$= K_1 e^{\alpha t}[\cos(\beta t) + j\sin(\beta t)] + K_2 e^{\alpha t}[\cos(\beta t) - j\sin(\beta t)] \quad (2.2.13)$$
$$= e^{\alpha t}[\underbrace{(K_1+K_2)}_{C_1}\cos(\beta t) + \underbrace{j(K_1-K_2)}_{C_2}\sin(\beta t)]$$

特征根为一对共轭复根时解的一般形式写为

$$r_{zi}(t) = e^{\alpha t}[C_1\cos(\beta t) + C_2\sin(\beta t)] \quad (t>0) \quad (2.2.14)$$

式中，C_1、C_2 可由初始条件求出；$\alpha = \mathrm{Re}(\lambda)$ 为共轭复根的实部，$\beta = \mathrm{Im}(\lambda)$ 为共轭复根的虚部。

3. 特征根为重根

在特征方程求解时还会出现一种情况，就是特征根的值出现两个或者两个以上相同值的情况，即特征根有重根。设特征根 λ 为 k 阶重根，这种情况说明特征多项式 $D(p)$ 中有因子 $(p-\lambda)^k$，求解零输入响应就需要求出方程 $(p-\lambda)^k r_{zi}(t) = 0$ 的解。

设 $(p-\lambda)^{(k-1)} r = r_1$，则有 $(p-\lambda) r_1 = 0$。

根据一阶系统单根情况下解的表达式(2.2.7)，可以写出 $r_1 = A_1 e^{\lambda t}$，于是有 $(p-\lambda)^{(k-1)} r = r_1 = A_1 e^{\lambda t}$。

再设 $(p-\lambda)^{(k-2)} r = r_2$，则有 $(p-\lambda) r_2 = r_1 = A_1 e^{\lambda t}$。

将上式写成微分方程的形式：

$$\frac{dr_2}{dt} - \lambda r_2 = A_1 e^{\lambda t}$$

此式两端同乘以 $e^{-\lambda t}$ 得

$$e^{-\lambda t}\frac{dr_2}{dt} - \lambda e^{-\lambda t} r_2 = A_1$$

等号左边两项是 $r_2 e^{-\lambda t}$ 关于 t 的一阶导数，即 $\frac{d}{dt}(r_2 e^{-\lambda t}) = A_1$，对两端积分有 $r_2 e^{-\lambda t} = \int A_1 dt = A_1 t + A_2$，等号两端同乘以 $e^{\lambda t}$ 有 $r_2 = (A_1 t + A_2) e^{\lambda t}$。

同理，设 $(p-\lambda)^{(k-3)} r = r_3$，则

$$(p-\lambda) r_3 = r_2 = (A_1 t + A_2) e^{\lambda t}$$

将此式写成微分方程的形式有

$$\frac{dr_3}{dt} - \lambda r_3 = (A_1 t + A_2) e^{\lambda t}$$

两边同乘以 $e^{-\lambda t}$ 得到

$$e^{-\lambda t}\frac{dr_3}{dt} - \lambda e^{-\lambda t} r_3 = A_1 t + A_2$$

同样地，等号左边是 $r_3 e^{-\lambda t}$ 关于 t 的一阶导数，即

$$\frac{d}{dt}(r_3 e^{-\lambda t}) = A_1 t + A_2$$

两端进行积分有

$$r_3 e^{-\lambda t} = \int (A_1 t + A_2) dt = \frac{1}{2} A_1 t^2 + A_2 t + A_3$$

等号两端同乘以 $e^{\lambda t}$ 有

$$r_3 = \left(\frac{1}{2}A_1 t^2 + A_2 t + A_3\right)e^{\lambda t}$$

如此推下去可得

$$r_k = r = \left[\frac{1}{(k-1)!}A_1 t^{k-1} + \frac{1}{(k-2)!}A_2 t^{k-2} + \cdots + A_{k-1} t + A_k\right]e^{\lambda t}$$

令其中的

$$C_1 = A_k, C_2 = A_{k-1}, \cdots, C_k = \frac{1}{(k-1)!}A_1$$

所以方程 $(p-\lambda)^k r_{zi}(t) = 0$ 解的一般形式为

$$r_{zi}(t) = (C_1 + C_2 t + C_3 t^2 + \cdots + C_k t^{k-1})e^{\lambda t} \quad (t>0) \tag{2.2.15}$$

常数 $C_1, C_2, \cdots, C_k$ 同样可由初始条件求出。

不同的特征方程对应不同类型的特征根,对应的零输入响应解的形式也不相同,根据前述内容对特征根与零输入响应的对照关系进行了总结,并给出了对应关系表 2.2.1。在后续的学习中可以直接查表进行零输入响应的求解。

表 2.2.1 特征根与零输入响应的对应关系

特征方程	特征根	零输入响应
$(p-\lambda)r_{zi}(t)=0$	λ	$r_{zi}(t) = Ce^{\lambda t}\ (t>0)$
$(p-\lambda_1)(p-\lambda_2)r_{zi}(t)=0$	λ_1, λ_2	$r_{zi}(t) = C_1 e^{\lambda_1 t} + C_2 e^{\lambda_2 t}\ (t>0)$
$(p-\lambda_1)\cdots(p-\lambda_n)r_{zi}(t)=0$	$\lambda_1, \lambda_2, \cdots, \lambda_n$	$r_{zi}(t) = C_1 e^{\lambda_1 t} + C_2 e^{\lambda_2 t} + \cdots + C_n e^{\lambda_n t}\ (t>0)$
$(p-\lambda_1)(p-\lambda_2)r_{zi}(t)=0$	$\lambda_1 = \alpha + j\beta$ $\lambda_2 = \alpha - j\beta$	$r_{zi}(t) = e^{\alpha t}[C_1 \cos(\beta t) + C_2 \sin(\beta t)]\ (t>0)$
$(p-\lambda)^k r_{zi}(t)=0$	λ 为 k 阶重根	$r_{zi}(t) = (C_1 + C_2 t + C_3 t^2 + \cdots + C_k t^{k-1})e^{\lambda t}\ (t>0)$

【例 2.2.1】 如图 2.2.1 所示 RLC 串联谐振电路,已知 $L=1\text{ H}, C=1\text{ F}, R=2.5\text{ }\Omega$,初始条件为

(1) $i(0) = 0\text{ A}, i'(0) = 1\text{ A/s}$;

(2) $i(0) = 0\text{ A}, u_C(0) = 10\text{ V}$。

分别求上述两种情况下回路电流的零输入响应。

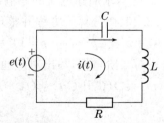

图 2.2.1 例 2.2.1 RLC 串联谐振电路

【解】 首先根据电路模型列出它的微分算子方程

$$\left(\frac{1}{pC} + pL + R\right)i(t) = e(t)$$

整理之后可得

$$\left(p^2+\frac{R}{L}p+\frac{1}{LC}\right)i(t)=\frac{1}{L}pe(t) \tag{2.2.16}$$

将各元件参数代入

$$(p^2+2.5p+1)i(t)=pe(t)$$

零输入响应下对应的特征方程为

$$D(p)=(p+0.5)(p+2)=0$$

求解出特征根

$$\lambda_1=-0.5, \lambda_2=-2$$

特征根是两个单实根，写出通解表达式为

$$i(t)=C_1e^{-0.5t}+C_2e^{-2t} \quad (t>0)$$

$i(t)$的一阶导数为

$$i'(t)=-0.5C_1e^{-0.5t}-2C_2e^{-2t}$$

(1) 初始条件为$i(0)=0$ A、$i'(0)=1$ A/s 时，代入$i(t)$和$i'(t)$的表达式有

$$\begin{cases} C_1+C_2=0 \\ -0.5C_1-2C_2=1 \end{cases} \Rightarrow C_1=\frac{2}{3}, C_2=-\frac{2}{3}$$

$$i(t)=\frac{2}{3}(e^{-0.5t}-e^{-2t}) \quad (t>0)$$

(2) 初始条件为$i(0)=0$ A、$u_C(0)=10$ V 时，初始条件$u_C(0)=10$ V 不能直接用于确定常数C_1、C_2，所以必须转化为$i'(0)$。

零输入状态下根据 KVL 定律可写出方程$u_C(t)+i'(t)+2.5i(t)=0$，将$i(0)=0$ A、$u_C(0)=10$ V 代入可以得到$i'(0)=-10$ A/s。

代入零输入响应的表达式得

$$\begin{cases} C_1+C_2=0 \\ 0.5C_1+2C_2=10 \end{cases} \Rightarrow C_1=-\frac{20}{3}, C_2=\frac{20}{3}$$

$$i(t)=-\frac{20}{3}(e^{-0.5t}-e^{-2t}) \quad (t>0)$$

【例 2.2.2】 如图 2.2.1 所示 RLC 串联谐振电路，元件参数为$L=1$ H，$C=1$ F，$R=2$ Ω，初始条件$i(0)=0$ A，$i'(0)=1$ A/s，求回路电流的零输入响应。

【解】 将元件参数代入式(2.2.16)微分算子方程并整理之后可得特征方程：

$$D(p)=p^2+2p+1=(p+1)^2=0$$

特征根为$\lambda_1=\lambda_2=-1$，这是一对二阶重根，写出对应通解表达式：

$$i(t)=e^{-t}(C_1+C_2t) \quad (t>0)$$

$i(t)$的一阶导数为

$$i'(t)=-C_1te^{-t}+C_2e^{-t}-C_2te^{-t}$$

将初始状态$i(0)=0$ A，$i'(0)=1$ A/s 代入可得$C_1=0, C_2=1$。

因此，零输入响应为$i(t)=te^{-t}(t>0)$。

【例 2.2.3】 如图 2.2.1 所示 RLC 串联谐振电路，元件参数为$L=1$ H，$C=1$ F，$R=1$ Ω，初始条件$i(0)=0$ A，$i'(0)=1$ A/s，求回路电流的零输入响应。

【解】 将元件参数代入式(2.2.16)微分算子方程并整理之后可得特征方程：
$$D(p)=p^2+p+1$$

特征根为 $\lambda_{1,2}=-\dfrac{1}{2}\pm j\dfrac{\sqrt{3}}{2}=0$，这是一对共轭复根，写出对应通解表达式：

$$i(t)=e^{-\frac{1}{2}t}\left[C_1\cos\left(\dfrac{\sqrt{3}}{2}t\right)+C_2\sin\left(\dfrac{\sqrt{3}}{2}t\right)\right] \quad (t>0)$$

$i(t)$ 的一阶导数为

$$i'(t)=-\dfrac{C_2}{2}e^{-\frac{1}{2}t}\sin\left(\dfrac{\sqrt{3}}{2}t\right)+\dfrac{\sqrt{3}C_2}{2}e^{-\frac{1}{2}t}\cos\left(\dfrac{\sqrt{3}}{2}t\right)$$

将初始状态 $i(0)=0$ A、$i'(0)=1$ A/s 代入可得 $C_1=0, C_2=\dfrac{2}{\sqrt{3}}$。

因此，零输入响应为

$$i(t)=\dfrac{2}{\sqrt{3}}e^{-\frac{1}{2}t}\sin\left(\dfrac{\sqrt{3}}{2}t\right)\varepsilon(t)$$

2.3 连续时间系统的冲激响应

连续时间系统在单位冲激信号 $\delta(t)$ 激励下的零状态响应称为冲激响应，记为 $h(t)$，如图 2.3.1 所示。

$$\delta(t)\longrightarrow \boxed{H(p)}\longrightarrow h(t)$$

图 2.3.1 冲激响应 $h(t)$ 的定义

此时利用式(2.1.14)所表示的响应与激励的关系 $r(t)=H(p)e(t)$，可写出冲激响应与单位冲激函数的关系：

$$h(t)=H(p)\delta(t)=\dfrac{b_m p^m+b_{m-1}p^{m-1}+\cdots+b_1 p+b_0}{p^n+a_{n-1}p^{n-1}+\cdots+a_1 p+a_0}\delta(t) \qquad (2.3.1)$$

利用式(2.3.1)可以由转移算子 $H(p)$ 求出冲激响应 $h(t)$。根据 $H(p)$ 分子最高阶次 m 和分母最高阶次 n 值的大小不同，需要分真分式和假分式两种情况进行讨论。

1. $H(p)$ 为真分式

转移算子 $H(p)$ 的极点有三种情况：单根极点、共轭复根极点、重根极点。下面针对这三种情况讨论对应的冲激响应。

(1) 单根极点

当 $H(p)$ 有 n 个单根极点 $\lambda_1,\lambda_2,\cdots,\lambda_n$ 时，式(2.3.1)可以转化成如下表达式：

$$\begin{aligned}h(t)&=H(p)\delta(t)\\ &=\left(\dfrac{K_1}{p-\lambda_1}+\dfrac{K_2}{p-\lambda_2}+\cdots+\dfrac{K_i}{p-\lambda_i}+\cdots+\dfrac{K_n}{p-\lambda_n}\right)\delta(t) \qquad (2.3.2)\\ &=\dfrac{K_1}{p-\lambda_1}\delta(t)+\dfrac{K_2}{p-\lambda_2}\delta(t)+\cdots+\dfrac{K_i}{p-\lambda_i}\delta(t)+\cdots+\dfrac{K_n}{p-\lambda_n}\delta(t)\end{aligned}$$

式中,常系数 $K_i = (p-\lambda_i)H(p)|_{p=\lambda_i} (i=1,2,\cdots,n)$。

令其中第 i 项为

$$h_i(t) = \frac{K_i}{p-\lambda_i}\delta(t) \tag{2.3.3}$$

则有

$$h(t) = \sum_{i=1}^{n} h_i(t)$$

将式(2.3.3)写成微分方程的形式得

$$\frac{\mathrm{d}h_i(t)}{\mathrm{d}t} - \lambda_i h_i(t) = K_i \delta(t)$$

等式两端同乘以 $\mathrm{e}^{-\lambda_i t}$,得到

$$\mathrm{e}^{-\lambda_i t}\frac{\mathrm{d}h_i(t)}{\mathrm{d}t} - \lambda_i \mathrm{e}^{-\lambda_i t} h_i(t) = K_i \mathrm{e}^{-\lambda_i t}\delta(t)$$

观察发现等号左边是 $\mathrm{e}^{-\lambda_i t}h_i(t)$ 关于 t 的一阶导数,即

$$\frac{\mathrm{d}}{\mathrm{d}t}[\mathrm{e}^{-\lambda_i t}h_i(t)] = K_i \mathrm{e}^{-\lambda_i t}\delta(t)$$

等式两端积分有

$$\mathrm{e}^{-\lambda_i t}h_i(t) - \mathrm{e}^0 h(0_-) = K_i \varepsilon(t)$$

对于因果系统有 $h(0_-)=0$,所以

$$h_i(t) = \frac{K_i}{p-\lambda_i}\delta(t) = K_i \mathrm{e}^{\lambda_i t}\varepsilon(t)$$

则单极点情况下对应的冲激响应 $h(t)$ 为

$$h(t) = \sum_{i=1}^{n} h_i(t) = \sum_{i=1}^{n} \frac{K_i}{p-\lambda_i}\delta(t) = \sum_{i=1}^{n} K_i \mathrm{e}^{\lambda_i t}\varepsilon(t) \tag{2.3.4}$$

(2) 共轭极点

$H(p)$ 有两个互为共轭的极点 λ_1、λ_2,其中 $\lambda_1 = \alpha + \mathrm{j}\beta, \lambda_2 = \alpha - \mathrm{j}\beta$。此时式(2.3.1)可以写成如下表达式:

$$h(t) = H(p)\delta(t) = \frac{b_1 p + b_0}{p^2 + a_1 p + a_0}\delta(t) \tag{2.3.5}$$

$$= \left(\frac{K_R + \mathrm{j}K_I}{p-\alpha-\mathrm{j}\beta} + \frac{K_R - \mathrm{j}K_I}{p-\alpha+\mathrm{j}\beta}\right)\delta(t)$$

式中,常系数 $K_R + \mathrm{j}K_I = (p-\alpha-\mathrm{j}\beta)H(p)|_{p=\alpha+\mathrm{j}\beta}$。

共轭极点是属于 $H(p)$ 有两个单极点的特殊情况,因此可以将 λ_1 和 λ_2,以及 $K_R + \mathrm{j}K_I$ 和 $K_R - \mathrm{j}K_I$ 代入式(2.3.4)中,于是有

$$h(t) = [(K_R + \mathrm{j}K_I)\mathrm{e}^{(\alpha+\mathrm{j}\beta)t} + (K_R - \mathrm{j}K_I)\mathrm{e}^{(\alpha-\mathrm{j}\beta)t}]\varepsilon(t) \tag{2.3.6}$$

根据欧拉公式将式(2.3.6)展开有

$$h(t) = \mathrm{e}^{\alpha t}\left(2K_R \frac{\mathrm{e}^{\mathrm{j}\beta t} + \mathrm{e}^{-\mathrm{j}\beta t}}{2} - 2K_I \frac{\mathrm{e}^{\mathrm{j}\beta t} - \mathrm{e}^{-\mathrm{j}\beta t}}{2\mathrm{j}}\right)\varepsilon(t) \tag{2.3.7}$$

$$= \mathrm{e}^{\alpha t}[2K_R\cos(\beta t) - 2K_I\sin(\beta t)]\varepsilon(t)$$

式(2.3.7)也可以写成下式:
$$h(t) = e^{\alpha t}[C_1 \cos(\beta t) + C_2 \sin(\beta t)]\varepsilon(t) \tag{2.3.8}$$
式(2.3.8)中 $C_1 = 2K_R, C_2 = -2K_I$。

(3) 重极点

$H(p)$ 有 k 阶重极点 λ,此时式(2.3.1)可以写成如下表达式:
$$h(t) = \frac{N(p)}{(p-\lambda)^k}\delta(t) \tag{2.3.9}$$
式中,$N(p)$ 的阶次小于 k。

式(2.3.9)可以展开为
$$h(t) = \left[\frac{C_k}{(p-\lambda)^k} + \frac{C_{k-1}}{(p-\lambda)^{k-1}} + \cdots + \frac{C_i}{(p-\lambda)^i} + \cdots + \frac{C_2}{(p-\lambda)^2} + \frac{C_1}{p-\lambda}\right]\delta(t) \tag{2.3.10}$$
式中,常系数
$$C_i = \frac{1}{(k-i)!} \cdot \frac{d^{k-i}}{dp^{k-i}}[(p-\lambda)^k H(p)]|_{p=\lambda}$$

令式(2.3.10)中第 i 项为 $h_i(t) = \frac{C_i}{(p-\lambda)^i}\delta(t)$,可以推出 $h_i(t) = \frac{C_i}{(i-1)!}t^{i-1}e^{\lambda t}\varepsilon(t)$,推导过程参照特征方程重根下零输入响应的求解。

因此重极点下冲激响应可以表示为
$$h(t) = \left[C_1 + C_2\frac{t}{1!} + C_3\frac{t^2}{2!} + \cdots + C_k\frac{t^{k-1}}{(k-1)!}\right]e^{\lambda t}\varepsilon(t) \tag{2.3.11}$$

2. $H(p)$ 为假分式

当 $m \geq n$ 时,$H(p)$ 为假分式,此时可以通过长除法将 $H(p)$ 分解为一个关于 p 的 $m-n$ 次多项式和一个有理真分式之和。
$$h(t) = (C_{m-n}p^{m-n} + C_{m-n-1}p^{m-n-1} + \cdots + C_1 p + C_0)\delta(t) + H_1(p)\delta(t) \tag{2.3.12}$$

含有微分算子 p 的 $m-n$ 次多项式部分,直接将微分算子形式改写为微分形式,即对应的冲激响应为单位冲激信号以及单位冲激信号的各阶导数之和;真分式部分用部分分式展开成若干最简分式,分别根据极点是单极点、共轭极点、重极点三种不同情况进行分析求解。

前述内容根据 $H(p)$ 分子、分母的阶次以及极点情况对冲激响应解的形式进行了讨论,为便于后期学习,对 $H(p)$ 与 $h(t)$ 的对应关系进行了总结,并给出了对应关系表2.3.1。在后续的学习中可以直接查表进行冲激响应的求解。

表 2.3.1 $H(p)$ 与 $h(t)$ 的对应关系

$H(p)$	极点	$h(t)$
$\dfrac{K}{p-\lambda}$	λ	$Ke^{\lambda t}\varepsilon(t)$
$\sum\limits_{i=1}^{n}\dfrac{K_i}{p-\lambda_i}$	$\lambda_i (i=1,2,\cdots,n)$	$\sum\limits_{i=1}^{n}K_i e^{\lambda_i t}\varepsilon(t)$
$\dfrac{K_R+jK_I}{p-\alpha-j\beta} + \dfrac{K_R-jK_I}{p-\alpha+j\beta}$	$\lambda_1 = \alpha+j\beta$ $\lambda_2 = \alpha-j\beta$	$e^{\alpha t}[2K_R\cos(\beta t) - 2K_I\sin(\beta t)]\varepsilon(t)$

(续表)

$H(p)$	极点	$h(t)$
$\dfrac{p-\alpha}{(p-\alpha)^2+\beta^2}$	$\lambda_1=\alpha+\mathrm{j}\beta$ $\lambda_2=\alpha-\mathrm{j}\beta$	$\mathrm{e}^{\alpha t}\cos(\beta t)\varepsilon(t)$
$\dfrac{\beta}{(p-\alpha)^2+\beta^2}$	$\lambda_1=\alpha+\mathrm{j}\beta$ $\lambda_2=\alpha-\mathrm{j}\beta$	$\mathrm{e}^{\alpha t}\sin(\beta t)\varepsilon(t)$
$\dfrac{p}{p^2+\beta^2}$	$\lambda_1=\mathrm{j}\beta,\lambda_2=-\mathrm{j}\beta$	$\cos(\beta t)\varepsilon(t)$
$\dfrac{\beta}{p^2+\beta^2}$	$\lambda_1=\mathrm{j}\beta,\lambda_2=-\mathrm{j}\beta$	$\sin(\beta t)\varepsilon(t)$
$\dfrac{C_i}{(p-\lambda)^i}$	λ	$\dfrac{C_i}{(i-1)!}t^{i-1}\mathrm{e}^{\lambda t}\varepsilon(t)$
$\sum\limits_{i=1}^{k}\dfrac{C_i}{(p-\lambda)^i}$	$\lambda(k\text{ 阶})$	$\sum\limits_{i=1}^{k}\dfrac{C_i}{(i-1)!}t^{i-1}\mathrm{e}^{\lambda t}\varepsilon(t)$
K	无	$K\delta(t)$
p	无	$\delta'(t)$
p^n	无	$\delta^{(n)}(t)$

【例 2.3.1】 已知系统的微分方程如下式,求冲激响应 $h(t)$。

$$\frac{\mathrm{d}^2}{\mathrm{d}t^2}r(t)+4\frac{\mathrm{d}}{\mathrm{d}t}r(t)+4r(t)=\frac{\mathrm{d}e(t)}{\mathrm{d}t}+3e(t)$$

【解】 由微分方程写出转移算子:

$$H(p)=\frac{p+3}{p^2+4p+4}=\frac{p+3}{(p+2)^2}$$

$\lambda_{1,2}=-2$ 为二阶重极点。

将 $H(p)$ 部分分式展开得到

$$H(p)=\frac{1}{(p+2)^2}+\frac{1}{p+2}$$

所以有

$$h(t)=\left[\frac{1}{(2-1)!}t^{(2-1)}+1\right]\mathrm{e}^{-2t}\varepsilon(t)=(t+1)\mathrm{e}^{-2t}\varepsilon(t)$$

【例 2.3.2】 如图 2.3.2 所示 RLC 串联谐振电路,已知 $L=1\text{ H},C=1\text{ F},R=1\text{ }\Omega,e(t)=\delta(t)$,求电感上电压 $u_L(t)$ 的零状态响应。

【解】 当激励信号 $e(t)=\delta(t)$ 时,系统的零状态响应也就是冲激响应。

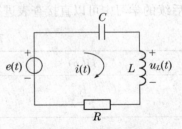

图 2.3.2 RLC 串联谐振电路

由转移算子的概念,电压 $u_L(t)$ 的转移算子为

$$H(p)=\frac{u_L(t)}{e(t)}$$

这是电压与电压的比，根据阻抗的分压定律可知，电压之比为对应的阻抗之比。因此有

$$H(p) = \frac{u_L(t)}{e(t)} = \frac{pL}{R+Lp+\dfrac{1}{pC}}$$

将元件参数代入有

$$H(p) = \frac{p^2}{p^2+p+1} = 1 - \frac{p+1}{p^2+p+1}$$

此式包含两部分，其中有理真分式部分根据极点的情况进行分析：

$$\frac{p+1}{p^2+p+1} = \frac{K}{p+\dfrac{1}{2}-\mathrm{j}\dfrac{\sqrt{3}}{2}} + \frac{K^*}{p+\dfrac{1}{2}+\mathrm{j}\dfrac{\sqrt{3}}{2}}$$

常系数 $K = \dfrac{1}{2} - \mathrm{j}\dfrac{\sqrt{3}}{6}$，其中 $K_R = \dfrac{1}{2}$，$K_I = -\dfrac{\sqrt{3}}{6}$。

$$H(p) = 1 - \frac{\dfrac{1}{2}-\mathrm{j}\dfrac{\sqrt{3}}{6}}{p+\dfrac{1}{2}-\mathrm{j}\dfrac{\sqrt{3}}{2}} - \frac{\dfrac{1}{2}+\mathrm{j}\dfrac{\sqrt{3}}{6}}{p+\dfrac{1}{2}+\mathrm{j}\dfrac{\sqrt{3}}{2}}$$

因此，冲激响应为

$$U_L(t) = \delta(t) - \mathrm{e}^{-\frac{1}{2}t}\left[\cos\left(\frac{\sqrt{3}}{2}t\right) + \frac{\sqrt{3}}{3}\sin\left(\frac{\sqrt{3}}{2}t\right)\right]\varepsilon(t)$$

2.4 卷积积分

在连续时间与信号的时域分析中，有一种很重要的数学计算方法，称为卷积积分，简称卷积。

2.4.1 卷积的引入

任意一连续时间信号 $e(t)$ 可以分解为无限多个冲激信号的叠加，分解如图 2.4.1 所示。即

$$e(t) \approx \sum_{k=-\infty}^{\infty} e(k\Delta t) G_{\Delta\tau}(t-k\Delta\tau)$$

作变化：

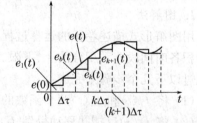

图 2.4.1 用冲激函数近似表示任一函数

$$e(t) \approx \sum_{k=-\infty}^{\infty} e(k\Delta t) \frac{1}{\Delta\tau} G_{\Delta\tau}(t-k\Delta\tau)\Delta\tau \tag{2.4.1}$$

当 $\Delta\tau \to 0$ 时，就有 $k\Delta\tau \to \tau$，$e(k\Delta\tau) \to e(\tau)$，$\dfrac{1}{\Delta\tau}G_{\Delta\tau}(t-k\Delta\tau) \to \delta(t-\tau)$，$\Delta\tau \to \mathrm{d}\tau$ 求和变为求积分，因此式(2.4.1)可以表示为

$$e(t) = \int_{-\infty}^{\infty} e(\tau)\delta(t-\tau)\mathrm{d}\tau \tag{2.4.2}$$

利用线性时不变系统的性质,可以证明利用激励 $e(t)$ 与单位冲激响应 $h(t)$ 可计算得到零状态响应 $r_{zs}(t)$,具体证明过程如图 2.4.2 所示:

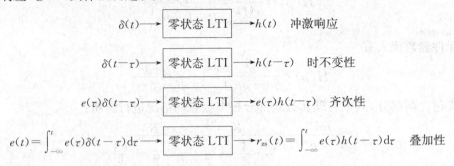

图 2.4.2 零状态响应求解过程

系统在激励 $e(t)$ 作用下的零状态响应为

$$r_{zs}(t) = \int_{-\infty}^{+\infty} e(\tau)h(t-\tau)\mathrm{d}\tau$$

这个计算过程就称为卷积计算。

2.4.2 卷积的求解

设 $f_1(t)$ 和 $f_2(t)$ 是定义在 $(-\infty,+\infty)$ 区间上的两个连续时间信号,卷积积分定义如下,卷积的运算符号用 $*$ 表示。

$$g(t) = f_1(t) * f_2(t) = \int_{-\infty}^{t} f_1(\tau) \cdot f_2(t-\tau)\mathrm{d}\tau \qquad (2.4.3)$$

式(2.4.3)中 τ 是一个虚设的积分变量,t 为参变量,卷积积分的结果为一个新的连续时间信号。

卷积的求解有多种方法,其中常用的为图解法和解析法。图解法比较直观形象,而解析法需要牢牢掌握积分运算的定义。下面对这两种方法分别进行阐述。

1. 图解法

用图解形式描述卷积的运算过程有助于理解卷积的概念,也可以直观地确定对时限信号卷积各时间段非零积分的上、下限。根据卷积的定义,信号 $f_1(t)$ 和 $f_2(t)$ 的卷积运算可以通过以下几个步骤来完成:

(1) 将 $f_1(t)$ 和 $f_2(t)$ 两个函数的变量由 t 换成 τ,得到 $f_1(\tau)$ 和 $f_2(\tau)$;

(2) 将 $f_2(\tau)$ 反摺并移动得到 $f_2(t-\tau)$;

(3) 将两个函数 $f_1(\tau)$ 和 $f_2(t-\tau)$ 相乘并求积分。

【例 2.4.1】 用图解法计算矩形脉冲 $f_1(t)=\varepsilon(t-t_1)-\varepsilon(t-t_2)$ ($t_2>t_1>0$) 和指数函数 $f_2(t)=\mathrm{e}^{-t}\varepsilon(t)$ 的卷积积分 $g(t)$。

【解】

(1) 首先画 $f_1(t)$ 和 $f_2(t)$ 的图形,如图 2.4.3 所示。

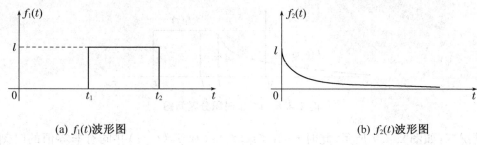

(a) $f_1(t)$ 波形图　　　　　　　　　　(b) $f_2(t)$ 波形图

图 2.4.3　例 2.4.1 信号原波形

(2) 变参量 t 换成 τ，画出 $f_1(\tau)$ 和 $f_2(\tau)$ 的图形，如图 2.4.4 所示。

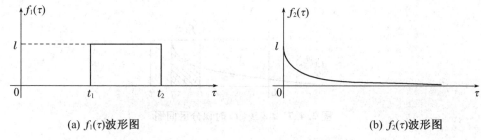

(a) $f_1(\tau)$ 波形图　　　　　　　　　　(b) $f_2(\tau)$ 波形图

图 2.4.4　例 2.4.1 信号变参量后的波形

(3) 将 $f_2(\tau)$ 反摺并移动，如图 2.4.5 所示。

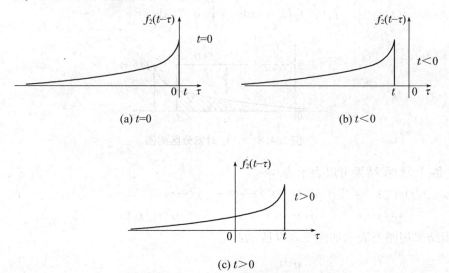

图 2.4.5　$f_2(\tau)$ 反摺并移动后的波形图

(4) 相乘求积分。

根据 $f_1(\tau) \cdot f_2(t-\tau)$ 的情况，积分可分为三种情况进行讨论。

情况一：如图 2.4.6 所示，此时 $t \leqslant t_1$，$f_1(\tau)$ 和 $f_2(t-\tau)$ 没有共同有非零值的时刻区间，因此，

$$g(t) = \int_{-\infty}^{+\infty} f_1(\tau) \cdot f_2(t-\tau) \mathrm{d}\tau = 0$$

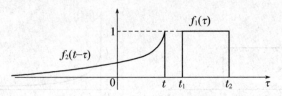

图 2.4.6 $t \leqslant t_1$ 时积分区间图

情况二：如图 2.4.7 所示，此时 $t_1 < t < t_2$，$f_1(\tau)$ 和 $f_2(t-\tau)$ 共同有非零值的时刻区间 (t_1, t)。因此有

$$g(t) = \int_{-\infty}^{\infty} f(\tau)\delta(t-\tau)d\tau = \int_{t_1}^{t} e^{-(t-\tau)}d\tau = 1 - e^{-(t-t_1)}$$

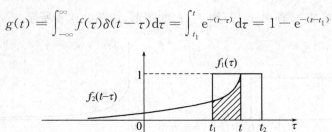

图 2.4.7 $t_1 < t < t_2$ 时积分区间图

情况三：如图 2.4.8 所示，此时 $t \geqslant t_2$，$f_1(\tau)$ 和 $f_2(t-\tau)$ 共同有非零值的时刻区间 (t_1, t_2)。因此有

$$g(t) = \int_{-\infty}^{\infty} f_1(\tau) f_2(t-\tau) d\tau = \int_{t_1}^{t_2} e^{-(t-\tau)} d\tau = e^{-(t-t_2)} - e^{-(t-t_1)}$$

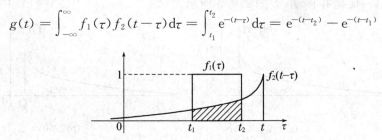

图 2.4.8 $t \geqslant t_2$ 时积分区间图

(5) 综上，卷积结果可以表示为

$$g(t) = (1 - e^{-(t-t_1)})[\varepsilon(t-t_1) - \varepsilon(t-t_2)] + (e^{-(t-t_2)} - e^{-(t-t_1)})\varepsilon(t-t_2)$$
$$= (1 - e^{-(t-t_1)})\varepsilon(t-t_1) - (1 - e^{-(t-t_2)})\varepsilon(t-t_2)$$

卷积结果用图形表示如图 2.4.9 所示：

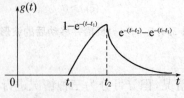

图 2.4.9 卷积结果图

2. 解析法

采用解析法进行卷积运算需要确定两个关键变量 t 和 τ 的范围：

(1) 由进行卷积的信号 $f_1(t)$ 和 $f_2(t)$ 确定卷积之后的信号 $g(t)$ 的时间范围,即变量 t 的范围;由变参量之后的信号 $f_1(\tau)$ 和变参量反摺并移动之后的信号 $f_2(t-\tau)$ 确定卷积积分的上、下限,即变量 τ 的范围。

(2) 或者由变参量之后的信号 $f_1(\tau)$ 和变参量反摺并移动之后的信号 $f_2(t-\tau)$ 同时确定卷积积分的上、下限 τ 的范围以及时间变量 t 的范围。

【例 2.4.2】 用解析法计算矩形脉冲 $f_1(t)=\varepsilon(t-t_1)-\varepsilon(t-t_2)(t_2>t_1>0)$ 和指数函数 $f_2(t)=\mathrm{e}^{-t}\varepsilon(t)$ 的卷积积分 $g(t)$。

【解】 根据卷积的定义式可以列出下式:

$$\begin{aligned}
g(t) &= f_1(t) * f_2(t) = \int_{-\infty}^{\infty} f_1(\tau) f_2(t-\tau) \mathrm{d}\tau \\
&= \int_{-\infty}^{\infty} [\varepsilon(\tau-t_1)-\varepsilon(\tau-t_2)] \cdot \mathrm{e}^{-(t-\tau)} \varepsilon(t-\tau) \mathrm{d}\tau \\
&= \int_{-\infty}^{\infty} \mathrm{e}^{-(t-\tau)} \varepsilon(\tau-t_1)\varepsilon(t-\tau) \mathrm{d}\tau - \int_{-\infty}^{\infty} \mathrm{e}^{-(t-\tau)} \varepsilon(\tau-t_2)\varepsilon(t-\tau) \mathrm{d}\tau
\end{aligned} \quad (2.4.4)$$

第一部分积分中 $\varepsilon(\tau-t_1)$ 要求 $\tau-t_1>0$,$\varepsilon(t-\tau)$ 要求 $t-\tau>0$,即有 $t_1<\tau<t$。这个不等式包含了两层含义,一是积分的上、下限即 τ 的取值范围为 (t_1,t);二是 t 的取值范围为 $t>t_1$,相应的卷积结果后面需要乘上阶跃信号 $\varepsilon(t-t_1)$。

同理可得第二部分积分中:一是积分的上、下限即 τ 的取值范围为 (t_2,t);二是 t 的取值范围为 $t>t_2$,相应的卷积结果后面需要乘上阶跃信号 $\varepsilon(t-t_2)$。

综上所述,式(2.4.4)整理为

$$\begin{aligned}
g(t) &= \left(\int_{t_1}^{t} \mathrm{e}^{-(t-\tau)} \mathrm{d}\tau\right)\varepsilon(t-t_1) - \left(\int_{t_2}^{t} \mathrm{e}^{-(t-\tau)} \mathrm{d}\tau\right)\varepsilon(t-t_2) \\
&= (1-\mathrm{e}^{-(t-t_1)})\varepsilon(t-t_1) - (1-\mathrm{e}^{-(t-t_2)})\varepsilon(t-t_2)
\end{aligned} \quad (2.4.5)$$

因为 $f_1(t)$ 有非零值的时间区间为 (t_1,t_2),$f_2(t)$ 有非零值的时间区间为 $(0,+\infty)$,根据规则,时限信号卷积之后仍为时限信号,其左边界为原两个信号左边界之和,右边界为原两个信号右边界之和,因此可以得到 $g(t)$ 有非零值的时间区间为 $(t_1,+\infty)$。

画图比较可得解析法与图解法的结果是一样的,因此在求解卷积的过程中不管使用什么求解方法,结果保持不变。

2.4.3 卷积的主要性质

1. 运算规律

根据卷积的定义和积分的性质,推知卷积积分运算有如下运算规律:

(1) 交换律

$$f_1(t) * f_2(t) = f_2(t) * f_1(t) \quad (2.4.6)$$

(2) 分配律

$$f_1(t) * [f_2(t) + f_3(t)] = f_1(t) * f_2(t) + f_1(t) * f_3(t) \quad (2.4.7)$$

(3) 结合律

$$f_1(t) * [f_2(t) * f_3(t)] = [f_1(t) * f_2(t)] * f_3(t) = [f_1(t) * f_3(t)] * f_2(t) \quad (2.4.8)$$

2. 运算性质

根据卷积的定义、积分的性质以及冲激信号和阶跃信号的性质，推知卷积积分有如下性质。

(1) 卷积的微分和积分性质

卷积的微分性质：两个信号函数卷积之后求微分等于两个函数中任意一个先进行微分然后再与另一个函数相卷积。

$$\frac{d}{dt}[f_1(t) * f_2(t)] = f_1(t) * \frac{df_2(t)}{dt} = \frac{df_1(t)}{dt} * f_2(t) \tag{2.4.9}$$

卷积的积分性质：两个信号函数卷积之后求积分等于两个函数中任意一个先进行积分然后与另一函数相卷积。

$$\int_{-\infty}^{t} f_1(\tau) * f_2(\tau) d\tau = f_1(t) * \left[\int_{-\infty}^{t} f_2(\tau) d\tau\right] = \left[\int_{-\infty}^{t} f_1(\tau) d\tau\right] * f_2(t) \tag{2.4.10}$$

综合式(2.4.9)和式(2.4.10)，得到卷积的微分-积分性质：两个信号函数相卷积等于其中一个函数的微分与另一函数的积分进行卷积运算的结果。

$$\frac{df_1(t)}{dt} * \int_{-\infty}^{t} f_2(\tau) d\tau = f_1(t) * f_2(t) \tag{2.4.11}$$

微分-积分性质同时使用需要满足一定的条件：

$$f_1(t) \cdot \int_{-\infty}^{+\infty} f_2(t) dt = f_2(t) \cdot \int_{-\infty}^{+\infty} f_1(t) dt = 0 \tag{2.4.12}$$

即被求导的函数在$-\infty$处的值为零，或者被积分的函数在$(-\infty, +\infty)$区间上的积分为零。

(2) 卷积的时移性质

设 $f_1(t) * f_2(t) = y(t)$，则有 $f_1(t-t_1) * f_2(t-t_2) = y(t-t_1-t_2)$。

证明：

$$f_1(t-t_1) * f_2(t-t_2) = \int_{-\infty}^{\infty} f_1(\tau-t_1) f_2(t-\tau-t_2) d\tau$$

$$\xrightarrow{\diamondsuit \tau-t_1=x} \int_{-\infty}^{\infty} f_1(x) f_2[(t-t_1-t_2)-x] dx$$

$$= y(t-t_1-t_2)$$

$$\tag{2.4.13}$$

(3) 与冲激信号、阶跃信号的卷积

$f(t)$与$\delta(t)$的卷积等于它自身，即

$$f(t) * \delta(t) = f(t) \tag{2.4.14}$$

$f(t)$与$\varepsilon(t)$的卷积等于它自身的积分，即

$$f(t) * \varepsilon(t) = \int_{-\infty}^{t} f(\tau) d\tau \tag{2.4.15}$$

推论：

$$f(t) * \delta(t-t_0) = f(t-t_0) \tag{2.4.16}$$

$$\delta(t-t_1) * \delta(t-t_2) = \delta(t-t_1-t_2)$$

$$\varepsilon(t-t_1) * \varepsilon(t-t_2) = r(t-t_1-t_2)$$

【例 2.4.3】 利用性质计算矩形脉冲 $f_1(t)=\varepsilon(t-t_1)-\varepsilon(t-t_2)(t_2>t_1>0)$ 和指数函数 $f_2(t)=e^{-t}\varepsilon(t)$ 的卷积积分 $g(t)$。

【解】 本题主要利用卷积的微分-积分性质来求解，选择 $f_1(t)$ 进行求导，其导数为带时移的冲激函数，便于卷积的计算。

$f_1(t)$ 的导数图像如图 2.4.10 所示：

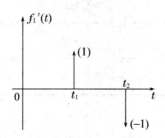

图 2.4.10 $f_1'(t)$ 图像

$$f_1'(t)=\delta(t-t_1)-\delta(t-t_2)$$

$$\int_{-\infty}^{t}f_2(\tau)d\tau=\int_{-\infty}^{t}e^{-\tau}\varepsilon(\tau)d\tau=\left[\int_{0}^{t}e^{-\tau}d\tau\right]\varepsilon(t)=-e^{-\tau}\Big|_0^t=(1-e^{-t})\varepsilon(t)$$

则

$$g(t)=f_1(t)*f_2(t)=f_1'(t)*\int_{-\infty}^{t}f_2(\tau)d\tau$$
$$=[\delta(t-t_1)-\delta(t-t_2)]*(1-e^{-t})\varepsilon(t)$$

利用与带时移的冲激信号相卷积的性质式(2.4.16)，有

$$g(t)=(1-e^{-(t-t_1)})\varepsilon(t-t_1)-(1-e^{-(t-t_2)})\varepsilon(t-t_2)$$

常用的卷积积分在表 2.4.1 中给出，在后续的学习中可以直接查表进行零状态响应的求解。

表 2.4.1 常用卷积积分表

$f_1(t)$	$f_2(t)$	$f_1(t)*f_2(t)$
$f(t)$	$\delta(t)$	$f(t)$
$f(t)$	$\delta'(t)$	$f'(t)$
$f(t)$	$\varepsilon(t)$	$\int_{-\infty}^{t}f(\tau)d\tau$
$\varepsilon(t)$	$\varepsilon(t)$	$t\varepsilon(t)$
$\varepsilon(t)$	$t\varepsilon(t)$	$\frac{1}{2}t^2\varepsilon(t)$
$e^{\lambda t}\varepsilon(t)$	$\varepsilon(t)$	$-\frac{1}{\lambda}(1-e^{\lambda t})\varepsilon(t)$

(续表)

$e^{\lambda_1 t}\varepsilon(t)$	$e^{\lambda_2 t}\varepsilon(t)$	$\dfrac{1}{\lambda_2-\lambda_1}(e^{\lambda_2 t}-e^{\lambda_1 t})\varepsilon(t)$
$e^{\lambda t}\varepsilon(t)$	$e^{\lambda t}\varepsilon(t)$	$te^{\lambda t}\varepsilon(t)$
$e^{\lambda t}\varepsilon(t)$	$te^{\lambda t}\varepsilon(t)$	$\dfrac{1}{2}t^2 e^{\lambda t}\varepsilon(t)$
$\dfrac{\mathrm{d}f(t)}{\mathrm{d}t}$	$\displaystyle\int_{-\infty}^{t} g(\tau)\mathrm{d}\tau$	$f(t)*g(t)$
$f(t)$	$\delta(t-t_0)$	$f(t-t_0)$

2.5 连续时间系统的零状态响应和全响应求解

2.5.1 连续时间系统的零状态响应求解

由前文可知,求解线性时不变系统的零状态响应步骤如下:

(1) 根据 2.3 节的内容求解线性时不变系统的单位冲激响应 $h(t)$;

(2) 根据 2.4 节的内容计算卷积积分 $r_{zs}(t)=\displaystyle\int_{-\infty}^{+\infty}e(\tau)h(t-\tau)\mathrm{d}\tau=e(t)*h(t)$。

【例 2.5.1】 图 2.5.1 所示电路如下,激励信号为 $e(t)=\varepsilon(t)-\varepsilon(t-6\pi)$,求电容两端的零状态响应 $u_C(t)$。

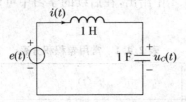

图 2.5.1 例 2.5.1 电路模型

【解】 首先画出电路的算子模型如图 2.5.2 所示:

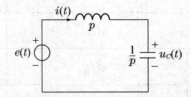

图 2.5.2 例 2.5.1 电路算子模型

转移算子等于响应、激励之比,这里为电压比,可转换为阻抗比:

$$H(p)=\frac{u_C(t)}{e(t)}=\frac{1}{p^2+1}$$

共轭极点情况,有
$$h(t)=\frac{1}{p^2+1}\delta(t)=\sin t\varepsilon(t)$$
进行卷积积分运算求解零状态响应:
$$u_C(t)=e(t)*h(t)=[\varepsilon(t)-\varepsilon(t-6\pi)]*\sin t\varepsilon(t)$$
利用卷积微分-积分性质,有
$$\begin{aligned}u_C(t)&=[\varepsilon(t)-\varepsilon(t-6\pi)]'*\int_{-\infty}^{t}\sin\tau\varepsilon(\tau)\mathrm{d}\tau\\&=[\delta(t)-\delta(t-6\pi)]*\int_{-\infty}^{t}\sin\tau\varepsilon(\tau)\mathrm{d}\tau\\&=(1-\cos t)\varepsilon(t)-[1-\cos(t-6\pi)]\varepsilon(t-6\pi)\end{aligned}$$

2.5.2 系统全响应求解

由前文可知系统的全响应可以分解为零输入响应与零状态响应之和,全响应求解步骤如图 2.5.3 所示。

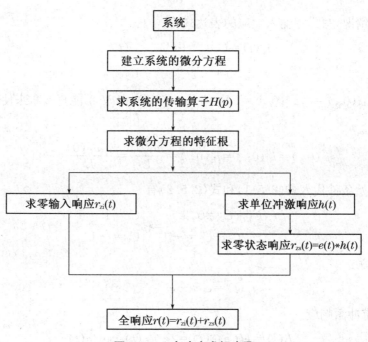

图 2.5.3 全响应求解步骤

求解线性非时变连续时间系统的零输入响应,即当激励 $e(t)=0$ 时求解齐次方程 $D(p)\cdot r(t)=0$;求解零状态响应就是代入具体的 $e(t)$,求解非齐次方程 $r(t)=H(p)e(t)$。

【例 2.5.2】 RLC 电路如图 2.5.4 所示,电气元件参数为 $C=\frac{1}{2}\text{F},R=3\ \Omega,L=1\ \text{H}$,其中激励信号 $e(t)=2\varepsilon(t)$,初始状态回路中初始电流 $i(0_-)=0$,电容两端初始电压 $u_C(0_-)=1\ \text{V}$,求回路中电流 $i(t)$ 的全响应。

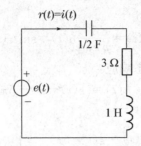

图 2.5.4 例 2.5.2 的电路模型

【解】 根据电路模型可知转移算子为电流与电压之比,可转化为阻抗的倒数,整理之后得到

$$H(p)=\frac{i(t)}{e(t)}=\frac{p}{p^2+3p+2}=\frac{2}{p+2}-\frac{1}{p+1}$$

第一步:求解零输入响应,根据转移算子可以得到特征根为

$$\lambda_1=-2,\lambda_2=-1$$

这是单根情况,写出零输入响应的表达式为

$$i_{zi}(t)=C_1\mathrm{e}^{-2t}+C_2\mathrm{e}^{-t} \quad (t>0) \tag{2.5.1}$$

$$i'_{zi}(t)=-2C_1\mathrm{e}^{-2t}-C_2\mathrm{e}^{-t} \tag{2.5.2}$$

初始条件:$i(0_-)=0,u_C(0_-)=1\text{ V}$;但是 $u_C(0_-)=1\text{ V}$ 不能直接拿来使用,必须转化为 $i'(0_-)$:

$$i'(0_-)=i'_C(0_-)=i'_L(0_-)=\frac{u_L(0)}{L}=\frac{-u_C(0)}{L}=-1$$

将两个初始条件代入式(2.5.1)和式(2.5.2)有

$$\begin{cases}C_1+C_2=0\\-2C_1-C_2=-1\end{cases}\Rightarrow\begin{cases}C_1=1\\C_2=-1\end{cases}$$

则零输入响应为

$$i_{zi}(t)=\mathrm{e}^{-2t}-\mathrm{e}^{-t} \quad (t>0)$$

第二步:求冲激响应

$$h(t)=H(p)\delta(t)=2\mathrm{e}^{-2t}\varepsilon(t)-\mathrm{e}^{-t}\varepsilon(t)$$

第三步:进行卷积积分求零状态响应

$$i_{zs}(t)=h(t)*2\varepsilon(t)=[2\mathrm{e}^{-2t}\varepsilon(t)-\mathrm{e}^{-t}\varepsilon(t)]*2\varepsilon(t)$$

利用卷积的微分-积分性质

$$i_{zs}(t)=\int_{-\infty}^{t}[2\mathrm{e}^{-2\tau}\varepsilon(\tau)-\mathrm{e}^{-\tau}\varepsilon(\tau)]\mathrm{d}\tau*2\delta(t)$$

$$=-2\mathrm{e}^{-2t}\varepsilon(t)+2\mathrm{e}^{-t}\varepsilon(t)$$

第四步:将零输入响应与零状态响应相加求得全响应

$$i(t) = i_{zi}(t) + i_{zs}(t)$$
$$= (e^{-2t} - e^{-t})\varepsilon(t) + [-2e^{-2t}\varepsilon(t) + 2e^{-t}\varepsilon(t)]$$
$$= (e^{-t} - e^{-2t})\varepsilon(t)$$

通过例 2.5.2 可得到如下结论,当系统特征根全为单根 $\lambda_j(j=1,2,\cdots,n)$、系统的激励为 $e(t)$ 时,对应的全响应组成如下：

$$r(t) = r_{zi}(t) + r_{zs}(t) = \sum_{j=1}^{n} C_j e^{\lambda_j t}\varepsilon(t) + \left[\sum_{j=1}^{n} K_j e^{\lambda_j t}\varepsilon(t)\right] * e(t) \tag{2.5.3}$$

2.5.3 典型信号的响应求解

前面几节内容分析了在时域情况下如何求解系统的零输入响应、零状态响应以及全响应。本小节讨论一些典型的信号作用于线性时不变系统时对应的响应有何特点,说明时域分析法的应用。

1. 指数函数激励下系统的响应

指数函数在系统分析中是一种非常典型的信号,一些非常重要的常用信号,或者是指数函数的特例(例如,阶跃信号是指数函数的衰减因子为零时的特例),或者是由指数函数组合而成(例如,正弦、余弦信号是由指数函数所组成的);而且指数信号具有通过系统后仍保持原指数函数形式的特点。

当激励信号为指数函数 $e(t) = e^{s_0 (t)}\varepsilon(t)$ 时,考虑系统特征根(即系统自然频率)全为单根的情况,利用式(2.5.3)得到全响应的表达式为

$$r(t) = r_{zi}(t) + r_{zs}(t) = \sum_{j=1}^{n} C_j e^{\lambda_j t}\varepsilon(t) + \left[\sum_{j=1}^{n} K_j e^{\lambda_j t}\varepsilon(t)\right] * e^{s_0 t}\varepsilon(t)$$

激励信号的激励频率 s_0 与系统的自然频率中的任意一个都不相等,查卷积表 2.4.1 可得

$$r(t) = \left[\sum_{j=1}^{n} C_j e^{\lambda_j t} + \sum_{j=1}^{n} \frac{K_j}{s_0 - \lambda_j}(e^{s_0 t} - e^{\lambda_j t})\right] \cdot \varepsilon(t) \tag{2.5.4}$$

若激励信号的激励频率 s_0 与系统自然频率的某一个相等,即 $s_0 = \lambda_i$,则对应的全响应表达式为

$$r(t) = \left\{\sum_{j=1}^{n} C_j e^{\lambda_j t} + \left[\sum_{\substack{j=1 \\ j \neq i}}^{n} \frac{K_j}{s_0 - \lambda_j}(e^{s_0 t} - e^{\lambda_j t}) + K_i t e^{s_0 t}\right]\right\} \cdot \varepsilon(t) \tag{2.5.5}$$

观察式(2.5.4)和式(2.5.5),全响应包含两部分,第一个加号左边的是零输入响应,右边的是零状态响应。零输入响应含有自然频率所对应的分量,零状态响应不仅含有自然频率所对应的分量,还有激励频率对应的分量。

下面对激励频率与自然频率不等的情况进行讨论,将式(2.5.4)全响应按照频率进行合并整理,得

$$r(t) = \left[\sum_{j=1}^{n} C_j e^{\lambda_j t} + \sum_{j=1}^{n} \frac{K_j}{s_0 - \lambda_j}(e^{s_0 t} - e^{\lambda_j t})\right] \cdot \varepsilon(t)$$
$$= \left[\sum_{j=1}^{n} \left(C_j - \frac{K_j}{s_0 - \lambda_j}\right) e^{\lambda_j t} + \sum_{j=1}^{n} \frac{K_j}{s_0 - \lambda_j} e^{s_0 t}\right] \cdot \varepsilon(t) \tag{2.5.6}$$

式(2.5.6)中加号左边部分只含有系统的自然频率,因此被称为**自然响应**或自由响应(与系统自身有关的响应);加号右边部分只含有外加激励频率,因此被称为**受迫响应**(与激励有关的响应)。

对于一个稳定的系统,自然响应必定随时间的增长而趋为零;受迫响应根据激励函数的不同随着时间的增长可能趋为零,或者趋为一个常数,或者两种情况都有。系统响应中随着时间的增长趋为零的部分称为**瞬态响应**,随着时间的增长趋为常数的部分称为**稳态响应**。

【**例 2.5.3**】 如图 2.5.5 所示 RC 串联电路,已知 $C=1\,\text{F}, R=1\,\Omega$,输入激励源 $e(t)=(1+e^{-3t})\varepsilon(t)$;电容上的初始电压 $u_C(0_-)=1\,\text{V}$,求电容上的响应电压 $u_C(t)$。

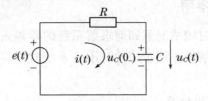

图 2.5.5　例 2.5.3 RC 串联电路

【**解**】 电容用算子阻抗 $\dfrac{1}{pC}$ 表示,写出转移算子:

$$H(p)=\frac{u_C(t)}{e(t)}=\frac{\dfrac{1}{RC}}{p+\dfrac{1}{RC}}=\frac{1}{p+1}$$

可得自然频率 $\lambda=-\dfrac{1}{RC}=-1$。

(1) 根据自然频率 $\lambda=-1$,可以写出零输入响应为

$$u_{Czi}(t)=Ce^{-t} \quad (t>0)$$

由题目已知条件可知 $u_C(0_-)=1\,\text{V}$,可以求解出 $C=1$,因此

$$u_{Czi}(t)=e^{-t}\varepsilon(t)$$

(2) 根据 $H(p)$ 还可以求出单位冲激响应:

$$h(t)=\frac{1}{RC}e^{-\frac{1}{RC}t}\varepsilon(t)=e^{-t}\varepsilon(t)$$

从而零状态响应为

$$\begin{aligned}u_{Czs}(t)&=e(t)*h(t)=(1+e^{-3t})\varepsilon(t)*e^{-t}\varepsilon(t)\\&=\int_0^t(1+e^{-3\tau})e^{-(t-\tau)}\,d\tau\\&=\left(1-\frac{1}{2}e^{-t}-\frac{1}{2}e^{-3t}\right)\varepsilon(t)\end{aligned}$$

(3) 全响应为

$$u_C(t)=\underbrace{e^{-t}\varepsilon(t)}_{\text{零输入响应}}+\underbrace{\left(1-\frac{1}{2}e^{-t}-\frac{1}{2}e^{-3t}\right)\varepsilon(t)}_{\text{零状态响应}}$$

$$=\underbrace{\frac{1}{2}e^{-t}\varepsilon(t)}_{\text{自然响应}}+\underbrace{\left(1-\frac{1}{2}e^{-3t}\right)\varepsilon(t)}_{\text{受迫响应}}$$

$$= \underbrace{\left(\frac{1}{2}e^{-t} - \frac{1}{2}e^{-3t}\right)\varepsilon(t)}_{\text{瞬态响应}} + \underbrace{\varepsilon(t)}_{\text{稳态响应}}$$

2. 矩形脉冲信号激励下 RC 电路的响应

矩形信号作用于 RC 电路，也是常见的情况。矩形信号作用于系统可以分解为两个阶跃函数作用于系统的效果叠加，因此可以分别求系统对这两个阶跃信号的响应，然后叠加得到系统对矩形信号的响应。在计算过程中应充分利用奇异信号的卷积性质以及卷积的时移等性质。

【**例 2.5.4**】 RC 串联电路如图 2.5.6(a)所示，激励源如图 2.5.6(b)所示，求电容两端的零状态响应电压 $u_C(t)$ 和电阻两端的零状态响应 $u_R(t)$。

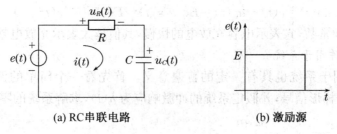

(a) RC串联电路　　　　　　(b) 激励源

图 2.5.6　例 2.5.4 图

【**解**】　系统转移算子

$$H(p) = \frac{u_C(t)}{e(t)} = \frac{\frac{1}{RC}}{p + \frac{1}{RC}}$$

系统为单极点情况，冲激响应

$$h(t) = \frac{1}{RC} e^{-\frac{1}{RC}t} \varepsilon(t)$$

激励源 $e(t) = E[\varepsilon(t) - \varepsilon(t-t_0)]$ 可以分解为 $e(t) = E\varepsilon(t) - E\varepsilon(t-\tau_0)$，如图 2.5.7 所示。

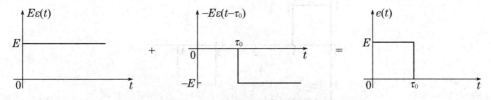

图 2.5.7　矩形信号的分解示意图

$$u_C(t) = e(t) * h(t)$$
$$= [E\varepsilon(t) - E\varepsilon(t-\tau_0)] * h(t)$$
$$= E\varepsilon(t) * h(t) - E\varepsilon(t-\tau_0) * h(t)$$

系统激励信号 $e(t)$ 为单位阶跃函数 $\varepsilon(t)$ 时，系统响应记为阶跃响应 $r_\varepsilon(t)$，根据卷积积分的性质有

$$r_\varepsilon(t) = h(t) * \varepsilon(t) = h(t) * \int_{-\infty}^{t} \delta(\tau) d\tau = \int_{0}^{t} h(\tau) d\tau \tag{2.5.7}$$

$$r_\varepsilon(t) = \frac{1}{RC} \int_{0}^{t} e^{-\frac{1}{RC}\tau} d\tau = (1 - e^{-\frac{1}{RC}t}) \varepsilon(t)$$

又

$$\varepsilon(t-\tau_0) * h(t) = r_\varepsilon(t-\tau_0)$$

则电容两端的电压为

$$u_C(t) = E[r_\varepsilon(t) - r_\varepsilon(t-\tau_0)]$$
$$= E(1 - e^{-\frac{1}{RC}t})\varepsilon(t) - E(1 - e^{-\frac{1}{RC}(t-\tau_0)})\varepsilon(t-\tau_0)$$

电阻两端的电压为

$$u_R(t) = e(t) - u_C(t) = Ee^{-\frac{1}{RC}t}\varepsilon(t) - Ee^{-\frac{1}{RC}(t-\tau_0)}\varepsilon(t-\tau_0)$$

式中，RC 称为时间常数，它表示电容充放电的快慢，其值越大表示充放电越慢，反之越快。

3. 梯形信号作用于系统

梯形信号作用于系统也具有一定的普遍意义。首先看一个简单的例子，激励为如图 2.5.8 所示的一个梯形信号，并假定系统的冲激响应为 $h(t)$，求解系统的零状态响应 $r_{zs}(t)$。

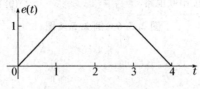

图 2.5.8 梯形信号

根据已有知识可知 $r_{zs}(t) = e(t) * h(t)$，但很显然，直接计算此卷积并不是很简单，因为梯形信号用函数来描述需要进行分段描述，较为复杂。

利用卷积的微分、积分性质，可以对梯形信号求微分，画出图 2.5.8 所示梯形信号一阶导数的波形，如图 2.5.9 所示。可以得到 $r'_{zs} = e'(t) * h(t)$。

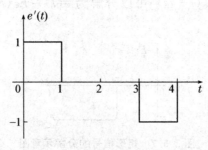

图 2.5.9 梯形信号的一阶导数

对图 2.5.9 所示信号再次求微分，可以得到梯形信号二阶导数的波形，如图 2.5.10 所示。可以得到

$$r''_{zs}(t) = e''(t) * h(t) = [\delta(t) - \delta(t-1) - \delta(t-3) + \delta(t-4)] * h(t)$$
$$= h(t) - h(t-1) - h(t-3) + h(t-4)$$

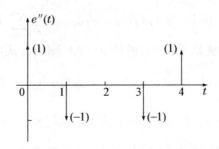

图 2.5.10 梯形信号的二阶导数

最后对 $r''_{zs}(t)$ 进行二次积分就可以得到梯形信号作用于系统下的零状态响应。

【注意】 将梯形信号进行二次微分后就变为一系列的冲激,而与冲激信号的卷积最容易求。最后只要对 $r''_{zs}(t)$ 求二次积分便可求得系统的响应。需要注意的是在微分过程中可能将直流分量丢失,遇到这种情况需要另外求系统对直流的响应。

这个例子告诉我们,对于任意的信号还可以用折线来近似,然后用上面的方法求解。显然,所取的线段越多结果越正确。当然,线段越多计算量也越大,但我们可以用计算机来进行数值计算。其近似原理如图 2.5.11 所示。

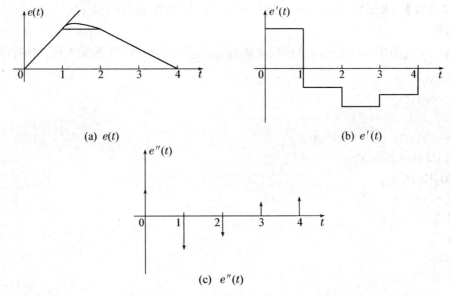

图 2.5.11 任意信号的折线近似原理图

2.6 MATLAB 仿真实例

本节利用 MATLAB 分析连续时间信号的卷积以及连续时间系统的零输入响应、单位冲激响应、零状态响应和全响应。

卷积积分可用信号的分段求和来实现,即

$$g(t) = f_1(t) * f_2(t) = \int_{-\infty}^{\infty} f_1(\tau) f_2(t-\tau) \mathrm{d}\tau = \lim_{\Delta \to 0} \sum_{k=-\infty}^{+\infty} f_1(k\Delta) f_2(t-k\Delta) \Delta$$

如果只求当 $t=n\Delta$（n 为整数）时 $g(t)$ 的值 $g(n\Delta)$，则由上式可得

$$g(n\Delta) = \lim_{\Delta \to 0} \sum_{k=-\infty}^{+\infty} f_1(k\Delta) f_2(t-k\Delta) \Delta = \Delta \lim_{\Delta \to 0} \sum_{k=-\infty}^{+\infty} f_1(k\Delta) f_2[(n-k)\Delta]$$

上式中 $\sum_{k=-\infty}^{+\infty} f_1(k\Delta) f_2[(n-k)\Delta]$ 实际上就是连续时间信号 $f_1(t)$ 和 $f_2(t)$ 经等时间间隔 Δ 均匀抽样的离散时间序列 $f_1(k\Delta)$ 和 $f_2(k\Delta)$ 的卷积和。当时间间隔 Δ 足够小时，$g(n\Delta)$ 就是卷积积分的运算结果，即连续时间信号 $g(t)$ 的数值近似。

MATLAB 具有一个进行离散卷积和的函数 conv(f_1, f_2)，对离散时间序列（矩阵）f_1 和 f_2 进行卷积和运算。这是一个适合进行离散卷积的函数，矩阵中元素的步长（间隔）默认为 1。在对连续时间信号进行卷积时，对 f_1 和 f_2 取相同的卷积步长（间隔），结果再乘以实际步长（对连续时间信号的实际取样间隔）即可。

MATLAB 还提供例函数 impulse( ) 和函数 step( ) 来求解连续时间系统的单位冲激响应和阶跃响应，需要注意的是这两个函数在调用时需要使用向量的形式来描述连续时间系统。

【例 2.6.1】 求函数 $f_1(t) = \varepsilon(t+1) - \varepsilon(t-1)$ 与函数 $f_2(t) = 2[\varepsilon(t+1) - \varepsilon(t-1)]$ 相卷积的结果。

【解】 通过调用 conv(f_1, f_2) 函数来进行卷积积分的求解，具体 MATLAB 程序如下：

```
%画 f1(t)
dt=0.0001;
k1=-2:dt:6;
x1=-1;x2=1;
f1=(k1>x1)&(k1<x2);
plot(k1,f1);
axis([-2,2,-0.5,3]);
xlabel('t');
ylabel('f1(t)');
%画 f2(t)
dt=0.0001;
k1=-2:dt:6;
x1=-1;x2=1;
f1=2*((k1>x1)&(k1<x2));
plot(k1,f1);
axis([-2,2,-0.5,3]);
xlabel('t');
ylabel('f2(t)');

%画 f1(t)*f2(t)
x1=-1;x2=1;
```

```
x3=-1;x4=1;
p=0.000 1;
l1=x2-x1;% 取值区间长度
l2=x4-x3;%取值区间长度
t=-x4-l1:p:x2+l2+l1;
f10=2*((t>x1)&.(t<x2));% f1
f20=(t>x3)&.(t<x4);% f2
k1=x1:p:x2;% k1 离散
k2=x3:p:x4;% k2 离散
f1=2*ones(1,length(k1));% f1 离散
f2=ones(1,length(k2));% f2 离散
f=conv(f1,f2);%离散卷积替代连续
f=f*p;
k0=x1+x3;%卷积起点
km=x2+x4;%卷积终点
k=k0:p:km;%k 离散
plot(k,f);%输出图形 f1(t) * f2(t)
title('f1(t) * f2(t)');
xlabel('t');
ylabel('f(t)');
```

执行程序,对应的输入信号 $f_1(t)$ 和 $f_2(t)$ 的波形运行结果,分别如图 2.6.1 和图 2.6.2 所示,卷积运行结果如图 2.6.3 所示。

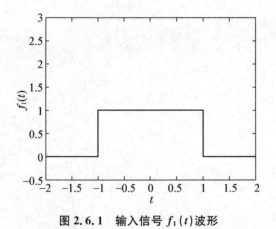

图 2.6.1 输入信号 $f_1(t)$ 波形

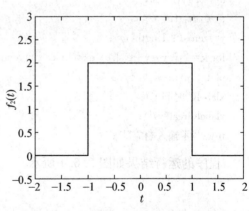

图 2.6.2 输入信号 $f_2(t)$ 波形

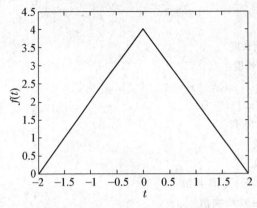

图 2.6.3　$f_1(t) * f_2(t)$ 结果波形

【例 2.7.2】　求齐次微分方程 $a_1 y''(t) + a_2 y'(t) + a_3 y(t) = 0$ 在给定初始条件：$y(0_-) = b_1$、$y'(0_-) = b_2$ 下的零输入响应，其中 $a_1 = 1, a_2 = 0, a_3 = 4, b_1 = 0, b_2 = 1$。

【解】　MATLAB 程序如下：

```
a=[1 0 4];
n=length(a)-1;
Y0=[0 1];
p=roots(a);%求特征方程的根
V=rot90(vander(p));
C=V\Y0';
dt=0.1;tf=10;
t=0:dt:tf;
y=zeros(1,length(t));
for k=1:n y=y+C(k)*exp(p(k)*t),end;
plot(t,y);
xlabel('时间 t');
ylabel('real(y)');
title('"零输入响应"');
```

程序的运行结果如图 2.6.4 所示。

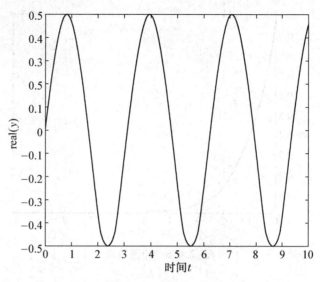

图 2.6.4 零输入响应

【例 2.7.3】 求微分方程 $\dfrac{d^3 r(t)}{dt^3} + \dfrac{d^2 r(t)}{dt^2} + 2\dfrac{dr(t)}{dt} + 2r(t) = \dfrac{d^2 e(t)}{dt^2} + 2e(t)$ 所描述系统的冲激响应以及阶跃响应。

【解】 通过调用函数 impulse() 和函数 step() 来求冲激响应以及阶跃响应。

MATLAB 程序如下：

```
a=[1 1 2 2]
b=[1 0 2]
impulse(b,a,10);%求冲激响应
title('冲激响应');


a=[1 1 2 2];
b=[1 0 2];
step(b,a,10);
title('阶跃响应');%求阶跃响应
```

程序的运行结果如图 2.6.5 和图 2.6.6 所示。

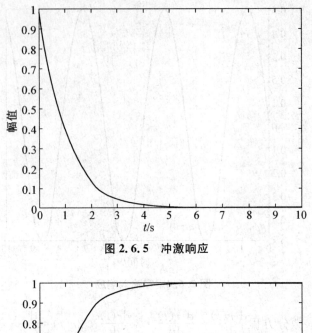

图 2.6.5 冲激响应

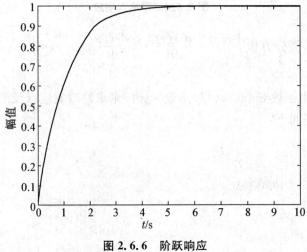

图 2.6.6 阶跃响应

【例 2.7.4】 已知系统 $y''(t)+4y'(t)=x(t)$,求输入激励为 $x(t)=\cos t\varepsilon(t)$、初始状态为 $y(0_-)=0$、$y'(0_-)=-1$ 的系统全响应。

【解】 MATLAB 程序如下:

```
%冲激响应
a=[1 0 4];
b=[1];
[r,p]=residue(b,a);
dt=0.1;
t=0:dt:10;
h=r(1)*exp(p(1)*t)+r(2)*exp(p(2)*t);
plot(t,h);
xlabel('时间 t');
title('冲激响应');
```

```
%系统全响应
a=[1 0 4];
b=[1];
t=0:0.1:10;
x=cos(t);
[A B C D]=tf2ss(b,a);
sys2=ss(A,B,C,D);zi=[-1 0];%zi 为初始状态
y2=lsim(sys2,x,t,zi);
plot(t,y2);
xlabel('时间 t');
title('系统全响应');
```

此例对应的冲激响应如图 2.6.7 所示,全响应结果如图 2.6.8 所示。

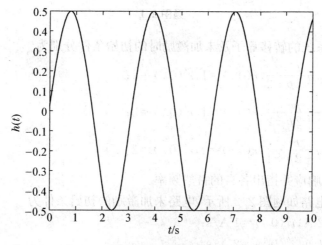

图 2.6.7 冲激响应

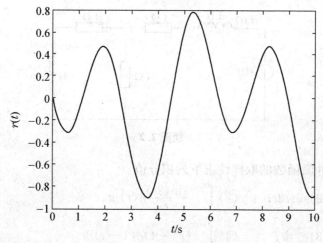

图 2.6.8 系统全响应

习 题

【2.1】 求如题图 2.1 所示网络的下列转移算子:
(1) $i_1(t)$ 对 $f(t)$；　　(2) $i_2(t)$ 对 $f(t)$；　　(3) $u_0(t)$ 对 $f(t)$。

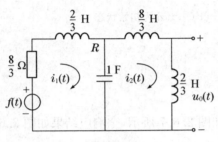

题图 2.1

【2.2】 已知系统的转移算子及未加激励时的初始条件分别为

(1) $H(p) = \dfrac{p}{p^2 + 3p + 2}, r(0_-) = 1, r'(0_-) = 2$；

(2) $H(p) = \dfrac{p}{p^2 + 2p + 2}, r(0_-) = 1, r'(0_-) = 2$；

(3) $H(p) = \dfrac{p}{p^2 + 2p + 1}, r(0_-) = 1, r'(0_-) = 2$。

求各系统的零输入响应并指出各自的自然频率。

【2.3】 已知电路如题图 2.2 所示，电路未加激励的初始条件为
(1) $i_1(0_-) = 2$ A, $i_1'(0_-) = 1$ A/s；
(2) $i_2(0_-) = 1$ A, $i_2'(0_-) = 2$ A/s。

求上述两种情况下电流 $i_1(t)$ 及 $i_2(t)$ 的零输入响应。

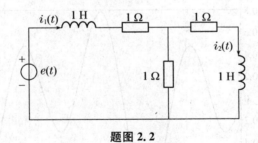

题图 2.2

【2.4】 利用冲激函数的取样性求下列积分值。

(1) $\displaystyle\int_{-\infty}^{+\infty} \delta(t-2)\sin t\, dt$；　　(2) $\displaystyle\int_{-\infty}^{+\infty} \dfrac{\sin(2t)}{t}\delta(t)\, dt$；

(3) $\displaystyle\int_{-\infty}^{+\infty} \delta(t+3)e^{-t}\, dt$；　　(4) $\displaystyle\int_{-\infty}^{+\infty} (t^3+4)\delta(1-t)\, dt$。

【2.5】 写出题图 2.3 所示各波形信号的函数表达式。

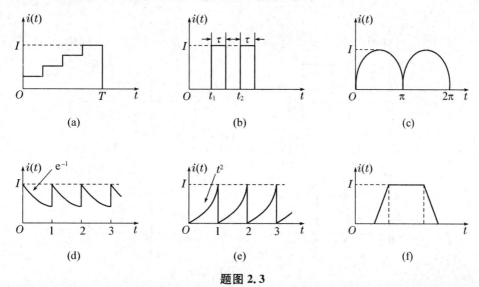

题图 2.3

【2.6】 求题 2.3 中所给各信号的导函数，并绘出其波形。

【2.7】 按如题图 2.4 所示电路，求激励 $i(t)$ 分别为 $\delta(t)$ 及 $\varepsilon(t)$ 时的响应电流 $i_C(t)$ 及响应电压 $u_R(t)$，并绘出其波形。

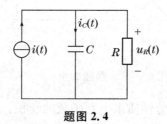

题图 2.4

【2.8】 求取下列微分方程所描述的系统的冲激响应 $h(t)$。

(1) $\dfrac{\mathrm{d}^3 r(t)}{\mathrm{d}t^3} + \dfrac{\mathrm{d}^2 r(t)}{\mathrm{d}t^2} + 2\dfrac{\mathrm{d}r(t)}{\mathrm{d}t} + 2r(t) = \dfrac{\mathrm{d}^2 e(t)}{\mathrm{d}t^2} + 2e(t)$；

(2) $\dfrac{\mathrm{d}^2 r(t)}{\mathrm{d}t^2} + 3\dfrac{\mathrm{d}r(t)}{\mathrm{d}t} + 2r(t) = \dfrac{\mathrm{d}^3 e(t)}{\mathrm{d}t^3} + 4\dfrac{\mathrm{d}^2 e(t)}{\mathrm{d}t^2} - 5e(t)$。

【2.9】 线性时不变系统由题图 2.5 所示的子系统组合而成。设子系统的冲激响应分别为 $h_1(t) = \delta(t)$，$h_2(t) = \varepsilon(t) - \varepsilon(t-3)$，求组合系统的冲激响应。

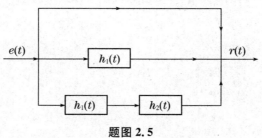

题图 2.5

【2.10】 用图解法求题图 2.6 中各组信号的卷积 $f_1(t) * f_2(t)$，并绘出所得结果的波形。

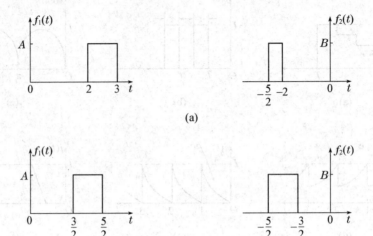

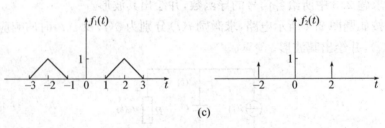

(c)

题图 2.6

【2.11】 用卷积的微分、积分性质求下列函数的卷积。
(1) $f_1(t) = \sin(2\pi t)[\varepsilon(t) - \varepsilon(t-1)]$，$f_2(t) = \varepsilon(t)$；
(2) $f_1(t) = e^{-t}\varepsilon(t)$，$f_2(t) = \varepsilon(t-1)$。

【2.12】 已知某线性系统单位阶跃响应为 $r_\varepsilon(t) = (2e^{-t} - 1)\varepsilon(t)$，试利用卷积的性质求下列波形信号(题图 2.7)激励下的零状态响应。

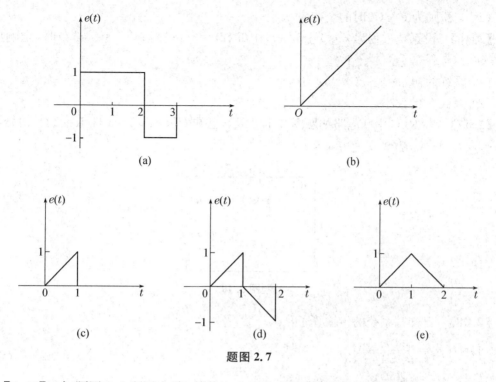

题图 2.7

【2.13】 如题图 2.8 所示电路,其输入电压为单个倒锯齿波,求零状态响应电压 $u_L(t)$。

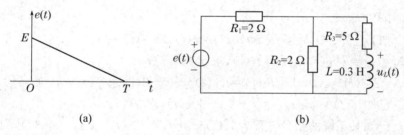

题图 2.8

【2.14】 已知如题图 2.9 所示的电路中,元件参数为 $R_1=1\ \Omega, R_2=2\ \Omega, L_1=1\ \text{H}, L_2=2\ \text{H}, M=\frac{1}{2}\ \text{H}, E=3\ \text{V}$,设 $t=0$ 时开关 S 断开,求初级电压 $u_1(t)$ 及次级电流 $i_2(t)$。

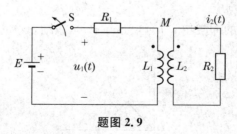

题图 2.9

【2.15】 有一线性系统,当激励为 $\varepsilon(t)$ 时全响应为 $r_1(t)=2\mathrm{e}^{-t}\varepsilon(t)$,当激励为 $\delta(t)$ 时全响应为 $r_2(t)=\delta(t)$,求:

(1) 系统的零输入响应;

(2) 当激励为 $e^{-t}\varepsilon(t)$ 时的全响应。

【2.16】 设系统方程为 $r''(t)+5r'(t)+6r(t)=e(t)$，当 $e(t)=e^{-t}\varepsilon(t)$ 时，全响应为 $Ce^{-t}\varepsilon(t)$。求：

(1) 系统的初始状态 $r(0_-),r'(0_-)$；

(2) 系数 C 的大小。

【2.17】 有 RLC 串联电路如题图 2.10 所示，已知 $C=1\,\text{F},L=1\,\text{H},R=2\,\Omega$，初始条件为 $u_C(0_-)=10\,\text{V},i_L(0_-)=0\,\text{A}$，求 $i(t)$。

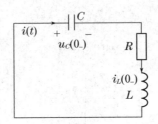

题图 2.10

【2.18】 已知某系统的传输算子：

(1) $H(p)=\dfrac{2p+10}{p^2+4p+13}$；

(2) $H(p)=\dfrac{4p^3+16p^2+23p+13}{(p+1)^3(p+2)}$。

求系统的冲激响应 $h(t)$。

【2.19】 (1) 已知 $f(t)=\sin t\varepsilon(t),h(t)=\varepsilon(t)$，求 $f(t)*h(t)$。

(2) 已知 $f(t)=e^{-t}\varepsilon(t),h(t)=t\varepsilon(t)$，求 $f(t)*h(t)$。

(3) $f(t)=2[\varepsilon(t)-\varepsilon(t-1)],h(t)=t[\varepsilon(t)-\varepsilon(t-2)]$，求 $f(t)*h(t)$。

【2.20】 已知 $f(t)*[t\varepsilon(t)]=(t+e^{-t}-1)\varepsilon(t)$，求 $f(t)$。

【2.21】 已知某系统的微分方程为 $r''(t)+3r'(t)+2r(t)=e'(t)+3e(t)$，当激励 $e(t)=e^{-4t}\varepsilon(t)$ 时，系统的全响应为 $r(t)=\left(\dfrac{14}{3}e^{-t}-\dfrac{7}{2}e^{-2t}-\dfrac{1}{6}e^{-4t}\right)\varepsilon(t)$，试求：

(1) 零输入响应与零状态响应；

(2) 自由响应与强迫响应；

(3) 瞬态响应与稳态响应。

【2.22】 已知某系统的冲激响应 $h(t)=\sin t\varepsilon(t)$，激励 $e(t)$ 的波形如题图 2.11 所示，试求系统的零状态响应 $r_{zs}(t)$。

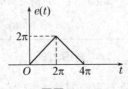

题图 2.11

第三章 连续时间信号与系统的频域分析

本章配套

本章着重介绍连续信号的频谱分析和信号通过系统的频域分析方法。首先从周期信号出发,介绍了连续周期信号的傅里叶级数及其频谱的概念和特点,并由此推广,给出了连续非周期信号的傅里叶变换的定义、常用变换对及变换性质,讨论了连续系统频率响应的概念、系统零状态响应的频域求解方法,最后介绍了傅里叶变换的应用,并给出了信号通过线性系统频域求解法的 MATLAB 实现。

【学习要求】

深刻理解周期信号和非周期信号频谱的概念及意义;掌握典型信号的傅里叶变换;掌握傅里叶变换的主要性质和应用;掌握连续系统的频域分析法。

3.1 信号的正交分解与傅里叶级数

通信系统所要传输的信号是复杂多样的,求这些信号激励下的系统响应较为困难。从上一章连续时间系统的时域分析中可以发现,为了求一个复杂信号作用下的系统响应,可以先把输入信号分解成一系列基本信号,如冲激函数。求系统响应时,先求解基本信号作用于系统时的响应,将系统的零状态响应表示为输入信号与系统冲激响应的卷积,而这种卷积的运算通常较为复杂。

复杂信号的分解方式不唯一,在某种意义上与矢量的分解有相似之处。一个矢量可以在一个矢量空间进行分解,如在某一坐标系中沿着各坐标轴求出其各分量,而坐标系可以有多种,最常用的就是相互正交的坐标轴。一个信号也可在一个信号空间进行分解,如在某一函数集中找到此信号在各函数中的分量,而用来表示信号分量的函数集有多种选取方式,其中最常用的就是正交函数集。

若 n 个实函数在区间 (t_1,t_2) 内满足

$$\int_{t_1}^{t_2} f_i(t) \cdot f_j(t) \mathrm{d}t = \begin{cases} 0 & (i \neq j) \\ K_i \neq 0 & (i = j) \end{cases} \tag{3.1.1}$$

式中,K_i 为常数,则称此函数集为在区间 (t_1,t_2) 内的正交函数集。若 $K_i=1$,则此函数集就是归一化的正交函数集。

对于复函数集,正交的含义为:若复函数集在区间 (t_1,t_2) 满足

$$\int_{t_1}^{t_2} f_i(t) \cdot f_j^*(t) \mathrm{d}t = \begin{cases} 0 & (i \neq j) \\ K_i \neq 0 & (i = j) \end{cases} \tag{3.1.2}$$

则称此复函数集为正交函数集。式中 $f_j^*(t)$ 为 $f_j(t)$ 的共轭复函数。

用一个正交函数集中各分量的线性组合去表示任一函数,这个函数集必须是完备的正交函数集。完备的含义是在该正交函数集之外,找不到另外一个非零函数与该函数集中每一个函数都正交。

在高等数学中学习过的傅里叶级数就是一种完备正交函数集,这种级数以正弦函数(正弦和余弦函数统称为正弦函数)或者虚指数函数 $e^{jn\Omega t}$ 为基本函数集,将任意符合一定条件的周期函数进行展开。

将复杂信号表示成许多不同频率、不同幅值的正弦函数或虚指数函数的组合,这样不但可以得到系统输出的一种有用的表示形式,同时也可以表示信号与系统的一个内在性质,因此本节将对三角傅里叶级数和指数傅里叶级数进一步深入研究。

3.1.1 三角傅里叶级数

无穷多个三角函数构成的集合 $\{1,\cos(\Omega t),\cos(2\Omega t),\cdots,\sin(\Omega t),\sin(2\Omega t),\cdots\}$ 是一个完备正交函数集,正交区间为 (t_1,t_1+T) (t_1 为任意常数),其中 $T=\dfrac{2\pi}{\Omega}$ 表示各个函数的周期。可证明其正交性和完备性。

设 $f(t)$ 为任意实周期信号,周期为 T,可以利用三角完备正交函数集将 $f(t)$ 在区间 (t_1,t_1+T) 内展开成三角傅里叶级数:

$$f(t)=\frac{a_0}{2}+\sum_{n=1}^{\infty}[a_n\cos(n\Omega t)+b_n\sin(n\Omega t)] \tag{3.1.3}$$

式中,n 为正整数;a_0、a_n、b_n 称为三角傅里叶级数的系数,具体可由下式确定:

$$a_n=\frac{2}{T}\int_{t_1}^{t_1+T}f(t)\cos(n\Omega t)\mathrm{d}t$$

$$b_n=\frac{2}{T}\int_{t_1}^{t_1+T}f(t)\sin(n\Omega t)\mathrm{d}t \tag{3.1.4}$$

当 $n=0$ 时,

$$a_0=\frac{2}{T}\int_{t_1}^{t_1+T}f(t)\mathrm{d}t$$

在此有两点要特别说明。

(1) 只有满足狄利克雷(Dirichlet)条件的周期信号才可以作这样的傅里叶级数展开,即 $f(t)$ 必须满足:

① 在一个周期内绝对可积;

② 在一个周期内极值数目有限;

③ 在一个周期内连续或有有限个第一类间断点(当 t 从较大和较小时间趋近于间断点时,函数 $f(t)$ 趋于不同的有限极值)。

在电子技术中信号一般都满足狄利克雷条件。

(2) 信号 $f(t)$ 在一个周期内的平均值,即信号的直流分量为

$$\overline{f}(t)=\frac{1}{T}\int_{t_1}^{t_1+T}f(t)\mathrm{d}t=\frac{a_0}{2}$$

(3) 傅里叶级数展开式中,$n=1$ 的项 $a_1\cos(\Omega t)$、$b_1\sin(\Omega t)$ 与原信号有相同的频率 Ω,称

为一次谐波分量或者基波分量。相应的 Ω 称为基波角频率。$n=2$ 的项 $a_2\cos(2\Omega t)$、$b_2\sin(2\Omega t)$，其频率为基波频率 Ω 的 2 倍，称为二次谐波分量。类似地，$a_n\cos(n\Omega t)$、$b_n\sin(n\Omega t)$ 的频率为基波频率的 n 倍，称为 n 次谐波分量。

实际上，将式(3.1.3)中的各同频项合并，三角傅里叶级数还可写为

$$f(t) = \frac{a_0}{2} + \sum_{n=1}^{\infty}\sqrt{a_n^2+b_n^2}\left[\frac{a_n}{\sqrt{a_n^2+b_n^2}}\cos(n\Omega t)+\frac{b_n}{\sqrt{a_n^2+b_n^2}}\sin(n\Omega t)\right]$$

$$= \frac{a_0}{2} + \sum_{n=1}^{\infty} A_n\cos(n\Omega t + \varphi_n)$$

(3.1.5)

其中，

$$A_n = \sqrt{a_n^2+b_n^2}, \varphi_n = -\arctan\frac{b_n}{a_n} \tag{3.1.6}$$

或

$$a_n = A_n\cos\varphi_n, b_n = -A_n\sin\varphi_n \tag{3.1.7}$$

由式(3.1.6)和式(3.1.7)可以看出，A_n、a_n 为 n 的偶函数，b_n、φ_n 为 n 的奇函数（这个关系在三角级数中用不到，因为频率不会为负的，但在后面的指数傅里叶级数中会用到）。

【**例 3.1.1**】 将图 3.1.1(a)所示信号 $f(t)$ 展开成三角函数形式的傅里叶级数。

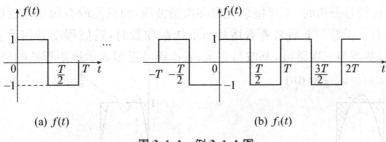

(a) $f(t)$　　　　　　　　　　(b) $f_1(t)$

图 3.1.1　例 3.1.1 图

【**思路**】 $f(t)$ 显然不是一个周期信号，无法直接进行傅里叶级数展开，但可以将它周期延拓成图 3.1.1(b)所示信号 $f_1(t)$，变成一个周期信号。可以将 $f_1(t)$ 展开成三角傅里叶级数。

显然 $f(t)$ 与 $f_1(t)$ 之间满足关系式：$f(t) = f_1(t) (0 < t < T)$。

【**解**】 利用公式对 $f_1(t)$ 进行三角傅里叶级数展开：

$$f_1(t) = \frac{a_0}{2} + \sum_{n=1}^{\infty}[a_n\cos(n\Omega t) + b_n\sin(n\Omega t)]$$

其中，

$$a_0 = \frac{2}{T}\int_0^T f(t)\mathrm{d}t = \frac{2}{T}\left(\int_0^{\frac{T}{2}}\mathrm{d}t - \int_{\frac{T}{2}}^T \mathrm{d}t\right) = 0$$

$$a_n = \frac{2}{T}\int_0^T f(t)\cos(n\Omega t)\mathrm{d}t = \frac{2}{T}\left[\int_0^{\frac{T}{2}}\cos(n\Omega t)\mathrm{d}t - \int_{\frac{T}{2}}^T\cos(n\Omega t)\mathrm{d}t\right]$$

$$= \frac{2}{T}\frac{1}{n\Omega}\left[\sin(n\Omega t)\Big|_0^{\frac{T}{2}} - \sin(n\Omega t)\Big|_{\frac{T}{2}}^T\right] = 0$$

$$b_n = \frac{2}{T}\int_0^T f(t)\sin(n\Omega t)\mathrm{d}t = \frac{2}{T}\left[\int_0^{\frac{T}{2}}\sin(n\Omega t)\mathrm{d}t - \int_{\frac{T}{2}}^T \sin(n\Omega t)\mathrm{d}t\right]$$

$$= -\frac{2}{T}\frac{1}{n\Omega}\left[\cos(n\Omega t)\Big|_0^{\frac{T}{2}} - \cos(n\Omega t)\Big|_{\frac{T}{2}}^T\right]$$

$$= \frac{1}{n\pi}[2 - 2\cos(n\pi)] = \begin{cases} \dfrac{4}{n\pi} & (n\text{ 为奇数}) \\ 0 & (n\text{ 为偶数}) \end{cases}$$

将 a_0、a_n、b_n 代入三角傅里叶级数展开式得

$$f_1(t) = \frac{4}{\pi}\left[\sin(\Omega t) + \frac{1}{3}\sin(3\Omega t) + \frac{1}{5}\sin(5\Omega t) + \cdots\right]$$

$$= \frac{4}{\pi}\sum_{n=1}^{\infty}\frac{\sin[(2n-1)\Omega t]}{2n-1}$$

所以

$$f(t) = \frac{4}{\pi}\sum_{n=1}^{\infty}\frac{\sin[(2n-1)\Omega t]}{2n-1} \quad (0 < t < T)$$

上式表明只有在 $(0,T)$ 的范围内 $f(t)$ 等于此傅里叶级数，而在区间之外是不等的。本例告诉我们不仅周期信号可以展开成傅里叶级数，非周期信号通过周期延拓也可展开，但在结果中应标明 t 的取值范围。

在实际进行信号分析时，不可能取无限多次谐波项，而只能取有限项来近似表示。这样就不可避免地有一误差。下面来看看增加所取级数项数时，近似程度如何改善。图 3.1.2 中分别用基波，基波与三次谐波，基波与三次、五次谐波近似表示该矩形波的情况。

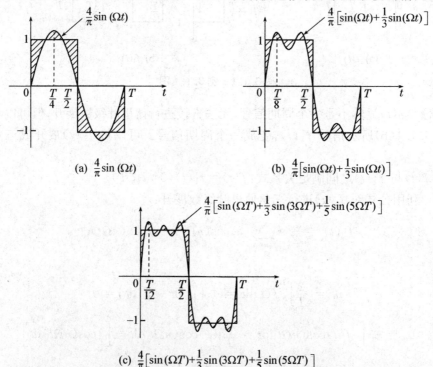

图 3.1.2 有限项正弦波合成方波的波形

图 3.1.2 中阴影部分是用近似函数代表原矩形信号时二者相差的部分。随着所取项数的增多,近似程度更高了,即合成函数的边沿更陡峭,顶部虽然有较多起伏,但更趋于平坦。当 $n\to\infty$ 时,正交函数集完备,谐波分量无限多,均方误差为零。

但是对于具有不连续点的函数,即使所取级数的项数无限增多,在不连续处的级数之和仍不收敛于函数 $f(t)$,总是不可避免地存在起伏振荡,从而使跃变点附近某些点的函数值超过 1 而形成过冲。在间断点上产生过冲的现象称为吉布斯(Gibbs)现象。一般情况下,过冲量是可计算的。

3.1.2 指数傅里叶级数

类似于三角傅里叶级数,无穷多个指数函数构成的集合 $\{e^{jn\Omega t}, n=0,\pm 1,\pm 2,\cdots\}$ 也是一个完备正交函数集。

对于周期为 T 的任意周期信号 $f(t)$,在区间 (t_1, t_1+T)(t_1 为任意常数)内按指数函数集展开,得到 $f(t)$ 的指数形式傅里叶级数:

$$f(t) = C_0 + C_1 e^{j\Omega t} + C_2 e^{j2\Omega t} + \cdots + C_n e^{jn\Omega t} + \cdots C_{-1} e^{-j\Omega t} + C_{-2} e^{-j2\Omega t} + \cdots + C_{-n} e^{-jn\Omega t} + \cdots$$

$$= \sum_{n=-\infty}^{\infty} C_n e^{jn\Omega t}$$

(3.1.8)

式中,C_n 称为指数傅里叶级数的系数,是 $f(t)$ 在 $e^{jn\Omega t}$ 中的分量,或者是 $f(t)$ 在 $e^{jn\Omega t}$ 上的投影,具体值由下式确定:

$$C_n = \frac{1}{T}\int_{t_1}^{t_1+T} f(t) e^{-jn\Omega t} dt$$

(3.1.9)

一个周期信号既可以展开成三角傅里叶级数,又可以展开成指数傅里叶级数,实际上,二者之间存在确定的关系,利用欧拉公式即可得到

$$f(t) = \frac{a_0}{2} + \sum_{n=1}^{\infty} A_n \cos(n\Omega t + \varphi_n)$$

$$= \frac{a_0}{2} + \frac{1}{2}\sum_{n=1}^{\infty} A_n (e^{j(n\Omega t + \varphi_n)} + e^{-j(n\Omega t + \varphi_n)})$$

(3.1.10)

考虑到由式(3.1.6)和式(3.1.7)指出的 A_n 为 n 的偶函数,φ_n 为 n 的奇函数,并令 $a_0 = A_0$,则式(3.1.10)可化为

$$f(t) = \frac{1}{2}\sum_{n=-\infty}^{\infty} A_n e^{j\varphi_n} e^{jn\Omega t} = \frac{1}{2}\sum_{n=-\infty}^{\infty} \dot{A}_n e^{jn\Omega t}$$

(3.1.11)

式中,$\dot{A}_n = A_n e^{j\varphi_n}$,称为 n 次谐波分量的复数振幅。观察发现式(3.1.11)就是式(3.1.8),只是两者的系数表示形式不同,两者系数间的关系为

$$C_n = \frac{1}{2}\dot{A}_n$$

(3.1.12)

结合式(3.1.9),可得

$$\dot{A}_n = A_n \cdot e^{-j\varphi_n} = \frac{2}{T}\int_{t_1}^{t_1+T} f(t) e^{-jn\Omega t} dt$$

(3.1.13)

在实际应用中较少用式(3.1.8)给出的 C_n 作为指傅里叶级数系数的指数级数形式,而

常用式(3.1.11)给出的指数级数形式。

> 【总结】
> (1) 三角级数、指数傅里叶级数虽然形式不同,但实质相同,都属于同一性质的级数,即都是将一信号表示为直流分量和谐波分量之和。实际应用中,虽然三角级数谐波概念较为直观,但指数级数更方便,只需要求一个分量系数$\dot{A}_n$,就完成了信号的分解。
>
> (2) 指数级数中,虽然同时存在$n\Omega$和$-n\Omega$项,但并不意味着有负频率,而是$e^{jn\Omega t}$和$e^{-jn\Omega t}$两者一起构成一个n次谐波分量。
>
> (3) 分量系数$\dot{A}_n = A_n e^{-j\varphi_n}$的模$A_n$是关于$n$的偶函数,相位$\varphi_n$是关于$n$的奇函数。
>
> (4) 不管是三角级数还是指数级数,在求分量系数时积分下限t_1可任取,只要积分区间为T即可。为计算方便通常取$-\frac{T}{2} \sim \frac{T}{2}$或$0 \sim T$。
>
> (5) 周期函数可展开成傅里叶级数;非周期函数通过周期延拓也可展开成傅里叶级数,但要注明适用的时间范围。

3.1.3 函数的对称性与谐波含量

研究函数的对称性与谐波含量的关系可以帮助在计算之前确定傅里叶级数中的谐波结构,这样可以减少计算工作量,同时可用于检验结果的正确性。这里所指的对称性有两类,一类是指信号在整个周期内相对于纵坐标轴的对称关系,即信号是奇函数还是偶函数;另一类是指信号在整个周期前后的对称关系,这将决定傅里叶级数展开式中是否含有偶次项或者奇次项。下面简单说明函数的奇偶性与傅里叶级数的关系。

1. 偶函数

若周期信号$f(t)$的波形相对于纵轴是对称的,即满足$f(t)=f(-t)$,则$f(t)$为偶函数,如图3.1.3所示。

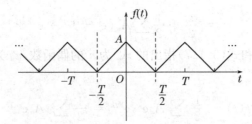

图3.1.3 偶函数图像

利用$f(t)$的偶函数性简化求a_n、b_n:

$$a_n = \frac{2}{T}\int_{-\frac{T}{2}}^{\frac{T}{2}} f(t)\cos(n\Omega t)\mathrm{d}t = \frac{4}{T}\int_{0}^{\frac{T}{2}} f(t)\cos(n\Omega t)\mathrm{d}t$$

$$b_n = \frac{2}{T}\int_{-\frac{T}{2}}^{\frac{T}{2}} f(t)\sin(n\Omega t)\mathrm{d}t = 0 \qquad (3.1.14)$$

因此,偶函数的三角傅里叶级数中不含正弦项,只含余弦项(可能含直流分量),即

$$f(t) = \frac{a_0}{2} + \sum_{n=1}^{\infty} a_n \cos(n\Omega t) \tag{3.1.15}$$

此时求系数 a_n 时只要在半区间 $\left[0, \dfrac{T}{2}\right]$ 内积分即可。

2. 奇函数

若周期信号 $f(t)$ 的波形关于原点对称,即满足 $f(t) = -f(-t)$,则 $f(t)$ 为奇函数,如图 3.1.4 所示。

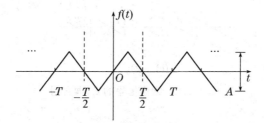

图 3.1.4 奇函数

此时有

$$a_n = \frac{2}{T} \int_{-\frac{T}{2}}^{\frac{T}{2}} f(t) \cos(n\Omega t) \mathrm{d}t = 0$$

$$b_n = \frac{2}{T} \int_{-\frac{T}{2}}^{\frac{T}{2}} f(t) \sin(n\Omega t) \mathrm{d}t = \frac{4}{T} \int_{0}^{\frac{T}{2}} f(t) \sin(n\Omega t) \mathrm{d}t \tag{3.1.16}$$

因此,奇函数的三角傅里叶级数中只含正弦项,不含余弦项和直流分量,即

$$f(t) = \sum_{n=1}^{\infty} b_n \sin(n\Omega t) \tag{3.1.17}$$

此时求系数 b_n 时只要在半区间 $\left[0, \dfrac{T}{2}\right]$ 内积分即可。

对于非奇非偶的信号,总可将其分解为一个奇分量和一个偶分量的叠加。即对任意周期信号 $f(t)$,可将其分解为

$$f(t) = f_e(t) + f_o(t) \tag{3.1.18}$$

这里的 $f_e(t)$ 表示 $f(t)$ 的偶分量,是偶函数;$f_o(t)$ 表示奇分量,为一奇函数,满足

$$f_e(t) = \frac{f(t) + f(-t)}{2}, \quad f_o(t) = \frac{f(t) - f(-t)}{2} \tag{3.1.19}$$

将信号分解为奇偶分量有时会对求解信号的傅里叶级数带来方便。如图 3.1.5(a) 所示的锯齿信号 $f(t)$,分解得其奇偶分量分别如图 3.1.5(b) 及图 3.1.5(c) 所示。

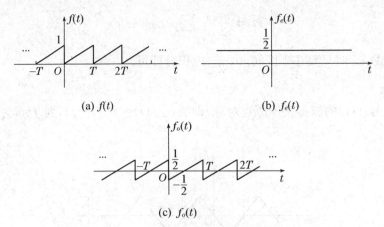

图 3.1.5 锯齿信号的奇、偶分量

由图可见，偶分量 $f_e(t)$ 是幅度为 $\frac{1}{2}$ 的直流分量，无需再作展开，只需对其奇分量进行展开，因其是奇函数，只需求奇分量的展开系数 b_n 即可：

$$b_n = \frac{4}{T}\int_0^{\frac{T}{2}} f_o(t)\sin(n\Omega t)\mathrm{d}t \tag{3.1.20}$$

最终可得 $f(t)$ 的展开式：

$$f(t) = \frac{1}{2} - \frac{1}{\pi}\sum_{n=1}^{\infty}\frac{\sin(n\Omega t)}{n} \tag{3.1.21}$$

3. 奇谐函数

如果函数 $f(t)$ 的波形平移半个周期后所得出的波形与原波形相对于时间轴呈镜像对称，即满足 $f(t)=-f\left(t\pm\frac{T}{2}\right)$，则称 $f(t)$ 为奇谐函数或者半波对称函数。这类函数常常半周期是正值，半周期是负值，而正、负两半周期的波形完全相同。图 3.1.6 给出了一奇谐信号的例子。

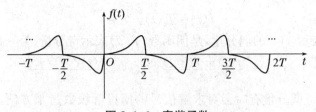

图 3.1.6 奇谐函数

利用式(3.1.11)对奇谐函数进行指数傅里叶级数展开，则其系数 $\dot{A}_n$ 为

$$\begin{aligned}
\dot{A}_n &= \frac{2}{T}\int_{-\frac{T}{2}}^{0} f(t)\mathrm{e}^{-\mathrm{j}n\Omega t}\,\mathrm{d}t + \frac{2}{T}\int_{0}^{\frac{T}{2}} f(t)\mathrm{e}^{-\mathrm{j}n\Omega t}\,\mathrm{d}t \\
&= \frac{2}{T}\int_{0}^{\frac{T}{2}} f\left(\tau - \frac{T}{2}\right)\mathrm{e}^{-\mathrm{j}n\Omega\tau}\mathrm{e}^{\mathrm{j}n\Omega\frac{T}{2}}\,\mathrm{d}\tau + \frac{2}{T}\int_{0}^{\frac{T}{2}} f(t)\mathrm{e}^{-\mathrm{j}n\Omega t}\,\mathrm{d}t \\
&= \mathrm{e}^{-\mathrm{j}n\Omega\frac{T}{2}}\frac{2}{T}\int_{0}^{\frac{T}{2}} -f(\tau)\mathrm{e}^{-\mathrm{j}n\Omega\tau}\,\mathrm{d}\tau + \frac{2}{T}\int_{0}^{\frac{T}{2}} f(t)\mathrm{e}^{-\mathrm{j}n\Omega t}\,\mathrm{d}t \\
&= \frac{2}{T}\left[1 + (-1)^{n+1}\right]\int_{0}^{\frac{T}{2}} f(t)\mathrm{e}^{-\mathrm{j}n\Omega t}\,\mathrm{d}t \\
&= \begin{cases} \dfrac{4}{T}\int_{0}^{\frac{T}{2}} f(t)\mathrm{e}^{-\mathrm{j}n\Omega t}\,\mathrm{d}t & (n\text{ 为奇数}) \\ 0 & (n\text{ 为偶数}) \end{cases}
\end{aligned} \quad (3.1.22)$$

显然,奇谐函数只含有奇次谐波,但可有正弦分量也可有余弦分量。注意不要与奇函数混淆,奇函数只含正弦分量,可有奇次、偶次谐波。

4. 偶谐函数

如果函数 $f(t)$ 波形平移半个周期后所得出的波形与原波形完全重合,即满足 $f(t) = f\left(t \pm \dfrac{T}{2}\right)$,则称 $f(t)$ 为偶谐函数或半周期重叠函数。偶谐函数周期虽然记为 T,但实际上为 $\dfrac{T}{2}$。图 3.1.7 给出了一偶谐信号例子。偶谐函数只含有偶次谐波,但可有正弦分量也可有余弦分量,注意不要与偶函数混淆;偶函数只含余弦分量,可有奇次、偶次谐波。

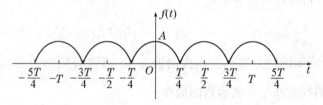

图 3.1.7 一偶谐函数

通过计算可得图 3.1.7 所示波形的三角傅里叶级数展开式为

$$f(t) = \frac{2A}{\pi} + \frac{4A}{\pi}\left[\frac{1}{3}\cos(2\Omega t) - \frac{1}{15}\cos(4\Omega t) + \frac{1}{35}\cos(6\Omega t) - \cdots \right.$$
$$\left. + \frac{(-1)^{\frac{n}{2}+1}}{n^2 - 1}\cos(n\Omega t) - \cdots \right] \quad (n = 2, 4, 6, \cdots)$$

展开式中仅有直流和偶次余弦分量,这是因为该函数既是偶谐函数,又是偶函数,所以其傅里叶级数展开式同时满足偶函数和偶谐函数的特点。

【例 3.1.2】 如图 3.1.8 所示,周期性方波信号 $f(t)$ 的幅度为 1,周期为 T,求其三角傅里叶级数展开。

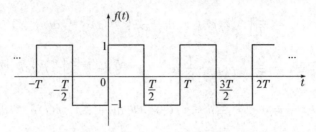

图 3.1.8 周期性方波信号

【解】 观察发现 $f(t)$ 既是一个奇函数,又是一个奇谐函数,因此其傅里叶级数展开式中只有正弦分量,且只有奇次谐波,即

$$f(t) = \sum_{n=1}^{\infty} b_n \sin(n\Omega t) \quad (n \text{ 为奇数})$$

根据式(3.1.16),只要在半区间内积分求系数 b_n:

$$b_n = \frac{2}{T}\int_{-\frac{T}{2}}^{\frac{T}{2}} f(t)\sin(n\Omega t)\mathrm{d}t = \frac{4}{T}\int_0^{\frac{T}{2}} f(t)\sin(n\Omega t)\mathrm{d}t$$

$$= \frac{4}{n\Omega T}\int_0^{\frac{T}{2}} \sin(n\Omega t)\mathrm{d}(n\Omega t) = \frac{2}{n\pi}\left[-\cos(n\Omega t)\right]\Big|_0^{\frac{T}{2}}$$

$$= \frac{2}{n\pi}[1-\cos(n\pi)] = \begin{cases} \dfrac{4}{n\pi} & (n \text{ 为奇数}) \\ 0 & (n \text{ 为偶数}) \end{cases}$$

因此,$f(t)$ 的三角傅里叶级数展开式为

$$f(t) = \frac{4}{\pi}\left[\sin(\Omega t) + \frac{1}{3}\sin(3\Omega t) + \frac{1}{5}\sin(5\Omega t) + \frac{1}{7}\sin(7\Omega t) + \cdots\right]$$

从上式可以看出周期性方波不含偶次谐波分量,只含有频率为 $\Omega,3\Omega,5\Omega,\cdots$ 的奇次谐波分量,每个分量的幅度就是正弦函数的振幅 $\dfrac{4}{n\pi}$。

3.2 周期信号的频谱

3.2.1 周期信号的频谱特点

用图形将周期信号包含的频率分量以及每个频率分量对应的幅度和相位表示出来,就是信号的频谱图。利用频谱图可以更直观地了解信号的频谱结构。

以上一节例 3.1.2 为例作周期信号的频谱图。首先计算其幅值和相位:

$$A_n = \sqrt{a_n^2 + b_n^2} = |b_n| = \frac{4}{n\pi} \quad (n \text{ 为奇数})$$

$$\varphi_n = -\arctan\frac{b_n}{a_n} = -\frac{\pi}{2}$$

用一些长度不同的线段来分别代表基波、三次谐波、五次谐波等的振幅,然后将这些线段按频率高低依次排列起来,如图 3.2.1 所示。

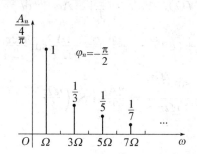

图 3.2.1 周期性方波信号的频谱图

图中每一条谱线代表一个基波或一个谐波分量,谱线的高度即谱线顶端的纵坐标位置代表这一正弦分量的振幅,谱线所在的横坐标的位置代表这一正弦分量的频率。

这种以频率(或角频率)为横坐标、以各谐波的振幅 A_n 为纵坐标画出的图形,称为幅度频谱,简称幅度谱。以各谐波初相角 φ_n 为纵坐标画出的图形,称为相位频谱。一般相位谱比较简单,不必另外作图,将它标在振幅谱图上即可。

由图 3.2.1 可以看出这种周期信号频谱具有三个特点:

(1) 离散性:频谱由一些离散的线条构成,是离散谱。

(2) 谐波性:每条谱线表示信号的一个分量,其频率都是基波频率的整数倍。相邻谱线间的间隔是基波频率 $\Omega = \dfrac{2\pi}{T}$。

(3) 收敛性:谐波的振幅随谐波次数的增大而减小,谐波次数无限增大,则其振幅无限趋小。

这些结论虽然由例 3.1.2 这个特殊的例子得出,但它具有普遍性。

3.2.2 周期信号频谱的带宽

下面以一个典型的信号——周期性矩形脉冲为例,进一步说明周期信号频谱的特点。如图 3.2.2 所示为一幅度为 A、脉冲宽度为 τ、周期为 T 的周期矩形脉冲信号。

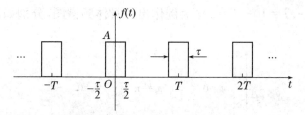

图 3.2.2 周期性矩形脉冲信号

为求该信号的频谱,可先求出傅里叶级数的复数振幅,由式(3.1.12)得

$$\dot{A}_n = \frac{2}{T}\int_{-\frac{T}{2}}^{\frac{T}{2}} f(t)\mathrm{e}^{-\mathrm{j}n\Omega t}\mathrm{d}t = \frac{2}{T}\int_{-\frac{\tau}{2}}^{\frac{\tau}{2}} A\mathrm{e}^{-\mathrm{j}n\Omega t}\mathrm{d}t = \frac{2A}{-\mathrm{j}n\Omega T}\mathrm{e}^{-\mathrm{j}n\Omega t}\Big|_{-\frac{\tau}{2}}^{\frac{\tau}{2}}$$

$$= \frac{2A}{-\mathrm{j}n\Omega T}(\mathrm{e}^{-\mathrm{j}\frac{n\Omega \tau}{2}} - \mathrm{e}^{\mathrm{j}\frac{n\Omega \tau}{2}}) = \frac{4A}{n\Omega T}\sin\frac{n\Omega \tau}{2} \quad (3.2.1)$$

$$= \frac{2A\tau}{T}\cdot\frac{\sin\frac{n\Omega \tau}{2}}{\frac{n\Omega \tau}{2}} = \frac{2A\tau}{T}\cdot Sa\left(\frac{n\Omega \tau}{2}\right)$$

因此，

$$f(t) = \frac{A\tau}{T}\sum_{n=-\infty}^{\infty} Sa\left(\frac{n\Omega \tau}{2}\right)\mathrm{e}^{\mathrm{j}n\Omega t} \quad (3.2.2)$$

该信号第 n 次谐波的振幅为

$$A_n = |\dot{A}_n| = \frac{2A\tau}{T}\cdot\left|Sa\left(\frac{n\Omega \tau}{2}\right)\right| \quad (3.2.3)$$

在式(3.2.1)中令 $n=0$，求其极限值，得 $f(t)$ 的直流分量为

$$\frac{A_0}{2} = \frac{A\tau}{T} \quad (3.2.4)$$

观察 n 次谐波振幅的表达式，可知其包络形如抽样函数 $Sa(t)$，这里的 t 相当于式中的 $\frac{n\Omega \tau}{2}$。但 $\frac{n\Omega \tau}{2}$ 是一个不连续的频谱变量（n 为整数），因此将 t 看成等于 $\frac{\omega \tau}{2}$ 的连续变量，这里变量 ω 对应于 $n\Omega$。根据第一章介绍的关于抽样函数的性质，可以得到当 $\frac{\omega \tau}{2} = \pm k\pi$ 即 $\omega = \pm\frac{2k\pi}{\tau}$ 时，幅度 $A_n = 0$，即当某些谐波的频率正好等于 $\frac{2\pi}{\tau}$ 的整数倍时，这些谐波的振幅等于零。

由于 A 为实数，所以各次谐波的相位只有 0 和 $-\pi$ 两种情况，相对简单，故不另作相位频谱，把相位值标注在振幅频谱图上即可。

由式(3.2.3)可见，周期矩形脉冲的振幅数值与 $\frac{\tau}{T}$ 有关，$\frac{\tau}{T}$ 不同，对应的频谱图也不一样。下面是以 $T=5\tau$、$T=10\tau$、$T=20\tau$ 为例作出的具体频谱图，分别如图 3.2.3、图 3.2.4、图 3.2.5 所示。

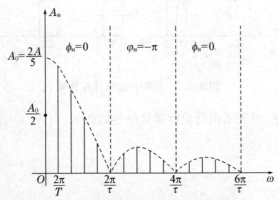

图 3.2.3 $T=5\tau$ 时周期矩形脉冲的频谱图

图 3.2.3 为 $T=5\tau$ 时的频谱图，此时，

$$A_0 = 2A\frac{\tau}{T} = \frac{2A}{5}$$

谱线间隔是基本频率 $\Omega = \frac{2\pi}{T}$，过零点频率间隔为 $\frac{2\pi}{\tau}$，因此两个振幅为 0 的谱线之间相隔的谱线数为

$$\frac{2\pi}{\tau} \bigg/ \frac{2\pi}{T} = \frac{T}{\tau} = 5$$

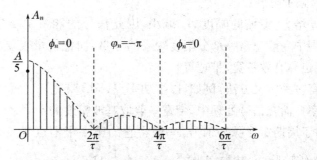

图 3.2.4　$T=10\tau$ 时周期矩形脉冲的频谱图

图 3.2.4 为 $T=10\tau$ 时的频谱图，此时，

$$A_0 = 2A\frac{\tau}{T} = \frac{A}{5}$$

因此两个振幅为 0 的谱线之间相隔的谱线数为

$$\frac{2\pi}{\tau} \bigg/ \frac{2\pi}{T} = \frac{T}{\tau} = 10$$

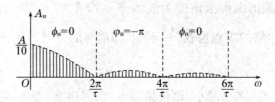

图 3.2.5　$T=20\tau$ 时周期矩形脉冲的频谱图

图 3.2.5 为 $T=20\tau$ 时的频谱图，此时，

$$A_0 = \frac{A}{10}$$

因此两个振幅为 0 的谱线之间相隔的谱线数为

$$\frac{2\pi}{\tau} \bigg/ \frac{2\pi}{T} = \frac{\tau}{T} = 20$$

周期矩形脉冲信号的频谱在信号分析中十分重要，根据图 3.2.3、图 3.2.4、图 3.2.5，对其进行进一步讨论总结：

(1) 周期矩形脉冲信号的频谱是一个离散谱，谱线间隔 $\Omega = \frac{2\pi}{T}$，与其他信号周期信号一样具有离散性、谐波性。

(2) 周期矩形脉冲信号频谱的包络为抽样函数：

$$A_n = |\dot{A}_n| = \frac{2A\tau}{T}\left|Sa\left(\frac{n\Omega\tau}{2}\right)\right|$$

零点出现在 $\omega = \frac{2\pi}{\tau}, \frac{4\pi}{\tau}, \frac{6\pi}{\tau}, \cdots$ 或 $f = \frac{1}{\tau}, \frac{2}{\tau}, \frac{3}{\tau}, \cdots$ 处。

$\lim_{n\to\infty} A_n = 0$。虽然 A_n 不是单调收敛的，但总的趋势是收敛的，符合周期信号频谱的第三个特点——收敛性。

(3) 信号的频带宽度。

谐波次数 n 增大，谐波的幅度 A_n 减小，因此信号的能量主要集中在频率较低的分量中。在工程应用中一般忽略一部分幅度较小的分量，而把能量主要集中的频率范围称为信号的频带宽度（也称有效带宽、带宽等）。

频带宽度有多种定义方法，例如，以半功率点（3dB 带宽）——信号功率衰减到一半时的频率为截止频率。而在信号处理中，带宽一般取基波幅度的十分之一。

特别地，对于周期矩形脉冲信号，一般将它的第一个零点定义为它的带宽。因此对于 $T = 5\tau$ 的周期性矩形脉冲，其带宽为 $\frac{2\pi}{\tau}$ rad/s 或 $\frac{1}{\tau}$ Hz。

(4) 脉冲参数与频谱结构的关系。

在周期矩形脉冲信号中有 3 个脉冲参数 A、τ、T，A 只影响各次谐波分量幅度的大小，不影响频谱的结构和形状，所以只讨论 T 和 τ 的影响。

① T 改变，τ 不变。

若 T 增大，则谱线间隔 $\Omega = \frac{2\pi}{T}$ 减小，谱线密集；特别地，当周期 T 趋于无穷大时，周期信号就变为非周期信号，频谱由离散谱变为连续谱。若 T 增大，各次谐波分量的幅度 A_n 减小；T 改变，τ 不变时，包络的零点位置 $\frac{2k\pi}{\tau}$ 不变，即信号的带宽不变。

② τ 改变，T 不变。

谱线间隔 $\Omega = \frac{2\pi}{T}$ 不变，若 τ 减小，则包络零点（信号带宽）变大，收敛速度变慢。

3.3 傅里叶变换与非周期信号的频谱

除周期信号外，自然界和各种工程技术领域中还广泛存在着非周期信号。本节将把上述周期信号的傅里叶分析方法推广到非周期信号中去，导出非周期信号的傅里叶变换。

3.3.1 从傅里叶级数到傅里叶变换

当周期信号周期趋于无穷大时，周期信号就变成了非周期信号。上一节最后指出当周期 T 趋于无穷大时，周期信号的频谱将由离散谱变为连续谱，离散变量将变成连续变量。但是频谱分量的幅度 A_n 与 T 成反比，将趋于零，因此直接用 A_n 来描述非周期信号的频谱

就不合适。考虑到 T 只是一个系数,它对频谱的结构没有影响,所以定义非周期信号的频谱为

$$\lim_{T\to\infty}\frac{T}{2}\dot{A}_n = \lim_{T\to\infty}\int_{-\frac{T}{2}}^{\frac{T}{2}} f(t)\mathrm{e}^{-\mathrm{j}n\Omega t}\mathrm{d}t \qquad (3.3.1)$$

当 $T\to\infty$ 时,$n\Omega$ 即 $n\cdot\dfrac{2\pi}{T}$ 趋于无穷小,可用连续变量 ω 表示,则上式右边变为 $\int_{-\infty}^{\infty} f(t)\mathrm{e}^{-\mathrm{j}\omega t}\mathrm{d}t$,该积分结果与复变量 $\mathrm{j}\omega$ 有关,记为

$$F(\mathrm{j}\omega) = \int_{-\infty}^{\infty} f(t)\mathrm{e}^{-\mathrm{j}\omega t}\mathrm{d}t \qquad (3.3.2)$$

称 $F(\mathrm{j}\omega)$ 为信号 $f(t)$ 的频谱密度函数,简称频谱函数。

由式(3.1.11),一个周期信号可以展开为指数傅里叶级数:

$$f(t) = \frac{1}{2}\sum_{n=-\infty}^{\infty}\dot{A}_n\mathrm{e}^{\mathrm{j}n\Omega t} = \sum_{n=-\infty}^{\infty}\left[\frac{1}{T}\int_{-\frac{T}{2}}^{\frac{T}{2}} f(t)\mathrm{e}^{-\mathrm{j}n\Omega t}\mathrm{d}t\right]\mathrm{e}^{\mathrm{j}n\Omega t} \qquad (3.3.3)$$

式中,当 $T\to\infty$ 时,积分限变为 $\pm\infty$,$n\Omega$ 变为连续变量 ω,$\dfrac{1}{T}=\dfrac{\Omega}{2\pi}$ 成了微变量 $\dfrac{\mathrm{d}\omega}{2\pi}$,求和运算也转变为积分运算,所以

$$f(t) = \frac{1}{2\pi}\int_{-\infty}^{\infty} F(\mathrm{j}\omega)\mathrm{e}^{\mathrm{j}\omega t}\mathrm{d}\omega \qquad (3.3.4)$$

式(3.3.2)和式(3.3.4)就是著名的傅里叶变换。式(3.3.2)称为傅里叶正变换,式(3.3.4)称为傅里叶逆变换。也可简单记作

$$\begin{cases} F(\mathrm{j}\omega) = F[f(t)] \\ f(t) = F^{-1}[F(\mathrm{j}\omega)] \end{cases} \qquad (3.3.5)$$

或者更简单一些,把函数 $f(t)$ 与 $F(\mathrm{j}\omega)$ 的变换关系记为

$$f(t) \leftrightarrow F(\mathrm{j}\omega)$$

这个符号表示 $F(\mathrm{j}\omega)$ 是 $f(t)$ 的傅里叶变换,$f(t)$ 是 $F(\mathrm{j}\omega)$ 的傅里叶逆变换。傅里叶变换是信号分析中的重要工具。

【例 3.3.1】 如图 3.3.1 所示的单个矩形脉冲,幅度为 A、宽度为 τ,求其频谱函数。

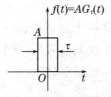

图 3.3.1 例 3.3.1 单个矩形脉冲

【解】 根据傅里叶变换的定义,

$$F(\mathrm{j}\omega) = \int_{-\infty}^{\infty} f(t)\mathrm{e}^{-\mathrm{j}\omega t}\mathrm{d}t$$

$$= \int_{-\frac{\tau}{2}}^{\frac{\tau}{2}} A\mathrm{e}^{-\mathrm{j}\omega t}\mathrm{d}t = \frac{A}{-\mathrm{j}\omega}\mathrm{e}^{-\mathrm{j}\omega t}\bigg|_{-\frac{\tau}{2}}^{\frac{\tau}{2}}$$

$$= \frac{2A}{\omega} \cdot \frac{e^{j\frac{\omega\tau}{2}} - e^{-j\frac{\omega\tau}{2}}}{2j} = A\tau \frac{\sin\frac{\omega\tau}{2}}{\frac{\omega\tau}{2}} = A\tau \cdot Sa\left(\frac{\omega\tau}{2}\right)$$

根据该函数的傅里叶变换表达式,作出其幅度频谱图,如图 3.3.2(a)所示,相位频谱图如图 3.3.2(b)所示。

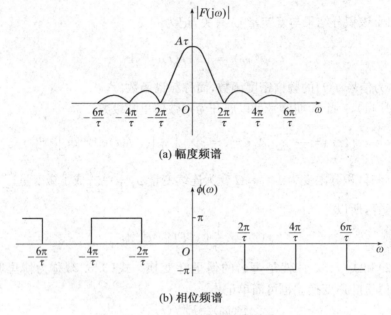

(a) 幅度频谱

(b) 相位频谱

图 3.3.2 矩形单脉冲的频谱

由于傅里叶变换式必须在频率变量为 $-\infty$ 到 $+\infty$ 的区间进行积分,频谱图理应对应 ω 的正、负值同时作出。

由图 3.3.2 可以看出,周期性脉冲频谱的包络线与非周期性单脉冲的频谱函数曲线的形状完全相同,都具有抽样函数的形式,这并不是偶然。

3.3.2 傅里叶变换的物理意义

周期信号的傅里叶级数展开是将一个非正弦的周期信号分解为一系列频率为 Ω 的整数倍的正弦分量或指数分量。对于非周期信号,是将其分解为无限多个连续指数函数分量,分量的频率包含了从 0 到 ∞ 之间的一切频率,即 ω 从 $-\infty$ 到 $+\infty$ 连续变化,每个分量的幅度 $\frac{1}{2\pi}|F(j\omega)|d\omega$ 为无穷小量。所以,非周期信号频谱不能直接用振幅作出,而必须用它的密度函数 $F(j\omega)$ 来描述各分量的相对大小。

和周期信号展开为傅里叶级数要满足狄利克雷条件一样,对非周期函数 $f(t)$ 进行傅里叶变换也要满足一定的条件:一般要求 $f(t)$ 绝对可积,即

$$\int_{-\infty}^{\infty} |f(t)| dt < \infty \tag{3.3.6}$$

但这个条件是充分不必要的,有些函数虽然非绝对可积,但也存在傅里叶变换。

3.3.3 傅里叶变换的奇偶性

当 $f(t)$ 为实函数时,根据频谱函数的定义式和欧拉公式,不难导出

$$F(j\omega) = \int_{-\infty}^{\infty} f(t) e^{-j\omega t} dt = \int_{-\infty}^{\infty} f(t)\cos(\omega t) dt - j\int_{-\infty}^{\infty} f(t)\sin(\omega t) dt \tag{3.3.7}$$

可见,实函数的频谱一般是复函数。将实部用 $a(\omega)$ 表示,虚部用 $b(\omega)$ 表示,即令

$$a(\omega) = \int_{-\infty}^{\infty} f(t)\cos(\omega t) dt, b(\omega) = -\int_{-\infty}^{\infty} f(t)\sin(\omega t) dt \tag{3.3.8}$$

实部 $a(\omega)$ 是关于 ω 的偶函数,虚部 $b(\omega)$ 是关于 ω 的奇函数。

将 $F(j\omega)$ 写成模和相角的形式:

$$F(j\omega) = |F(j\omega)| \cdot e^{j\varphi(\omega)} \tag{3.3.9}$$

根据复变函数的定义,有

$$|F(j\omega)| = \sqrt{a^2(\omega) + b^2(\omega)}, \varphi(\omega) = -\arctan\frac{b(\omega)}{a(\omega)} \tag{3.3.10}$$

$F(j\omega)$ 的模 $|F(j\omega)|$ 是关于 ω 的偶函数,相角 $\varphi(\omega)$ 是关于 ω 的奇函数,从而可进一步导出

$$F(-j\omega) = F^*(j\omega) \tag{3.3.11}$$

【例 3.3.2】 已知 $f(t) \leftrightarrow F(j\omega)$,求 $f(-t)$ 的傅里叶变换。

【解】 根据傅里叶变换的定义:

$$F[f(-t)] = \int_{-\infty}^{\infty} f(-t) e^{-j\omega t} dt \xrightarrow{\diamondsuit -t=\tau} \int_{\infty}^{-\infty} f(\tau) e^{j\omega \tau} d(-\tau)$$

$$= \int_{-\infty}^{\infty} f(\tau) e^{-(-j\omega)\tau} d\tau = F(-j\omega)$$

即

$$f(-t) \leftrightarrow F(-j\omega)$$

再由式(3.3.11)可得

$$f(-t) \leftrightarrow F(-j\omega) = F^*(j\omega) \tag{3.3.12}$$

式(3.3.12)是一个非常重要的结论。当 $f(t)$ 为实函数时,由式(3.3.12)还可以得到以下重要结论:

(1) 若 $f(t)$ 为 t 的偶函数,即 $f(-t) = f(t)$,则

$$F(j\omega) = F^*(j\omega) = F(-j\omega)$$

因此,$f(t)$ 的频谱函数 $F(j\omega)$ 为 ω 的实偶函数,即

$$b(\omega) = 0, F(j\omega) = a(\omega)$$

(2) 若 $f(t)$ 为 t 的奇函数,即 $f(-t) = -f(t)$,则

$$-F(j\omega) = F^*(j\omega) = F(-j\omega)$$

因此,$f(t)$ 的频谱函数 $F(j\omega)$ 为 ω 的虚奇函数,即

$$a(\omega) = 0, F(j\omega) = jb(\omega)$$

【例 3.3.3】 实函数 $f(t)$ 的频谱函数为 $F(j\omega)=a(\omega)+jb(\omega)$，试证明 $f(t)$ 的偶分量的频谱函数为 $a(\omega)$，奇分量的频谱函数为 $jb(\omega)$。

【证明】 根据偶、奇分量的定义及式(3.3.12)可得

$$f_e(t)=\frac{f(t)+f(-t)}{2}\leftrightarrow\frac{F(j\omega)+F^*(j\omega)}{2}=a(\omega) \tag{3.3.13}$$

$$f_e(t)=\frac{f(t)-f(-t)}{2}\leftrightarrow\frac{F(j\omega)-F^*(j\omega)}{2}=jb(\omega) \tag{3.3.14}$$

3.4 典型信号的傅里叶变换

本节将讨论一些常用信号的傅里叶变换。对于时域及频域都满足绝对可积条件的信号，只要根据傅里叶变换的定义式，通过积分就可由时间函数求得其傅里叶变换。而对于某些时域不满足绝对可积条件的信号，直接应用定义求解很困难，需要从极限的观点在频域中引入冲激函数，得其对应的傅里叶变换。

1. 单边指数函数

单边指数信号可表示为 $f(t)=e^{-\alpha t}\varepsilon(t)(\alpha>0)$，如图 3.4.1 所示。

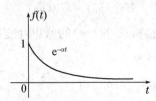

图 3.4.1 单边指数信号

显然，该信号满足绝对可积条件，因此可直接将 $f(t)$ 代入傅里叶正变换定义式：

$$\begin{aligned}F(j\omega)&=\int_{-\infty}^{\infty}f(t)e^{-j\omega t}dt=\int_0^{\infty}e^{-\alpha t}e^{-j\omega t}dt\\&=\frac{1}{-(\alpha+j\omega)}e^{-(\alpha+j\omega)t}\bigg|_0^{\infty}=\frac{1}{\alpha+j\omega}\end{aligned} \tag{3.4.1}$$

$F(j\omega)$ 的幅度和相位分别为

$$|F(j\omega)|=\frac{1}{\sqrt{\alpha^2+\omega^2}}$$

$$\varphi(\omega)=-\tan^{-1}\frac{\omega}{\alpha} \tag{3.4.2}$$

单边指数信号的幅度、相位频谱如图 3.4.2 所示。这是一个非常重要的变换对，由它出发可以推出许多其他变换对。

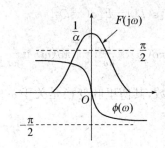

图 3.4.2 单边指数信号的频谱

2. 单位阶跃函数 $\varepsilon(t)$

单位阶跃信号 $\varepsilon(t)$ 显然不满足绝对可积条件,无法直接利用定义式求得其傅里叶变换。考虑到阶跃信号 $\varepsilon(t)$ 可由图 3.4.1 所示的单边指数信号取 $\alpha \to 0$ 的极限得到,因此可通过对单边指数信号的频谱函数求 $\alpha \to 0$ 的极限得到 $\varepsilon(t)$ 的频谱函数,即

$$F[\varepsilon(t)] = \lim_{\alpha \to 0} \frac{1}{\alpha + j\omega} = \lim_{\alpha \to 0}\left(\frac{\alpha}{\alpha^2 + \omega^2} - j\frac{\omega}{\alpha^2 + \omega^2}\right)$$

$$= \lim_{\alpha \to 0} \frac{\alpha}{\alpha^2 + \omega^2} - j\lim_{\alpha \to 0} \frac{\omega}{\alpha^2 + \omega^2}$$

上式中,

$$\lim_{\alpha \to 0} \frac{\alpha}{\alpha^2 + \omega^2} = \begin{cases} 0 & (\omega \neq 0) \\ \infty & (\omega = 0) \end{cases}$$

显然 $\lim_{\alpha \to 0} \frac{\alpha}{\alpha^2 + \omega^2}$ 为频域中的冲激函数,其冲激强度(即面积)为

$$\int_{-\infty}^{\infty} \lim_{\alpha \to 0} \frac{\alpha}{\alpha^2 + \omega^2} d\omega = \lim_{\alpha \to 0} \int_{-\infty}^{\infty} \frac{1}{1 + \left(\frac{\omega}{\alpha}\right)^2} d\left(\frac{\omega}{\alpha}\right)$$

$$= \lim_{\alpha \to 0} \left(\arctan \frac{\omega}{\alpha}\right)\Big|_{-\infty}^{\infty} = \pi$$

根据冲激函数定义,$\lim_{\alpha \to 0} \frac{\alpha}{\alpha^2 + \omega^2}$ 可记为 $\pi\delta(\omega)$。又

$$\lim_{\alpha \to 0} \frac{\omega}{\alpha^2 + \omega^2} = \begin{cases} \frac{1}{\omega} & (\omega \neq 0) \\ \text{不存在} & (\omega = 0) \end{cases}$$

因此,

$$\varepsilon(t) \leftrightarrow \pi\delta(\omega) - j\frac{1}{\omega} = \pi\delta(\omega) + \frac{1}{j\omega} \tag{3.4.3}$$

3. 符号函数

符号函数 $\text{sgn}(t)$ 与阶跃函数之间存在关系:

$$\text{sgn}(t) = \varepsilon(t) - \varepsilon(-t)$$

由上一节中式(3.3.12),得符号函数的傅里叶变换为

$$F[\text{sgn}(t)] = F[\varepsilon(t)] - F[\varepsilon(-t)]$$
$$= \left[\pi\delta(\omega) + \frac{1}{j\omega}\right] - \left[\pi\delta(\omega) + \frac{1}{j\omega}\right]^* = \begin{cases} \dfrac{2}{j\omega} & (\omega \neq 0) \\ 0 & (\omega = 0) \end{cases} \tag{3.4.4}$$

符号函数是关于 t 的实奇函数，其傅里叶变换是关于 ω 的虚奇函数，对应了傅里叶变换的奇偶性。

4. 偶双边指数函数

偶双边指数信号可表示为

$$f(t) = e^{-\alpha|t|} \quad (\alpha > 0)$$

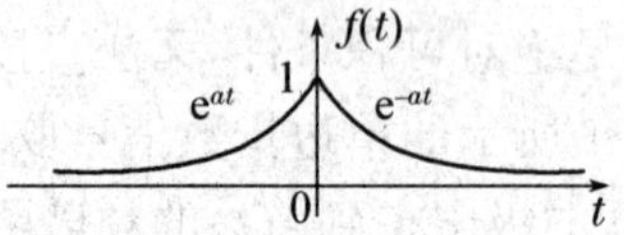

图 3.4.3 偶双边指数信号

波形如图 3.4.3 所示，显然 $\int_{-\infty}^{\infty} |f(t)| dt$ 存在，即满足 $f(t)$ 绝对可积，因此直接利用傅里叶变换定义式：

$$F(j\omega) = \int_{-\infty}^{\infty} f(t) e^{-j\omega t} dt = \int_{-\infty}^{\infty} e^{-\alpha|t|} e^{-j\omega t} dt$$
$$= \int_{0}^{\infty} e^{-\alpha t} e^{-j\omega t} dt + \int_{-\infty}^{0} e^{\alpha t} e^{-j\omega t} dt = \frac{2\alpha}{\alpha^2 + \omega^2} \tag{3.4.5}$$

这里 $f(t)$ 是关于 t 的偶函数，其傅里叶变换是关于 ω 的实偶函数。

实际上对于偶双边指数信号，除利用定义式求解，还可利用单边指数信号的傅里叶变换直接得到，记

$$F_1(j\omega) = F[f_1(t)] = F[e^{-\alpha t}\varepsilon(t)]$$

则

$$F(j\omega) = F[f_1(t) + f_1(-t)] = F_1(j\omega) + F_1(-j\omega)$$
$$= \frac{1}{\alpha + j\omega} + \frac{1}{\alpha - j\omega} = \frac{2\alpha}{\alpha^2 + \omega^2} \tag{3.4.6}$$

5. 单位直流信号

单位直流信号可表示为

$$f(t) = 1 \quad (-\infty < t < \infty)$$

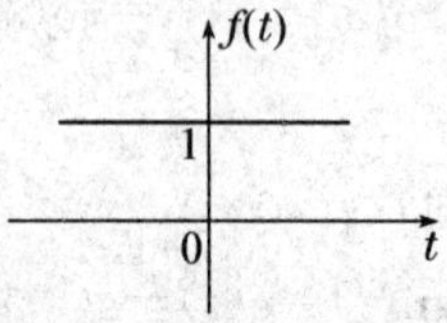

图 3.4.4 单位直流信号

其波形如图 3.4.4 所示，显然该信号不满足绝对可积条件，但它可看作双边指数信号在 $\alpha \to 0$

时的极限值,因此可用偶双边指数信号的频谱取 $\alpha \to 0$ 的极限来求其傅里叶变换,即

$$F(j\omega) = \lim_{\alpha \to 0} F[e^{-\alpha|t|}] = \lim_{\alpha \to 0} \frac{2\alpha}{\alpha^2+\omega^2} = \begin{cases} 0 & (\omega \neq 0) \\ \infty & (\omega = 0) \end{cases}$$

显然这是频域中的冲激函数,其冲激强度为

$$\int_{-\infty}^{+\infty} \lim_{\alpha \to 0} \frac{2\alpha}{\alpha^2+\omega^2} d\omega = 2\lim_{\alpha \to 0} \left(\arctan\frac{\omega}{\alpha}\right)\Big|_{-\infty}^{\infty} = 2\left[\frac{\pi}{2} - \left(-\frac{\pi}{2}\right)\right] = 2\pi$$

因此,直流信号的频谱函数为冲激强度为 2π、出现在 $\omega=0$ 频率的冲激函数,如图 3.4.5 所示,即

$$F[1] = 2\pi\delta(\omega) \tag{3.4.7}$$

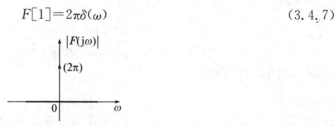

图 3.4.5 单位直流信号的频谱

要求直流信号的频谱,还可参照符号函数的求解方法,利用直流信号与单位阶跃信号之间的关系:

$$1 = \varepsilon(t) + \varepsilon(-t)$$

因此,直流信号的傅里叶变换为

$$\begin{aligned} F[1] &= F[\varepsilon(t) + \varepsilon(-t)] \\ &= \left[\pi\delta(\omega) + \frac{1}{j\omega}\right] + \left[\pi\delta(\omega) + \frac{1}{j\omega}\right]^* \\ &= 2\pi\delta(\omega) \end{aligned}$$

6. 单位冲激函数 $\delta(t)$

单位冲激信号满足绝对可积条件,可直接由定义式计算得到

$$F[\delta(t)] = \int_{-\infty}^{\infty} \delta(t) e^{-j\omega t} dt = e^{-j\omega \cdot 0} = 1 \tag{3.4.8}$$

其频谱如图 3.4.6 所示。

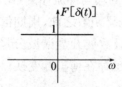

图 3.4.6 单位冲激信号频谱

在第一章介绍信号时曾说过,单位冲激信号是门信号取极限得到的。因此,这里求单位冲激函数的傅里叶变换,也可由门信号的傅里叶变换取极限得到。

上节例 3.3.2 曾给出高度为 A、宽度为 τ 的门信号傅里叶变换为 $A\tau \cdot Sa\left(\frac{\omega\tau}{2}\right)$。令门信号的面积 $A\tau$ 始终等于 1,门宽 τ 趋向于无穷小,门函数则变成了单位冲激函数,因此,

$$F[\delta(t)] = \lim_{\tau \to 0} 1 \cdot Sa\left(\frac{\omega\tau}{2}\right) = 1$$

7. 复指数函数 $e^{j\omega_c t}$

显然,直接计算复数指数函数傅里叶变换很困难。可考虑利用单位直流信号的傅里叶变换:

$$F[1] = \int_{-\infty}^{\infty} e^{j\omega t} dt = 2\pi\delta(\omega)$$

因此,

$$\begin{aligned} F[e^{j\omega_c t}] &= \int_{-\infty}^{\infty} e^{j\omega_c t} e^{-j\omega t} dt = \int_{-\infty}^{\infty} e^{j(\omega_c - \omega)t} dt \\ &= 2\pi\delta(\omega_c - \omega) \\ &= 2\pi\delta(\omega - \omega_c) \end{aligned} \quad (3.4.9)$$

其频谱如图 3.4.7 所示。

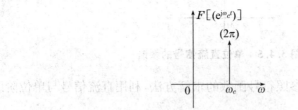

图 3.4.7 指数函数频谱

由该变换对可进一步推广,利用欧拉公式导出正弦和余弦函数的傅里叶变换:

$$F[\cos(\omega_c t)] = \frac{1}{2} F[e^{j\omega_c t}] + \frac{1}{2} F[e^{-j\omega_c t}] = \pi[\delta(\omega + \omega_c) + \delta(\omega - \omega_c)] \quad (3.4.10)$$

$$F[\sin(\omega_c t)] = \frac{1}{2j} F[e^{j\omega_c t}] - \frac{1}{2j} F[e^{-j\omega_c t}] = \frac{\pi}{j}[\delta(\omega - \omega_c) - \delta(\omega + \omega_c)] \quad (3.4.11)$$

综上,凡符合绝对可积条件的函数,可通过定义直接求出频谱函数,但绝对可积不是必要条件。一些函数虽不符合绝对可积条件,不能根据定义直接计算,但可通过其他变换对推出。也可以从极限的观点在频域中引入冲激函数,得到相应的傅里叶变换。

8. 周期性冲激序列 $\delta_T(t)$

周期性冲激序列是指间隔为 T 的均匀冲激序列,用符号 $\delta_T(t)$ 表示,波形如图 3.4.8 所示。显然这是一周期信号,在引入奇异函数之前,周期信号因不满足绝对可积条件无法讨论其傅里叶变换,只能将其用傅里叶级数展开为谐波分量来研究其频谱性质;引入奇异函数后,从极限的观点来分析,周期信号也存在傅里叶变换。这样非周期信号与周期信号就可统一用傅里叶变换来分析了。

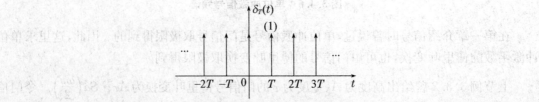

图 3.4.8 周期性冲激序列

一个周期信号总可用傅里叶级数将其展开为谐波分量。对 $\delta_T(t)$ 作傅里叶级数展开有

$$\delta_T(t) = \sum_{n=-\infty}^{\infty} \delta(t-nT) = \frac{1}{2}\sum_{n=-\infty}^{\infty} \dot{A}_n \mathrm{e}^{jn\Omega t}$$

其中，

$$\dot{A}_n = \frac{2}{T}\int_{-\frac{T}{2}}^{\frac{T}{2}} \delta(t)\mathrm{e}^{-jn\Omega t}\mathrm{d}t = \frac{2}{T}\cdot \mathrm{e}^{-jn\Omega\cdot 0} = \frac{2}{T}$$

这样，求周期性冲激序列的傅里叶变换就转变成求其傅里叶级数展开式的傅里叶变换：

$$F[\delta_T(t)] = F\Big[\frac{1}{T}\sum_{n=-\infty}^{\infty}\mathrm{e}^{jn\Omega t}\Big] = \frac{1}{T}\sum_{n=-\infty}^{\infty} F[\mathrm{e}^{jn\Omega t}]$$

利用复指数的傅里叶变换可得

$$F[\delta_T(t)] = \frac{2\pi}{T}\sum_{n=-\infty}^{\infty}\delta(\omega - n\Omega) = \Omega\delta_\Omega(\omega) \tag{3.4.12}$$

由此可见，时域上间隔为 T 的均匀冲激序列 $\delta_T(t)$，其频谱函数也是一个均匀冲激序列，且周期和强度均为 $\Omega\Big(\Omega=\dfrac{2\pi}{T}\Big)$，如图 3.4.9 所示。

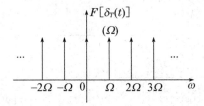

图 3.4.9　周期性冲激序列的频谱

对于任意的周期信号 $f(t)$，均可采用此方法求其傅里叶变换：先对信号 $f(t)$ 作傅里叶级数展开，即

$$f(t) = \frac{1}{2}\sum_{n=-\infty}^{\infty} \dot{A}_n \mathrm{e}^{jn\Omega t} = \frac{1}{2}\sum_{n=-\infty}^{\infty}\Big[\frac{2}{T}\int_{-\frac{T}{2}}^{\frac{T}{2}} f(t)\mathrm{e}^{-jn\Omega t}\mathrm{d}t\Big]\mathrm{e}^{jn\Omega t}$$

再利用复指数傅里叶变换对即可，

$$\begin{aligned}F[f(t)] &= F\Big(\frac{1}{2}\sum_{n=-\infty}^{\infty}\dot{A}_n\mathrm{e}^{jn\Omega t}\Big) = \frac{1}{2}\sum_{n=-\infty}^{\infty}\dot{A}_n F[\mathrm{e}^{jn\Omega t}]\\ &= \pi\sum_{n=-\infty}^{\infty}\dot{A}_n\delta(\omega-n\Omega)\end{aligned} \tag{3.4.13}$$

式(3.4.13)表明：一般周期信号的频谱函数是一个冲激序列，各个冲激位于各次谐波频率处，各冲激的强度分别等于各次谐波复振幅的 π 倍。

熟悉上述经典信号的频谱函数将对进一步掌握信号与系统的频域分析带来很大的方便。为了便于查找，表 3.4.1 给出了部分常用信号的傅里叶变换对。

表 3.4.1 常用傅里叶变换对

序号	$f(t)$	$F(j\omega)$
1	$e^{-\alpha t}\varepsilon(t)$ ($\alpha>0$)	$\dfrac{1}{\alpha+j\omega}$
2	$\varepsilon(t)$	$\pi\delta(\omega)+\dfrac{1}{j\omega}$
3	$\mathrm{sgn}(t)$	$\dfrac{2}{j\omega}, F(0)=0$
4	$e^{-\alpha|t|}$ ($\alpha>0$)	$\dfrac{2\alpha}{\alpha^2+\omega^2}$
5	1	$2\pi\delta(\omega)$
6	$\delta(t)$	1
7	$AG_\tau(t)$	$A\tau\cdot Sa\left(\dfrac{\omega\tau}{2}\right)$
8	$e^{j\omega_c t}$	$2\pi\delta(\omega-\omega_c)$
9	$\cos(\omega_c t)$	$\pi[\delta(\omega+\omega_c)+\delta(\omega-\omega_c)]$
10	$\sin(\omega_c t)$	$\dfrac{\pi}{j}[\delta(\omega-\omega_c)-\delta(\omega+\omega_c)]$
11	$\delta_T(t)=\sum\limits_{n=-\infty}^{\infty}\delta(t-nT)$	$\Omega\delta_\Omega(\omega)=\Omega\sum\limits_{n=-\infty}^{\infty}\delta(\omega-n\Omega)$ $\left(\Omega=\dfrac{2\pi}{T}\right)$

3.5 傅里叶变换的性质

一个信号在时域上用 $f(t)$ 表示,在频域中用 $F(j\omega)$ 表示,它们有一一对应的关系,是同一个信号的两种不同的表示形式。下面要介绍的傅里叶变换的性质将进一步阐明信号时域和频域之间的关系。熟练掌握这些性质不仅可对信号时域和频域特性有更深的理解,而且可使复杂函数作傅里叶正逆变换变得更简便易行。

1. 线性性质

若
$$f_1(t)\leftrightarrow F_1(j\omega), f_2(t)\leftrightarrow F_2(j\omega)$$
则
$$a_1 f_1(t)+a_2 f_2(t)\leftrightarrow a_1 F_1(j\omega)+a_2 F_2(j\omega) \tag{3.5.1}$$
式中,a_1、a_2 为常数。

这个性质说明，傅里叶变换是一种线性变换，它满足齐次性和叠加性。该性质可由傅里叶变换的定义证明，此处省略。

【例 3.5.1】 求 $\varepsilon(-t)$ 的傅里叶变换。

【解】 由于 $\varepsilon(-t)$ 与 $\varepsilon(t)$ 存在关系式：
$$\varepsilon(-t)=1-\varepsilon(t)$$
利用常用变换对及线性性质，可得
$$\varepsilon(-t)\leftrightarrow 2\pi\delta(\omega)-\left[\pi\delta(\omega)+\frac{1}{j\omega}\right]=\pi\delta(\omega)-\frac{1}{j\omega}$$
当然这里也可利用关系式 $f(-t)\leftrightarrow F^*(j\omega)$ 求解。

2. 延迟特性

若
$$f(t)\leftrightarrow F(j\omega)$$
则
$$f(t\pm t_0)\leftrightarrow F(j\omega)e^{\pm j\omega t_0} \quad (3.5.2)$$

此性质说明，信号在时域延迟 t_0，对应频域中所有频率分量都产生 ωt_0 的相移，而振幅谱没有变化。

【证明】 $F[f(t-t_0)]=\int_{-\infty}^{\infty}f(t-t_0)e^{-j\omega t}dt$

令 $t-t_0=t'$，则
$$F[f(t-t_0)]=\int_{-\infty}^{\infty}f(t')e^{-j\omega(t'+t_0)}dt'$$
$$=e^{-j\omega t_0}\int_{-\infty}^{\infty}f(t')e^{-j\omega t'}dt'=F(j\omega)e^{-j\omega t_0}$$

3. 频移特性

若
$$f(t)\leftrightarrow F(j\omega)$$
则
$$f(t)e^{\pm j\omega_c t}\leftrightarrow F[j(\omega\mp\omega_c)] \quad (3.5.3)$$

【证明】 $F[f(t)e^{j\omega_c t}]=\int_{-\infty}^{\infty}f(t)e^{j\omega_c t}e^{-j\omega t}dt=F[j(\omega\mp\omega_c)]$

该性质说明，一个信号在时域中与因子 $e^{j\omega_c t}$ 相乘，等效于在频域中将整个频谱向频率增加方向搬移 ω_c。

在上节中求复指数信号的傅里叶变换时，可在直流信号傅里叶变换对的基础上，应用频移性直接得到。即根据 $1\leftrightarrow 2\pi\delta(\omega)$，由频移性得 $F(e^{j\omega_c t})=2\pi\delta(\omega-\omega_c)$。

【例 3.5.2】 已知 $f(t)\leftrightarrow F(j\omega)$，求 $f(t)\cos(\omega_c t)$ 的频谱。

【解】 利用欧拉公式和傅里叶变换频移性：
$$F[f(t)\cos(\omega_c t)]=F\left[f(t)\frac{e^{j\omega_c t}+e^{-j\omega_c t}}{2}\right]$$
$$=\frac{1}{2}F[j(\omega-\omega_c)]+\frac{1}{2}F[j(\omega+\omega_c)]$$

若 $f(t)$ 是门函数,可以画出 $f(t)\cos(\omega_c t)$ 频谱的示意图,如图 3.5.1 所示。

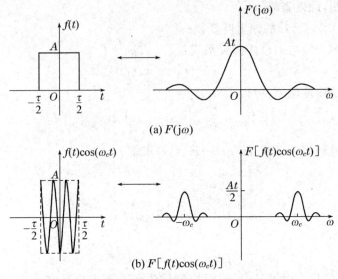

(a) $F(j\omega)$

(b) $F[f(t)\cos(\omega_c t)]$

图 3.5.1 门函数乘以正弦函数后频谱的变换

从图上可看出,一个信号在时域中与频率为 ω_c 的余弦函数相乘,等效于在频域中将频谱同时向频率正、负方向搬移 ω_c,这个频率搬移的过程,就是通信中调幅的过程。这里,信号 $f(t)$ 是调制信号,$\cos(\omega_c t)$ 称为载波,$f(t)\cos(\omega_c t)$ 是已调高频信号。所以,调幅的过程反映在时域中是用高频正弦函数去乘调制信号,反映在频域中则是把调制信号的频谱分别左、右搬移频率 ω_c。值得注意的是,搬移过程中信号频谱结构保持不变。

【例 3.5.3】 求 $f(t)=e^{-\alpha t}\varepsilon(t)\sin(\omega_c t)(\alpha>0)$ 的频谱函数。

【解】 因为

$$f(t)=e^{-\alpha t}\varepsilon(t)\frac{e^{j\omega_c t}-e^{-j\omega_c t}}{2j}$$

又

$$e^{-\alpha t}\varepsilon(t)\leftrightarrow\frac{1}{\alpha+j\omega}$$

所以

$$F(j\omega)=\frac{1}{2j}\left[\frac{1}{\alpha+j(\omega-\omega_c)}-\frac{1}{\alpha+j(\omega+\omega_c)}\right]$$

$$=\frac{\omega_c}{(\alpha+j\omega)^2+\omega_c^2}$$

4. 尺度变换特性

若

$$f(t)\leftrightarrow F(j\omega)$$

则

$$f(at)\leftrightarrow\frac{1}{|a|}F\left(j\frac{\omega}{a}\right) \tag{3.5.4}$$

【证明】 $F[f(at)] = \int_{-\infty}^{\infty} f(at)e^{-j\omega t} dt$

$$\xlongequal{at=t'} \begin{cases} \int_{-\infty}^{\infty} f(t')e^{-j\frac{\omega t'}{a}} d\frac{t'}{a} & (a>0) \\ \int_{\infty}^{-\infty} f(t')e^{-j\frac{\omega t'}{a}} d\frac{t'}{a} & (a<0) \end{cases}$$

$$= \frac{1}{|a|} \int_{-\infty}^{\infty} f(t')e^{-j\frac{\omega t'}{a}} dt'$$

$$= \frac{1}{|a|} F\left(\frac{j\omega}{a}\right)$$

该性质表明:若信号 $f(t)$ 在时间坐标轴上压缩到原来的 $\frac{1}{a}$,其频谱函数在频率坐标上将展宽 a 倍,同时,其幅度减小为原来的 $\frac{1}{|a|}$。也就是说,在时域中信号占据时间的压缩对应于其频谱在频域中频带的扩展,或者反之,信号在时域中的扩展对应于其频谱在频域中的压缩。这一规律称为尺度变换特性或时频展缩特性。图 3.5.2 为门信号 $f\left(\frac{t}{2}\right)$、$f(t)$ 与 $f(2t)$ 的时域波形及频谱图,可以直观地看出,时域上的压缩与扩展及其频谱函数在频域中的变化有一个比例关系。

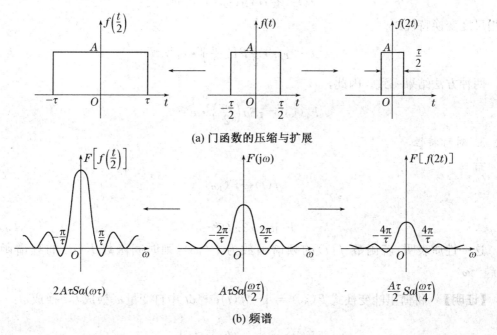

(a) 门函数的压缩与扩展

(b) 频谱

图 3.5.2 门函数的压缩与扩展及其频谱

特别地,式(3.5.4)中,若令 $a=-1$,得

$$f(-t) \leftrightarrow F(-j\omega) \tag{3.5.5}$$

与式(3.3.12)相符合,称为折叠性。

【例 3.5.4】 已知 $f(t)$ 的频谱函数为 $F(j\omega) = 2\tau Sa(\omega\tau) \cdot e^{-j3\omega\tau}$,求 $f_1(t) =$

$f[2(t-1.5\tau)]$ 的频谱函数 $F_1(j\omega)$。

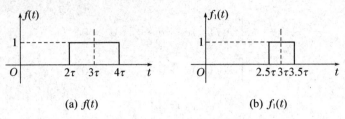

(a) $f(t)$ (b) $f_1(t)$

图 3.5.3 例 3.5.4 图

【解】 由图 3.5.3 可知，原函数 $f(t)$ 需经尺度变换和时移两步，才可得 $f_1(t) = f[2(t-1.5\tau)]$，根据这两步的先后次序，考虑如下两种做法。

（1）先用尺度变换特性：

$$f(2t) \leftrightarrow \frac{1}{2}F\left(j\frac{\omega}{2}\right)$$

再用时移性：

$$f[2(t-1.5\tau)] \leftrightarrow \frac{1}{2}F\left(j\frac{\omega}{2}\right) \cdot e^{-j1.5\omega\tau}$$

（2）先用时移性：

$$f(t-3\tau) \leftrightarrow F(j\omega) \cdot e^{-j3\omega\tau}$$

再用尺度变换特性：

$$f(2t-3\tau) \leftrightarrow \frac{1}{2}F\left(j\frac{\omega}{2}\right) \cdot e^{-j1.5\omega\tau}$$

两种方法结果一致。因此，

$$F_1(j\omega) = \tau Sa\left(\frac{\omega\tau}{2}\right) \cdot e^{-j3\omega\tau}$$

5. 对称特性

若

$$f(t) \leftrightarrow F(j\omega)$$

则

$$F(jt) \leftrightarrow 2\pi f(-\omega) \tag{3.5.6}$$

这一性质表明：若函数 $f(t)$ 的频谱函数为 $F(j\omega)$，则时间函数 $F(jt)$ 的频谱函数为 $2\pi f(-\omega)$。

【证明】 将傅里叶变换式 $F(j\omega) = \int_{-\infty}^{\infty} f(t)e^{-j\omega t}dt$ 中自变量 ω 换成 t，t 换成 ω：

$$F(jt) = \int_{-\infty}^{\infty} f(\omega)e^{-j\omega t}d\omega$$

再将 ω 换成 $-\omega$ 得

$$F(jt) = \frac{1}{2\pi}\int_{\infty}^{-\infty}[2\pi f(-\omega)] \cdot e^{j\omega t}d(-\omega) = \frac{1}{2\pi}\int_{-\infty}^{\infty}[2\pi f(-\omega)] \cdot e^{j\omega t}d\omega$$

根据傅里叶变换的定义即得

$$F(jt) \leftrightarrow 2\pi f(-\omega)$$

如果 $f(t)$ 是 t 的实偶函数,则其频谱函数是 ω 的实偶函数,则
$$F(t) \leftrightarrow 2\pi f(\omega)$$

例如,符号函数 $\mathrm{sgn}(t)$ 的傅里叶变换为 $\dfrac{2}{\mathrm{j}\omega}$,由对称性可得,时域函数 $\dfrac{2}{\mathrm{j}t}$ 的傅里叶变换为 $2\pi\mathrm{sgn}(-\omega)$。符号函数 $\mathrm{sgn}(\omega)$ 是 ω 的奇函数,即 $\mathrm{sgn}(-\omega)=-\mathrm{sgn}(\omega)$,因此实函数 $\dfrac{1}{t}$ 的傅里叶变换为 $-\mathrm{j}\pi\mathrm{sgn}(\omega)$。

再比如,单位阶跃函数 $\varepsilon(t)$ 的傅里叶变换为 $\pi\delta(\omega)+\dfrac{1}{\mathrm{j}\omega}$,由对称性可得,时域函数 $\pi\delta(t)+\dfrac{1}{\mathrm{j}t}$ 的傅里叶变换为 $2\pi\varepsilon(-\omega)$,根据傅里叶变换的折叠性,可得 $\varepsilon(\omega)$ 的傅里叶逆变换为 $\dfrac{1}{2\pi}\left[\pi\delta(t)-\dfrac{1}{\mathrm{j}t}\right]$。

【例 3.5.5】 求抽样函数 $f(t)=Sa(t)$ 的频谱函数。

【解】 直接利用傅里叶变换的定义不易求出 $Sa(t)$ 的傅里叶变换,利用对称性则较为方便。由门信号变换对:
$$G_\tau(t) \leftrightarrow \tau Sa\left(\dfrac{\omega\tau}{2}\right)$$

利用傅里叶变换的对称性,得
$$\tau Sa\left(\dfrac{t\tau}{2}\right) \leftrightarrow 2\pi G_\tau(\omega)$$

式中,令
$$\dfrac{\tau}{2}=1,\tau=2$$

得
$$Sa(t) \leftrightarrow \pi G_2(\omega)$$

6. 微分性质

这里的傅里叶变换微分性包括两个方面:时域微分性质和频域微分性质。

(1) 时域微分性质

若
$$f(t) \leftrightarrow F(\mathrm{j}\omega)$$

则
$$\dfrac{\mathrm{d}f(t)}{\mathrm{d}t} \leftrightarrow \mathrm{j}\omega F(\mathrm{j}\omega) \tag{3.5.7}$$

其中,$f(t)$ 必须满足可积的条件:
$$\int_{-\infty}^{\infty} f(t)\mathrm{d}t < \infty$$

【证明】 根据傅里叶逆变换定义式
$$f(t)=\dfrac{1}{2\pi}\int_{-\infty}^{\infty} F(\mathrm{j}\omega)\mathrm{e}^{\mathrm{j}\omega t}\mathrm{d}\omega$$

上式两端对 t 求微分,从而得

$$\frac{\mathrm{d}f(t)}{\mathrm{d}t} = \frac{1}{2\pi}\int_{-\infty}^{\infty} F(\mathrm{j}\omega) \frac{\mathrm{d}e^{\mathrm{j}\omega t}}{\mathrm{d}t}\mathrm{d}\omega$$

$$= \frac{1}{2\pi}\int_{-\infty}^{\infty}[\mathrm{j}\omega F(\mathrm{j}\omega)]e^{\mathrm{j}\omega t}\mathrm{d}\omega = F^{-1}[\mathrm{j}\omega F(\mathrm{j}\omega)]$$

此性质表明,在时域中对信号 $f(t)$ 求导,对应于频域中用 $\mathrm{j}\omega$ 乘以 $f(t)$ 的频谱函数(满足其应用条件)。如果应用此性质对微分方程两端求傅里叶变换,可将微分方程变换成代数方程,从理论上来讲,为微分方程的求解找到一种新的方法。

此性质还可推广到 $f(t)$ 的 n 阶导数,即

$$\frac{\mathrm{d}^n f(t)}{\mathrm{d}t^n} \leftrightarrow (\mathrm{j}\omega)^n F(\mathrm{j}\omega) \tag{3.5.8}$$

(2) 频域微分性质

若

$$f(t) \leftrightarrow F(\mathrm{j}\omega)$$

则

$$-\mathrm{j}tf(t) \leftrightarrow \frac{\mathrm{d}F(\mathrm{j}\omega)}{\mathrm{d}\omega} \tag{3.5.9}$$

【证明】 根据傅里叶正变换定义 $F(\mathrm{j}\omega) = \int_{-\infty}^{\infty} f(t)e^{-\mathrm{j}\omega t}\mathrm{d}t$,有

$$\frac{\mathrm{d}F(\mathrm{j}\omega)}{\mathrm{d}\omega} = \int_{-\infty}^{\infty} f(t)\frac{\mathrm{d}e^{-\mathrm{j}\omega t}}{\mathrm{d}\omega}\mathrm{d}t = \int_{-\infty}^{\infty}[-\mathrm{j}tf(t)]e^{-\mathrm{j}\omega t}\mathrm{d}t = F[-\mathrm{j}tf(t)]$$

这个性质同样可重复使用而推广到 n 阶导数:

$$(-\mathrm{j}t)^n f(t) \leftrightarrow \frac{\mathrm{d}^n F(\mathrm{j}\omega)}{\mathrm{d}\omega^n} \tag{3.5.10}$$

7. 卷积定理

这里的卷积同样分为时域卷积和频域卷积两种。

(1) 时域卷积

若

$$f_1(t) \leftrightarrow F_1(\mathrm{j}\omega), f_2(t) \leftrightarrow F_2(\mathrm{j}\omega)$$

则

$$f_1(t) * f_2(t) \leftrightarrow F_1(\mathrm{j}\omega) \cdot F_2(\mathrm{j}\omega) \tag{3.5.11}$$

【证明】 依据卷积积分的定义 $f_1(t) * f_2(t) = \int_{-\infty}^{\infty} f_1(\tau)f_2(t-\tau)\mathrm{d}\tau$,有

$$F[f_1(t) * f_2(t)] = \int_{-\infty}^{\infty}\left[\int_{-\infty}^{\infty} f_1(\tau)f_2(t-\tau)\mathrm{d}\tau\right]e^{-\mathrm{j}\omega t}\mathrm{d}t$$

$$\xrightarrow{\text{交换}t,\tau\text{积分次序}} \int_{-\infty}^{\infty} f_1(\tau)\left[\int_{-\infty}^{\infty} f_2(t-\tau)e^{-\mathrm{j}\omega t}\mathrm{d}t\right]\mathrm{d}\tau$$

由时移性知:

$$\int_{-\infty}^{\infty} f_2(t-\tau)e^{-\mathrm{j}\omega t}\mathrm{d}t = F_2(\mathrm{j}\omega)e^{-\mathrm{j}\omega\tau}$$

因此

$$F[f_1(t) * f_2(t)] = \int_{-\infty}^{\infty} f_1(\tau)F_2(\mathrm{j}\omega)e^{-\mathrm{j}\omega\tau}\mathrm{d}\tau = F_1(\mathrm{j}\omega) \cdot F_2(\mathrm{j}\omega)$$

【注意】 两个相卷积的函数不能都是非脉冲函数。

(2) 频域卷积

若
$$f_1(t) \leftrightarrow F_1(j\omega), f_2(t) \leftrightarrow F_2(j\omega)$$

则
$$f_1(t) \cdot f_2(t) \leftrightarrow \frac{1}{2\pi} F_1(j\omega) * F_2(j\omega) \tag{3.5.12}$$

【证明】 根据卷积积分的定义：
$$F_1(j\omega) * F_2(j\omega) = \int_{-\infty}^{\infty} F_1(j\Omega) F_2[j(\omega - \Omega)] d\Omega$$

应注意，这里的卷积是对变量 ω 进行的。

根据傅里叶逆变换的定义式有
$$F^{-1}\left[\frac{1}{2\pi} F_1(j\omega) * F_2(j\omega)\right] = \frac{1}{2\pi} \int_{-\infty}^{\infty} \left\{\frac{1}{2\pi} \int_{-\infty}^{\infty} F_1(j\Omega) F_2[j(\omega - \Omega)] d\Omega\right\} e^{j\omega t} d\omega$$
$$= \frac{1}{2\pi} \int_{-\infty}^{\infty} F_1(j\Omega) \left\{\frac{1}{2\pi} \int_{-\infty}^{\infty} F_2[j(\omega - \Omega)] e^{j\omega t} d\omega\right\} d\Omega$$

应用频移性质，可知
$$\frac{1}{2\pi} \int_{-\infty}^{\infty} F_2[j(\omega - \Omega)] e^{j\omega t} d\omega = f_2(t) e^{j\Omega t}$$

因此
$$F^{-1}\left[\frac{1}{2\pi} F_1(j\omega) * F_2(j\omega)\right] = \frac{1}{2\pi} \int_{-\infty}^{\infty} F_1(j\Omega) f_2(t) e^{j\Omega t} d\Omega$$
$$= f_2(t) \left[\frac{1}{2\pi} \int_{-\infty}^{\infty} F_1(j\Omega) e^{j\Omega t} d\Omega\right] = f_1(t) \cdot f_2(t)$$

频域卷积性质有时也称为时域相乘性质。式中 $\frac{1}{2\pi}$ 是由傅里叶逆变换引入的一个尺度因子。

因此对于例 3.5.3，可将 $f(t)\cos(\omega_c t)$ 看成两个函数 $f(t)$ 和 $\cos(\omega_c t)$ 的乘积，利用频域卷积性质求解：
$$F[f(t)\cos(\omega_c t)] = \frac{1}{2\pi} F[f(t)] * F[\cos(\omega_c t)]$$

由于 $\cos(\omega_c t) \leftrightarrow \pi[\delta(\omega + \omega_c) + \delta(\omega - \omega_c)]$，因此，
$$F[f(t)\cos(\omega_c t)] = \frac{1}{2} F(j\omega) * \delta(\omega + \omega_c) + \frac{1}{2} F(j\omega) * \delta(\omega - \omega_c)$$
$$= \frac{1}{2} F[j(\omega - \omega_c)] + \frac{1}{2} F[j(\omega + \omega_c)]$$

8. 积分性质

这里的积分性质包含时域积分性质和频域积分性质。

(1) 时域积分性质

若
$$f(t) \leftrightarrow F(j\omega)$$

则

$$\int_{-\infty}^{t} f(\tau)d\tau \leftrightarrow \pi F(0)\delta(\omega) + \frac{F(j\omega)}{j\omega} \quad (3.5.13)$$

【证明】 因为

$$\int_{-\infty}^{t} f(\tau)d\tau = \int_{-\infty}^{t} f(\tau) * \delta(\tau)d\tau = f(t) * \varepsilon(t)$$

应用时域卷积性质有

$$F\left[\int_{-\infty}^{t} f(\tau)d\tau\right] = F(j\omega) \cdot \left[\pi\delta(\omega) + \frac{1}{j\omega}\right]$$

$$= \pi F(0)\delta(\omega) + \frac{F(j\omega)}{j\omega}$$

$$= \begin{cases} \pi F(0)\delta(\omega) & (\omega = 0) \\ \dfrac{F(j\omega)}{j\omega} & (\omega \neq 0) \end{cases}$$

如果 $F(0)=0$，或者 $F(0)$ 虽不为 0 但将 $\omega=0$ 一点除去不计，则时域积分性可写为

$$\int_{-\infty}^{t} f(\tau)d\tau \leftrightarrow \frac{F(j\omega)}{j\omega} \quad (3.5.14)$$

【例 3.5.6】 梯形脉冲如图 3.5.4 所示，脉冲幅度为 1，顶部宽度为 2，底部宽度为 4，关于 $t=2$ 对称，求其傅里叶变换。

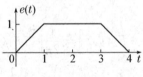

图 3.5.4 梯形脉冲

【解】 本题有若干种解法。例如根据傅里叶正变换公式计算，其中 $e(t)$ 分为三段，积分也需分段进行。但若应用傅里叶变换的性质求解，更为简便。对梯形脉冲进行两次微分，它的一阶导数如图 3.5.5(a) 所示，是高度为 1 的正、负两个矩形脉冲，它的二阶导数如图 3.5.5(b) 所示。

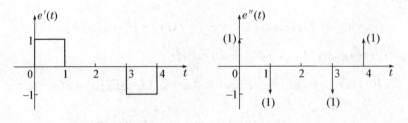

(a) 梯形脉冲的一阶导数　　(b) 梯形脉冲的二阶导数

图 3.5.5 梯形脉冲的导数

显然其二阶导数是强度为 1 的四个正负冲激，即

$$e''(t) = \delta(t) - \delta(t-1) - \delta(t-3) + \delta(t-4)$$

$e''(t)$ 的傅里叶变换为

$$e''(t) \leftrightarrow 1-\mathrm{e}^{-\mathrm{j}\omega}-\mathrm{e}^{-\mathrm{j}3\omega}+\mathrm{e}^{-\mathrm{j}4\omega}$$

考虑到

$$F[e''(t)]|_{\omega=0}=0$$

利用傅里叶变换的积分性质得

$$e'(t) \leftrightarrow \frac{1-\mathrm{e}^{-\mathrm{j}\omega}-\mathrm{e}^{-\mathrm{j}3\omega}+\mathrm{e}^{-\mathrm{j}4\omega}}{\mathrm{j}\omega}$$

此时

$$F[e'(t)]|_{\omega=0}=0$$

再利用一次傅里叶变换的积分性,最终得到

$$e(t) \leftrightarrow \frac{1-\mathrm{e}^{-\mathrm{j}\omega}-\mathrm{e}^{-\mathrm{j}3\omega}+\mathrm{e}^{-\mathrm{j}4\omega}}{(\mathrm{j}\omega)^2}$$

结论:对于有些信号,特别是分段折线组成的信号,其导函数的傅里叶变换往往很容易求解。一般经过两次微分以后都能化为冲激函数,冲激函数的频谱十分简单,可直接写出。而这类由封闭折线组成的脉冲函数,其一阶和二阶导数的频谱函数在 $\omega=0$ 处的值均为零,于是利用积分特性,这种脉冲函数的频谱也就很容易求得。任意一个复杂脉冲波,总可以用若干直线段组成的折线去近似表示,这也就提供了一种近似求解任意脉冲波频谱的方法。

【注意】 常数的导数为零,所以由导函数通过积分求得的信号与原信号之间,可能会相差一个积分常数。如图 3.5.6(a)、(b)、(c)所示的信号 $g_1(t)$、$g_2(t)$、$g_3(t)$,其导数均为图 3.5.6(d)所示的矩形脉冲 $f(t)$。

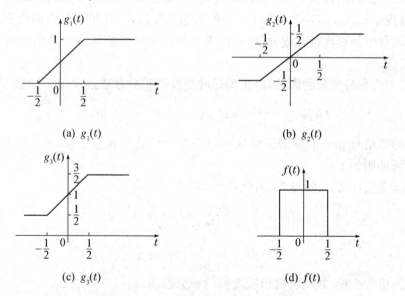

图 3.5.6 三角信号具有相同的导函数

而由图 3.5.6(d)经积分恢复的原信号则为 $g_1(t)$:

$$g_1(t)=\int_{-\infty}^{t}f(\tau)\mathrm{d}\tau$$

图中 $g_2(t)$、$g_3(t)$ 与 $g_1(t)$ 相差的积分常数分别为 $-\frac{1}{2}$ 及 $\frac{1}{2}$。

导函数 $f(t)$ 的傅里叶变换 $F(j\omega) = Sa\left(\dfrac{\omega}{2}\right)$，根据积分性质，有

$$F(0) = Sa\left(\dfrac{\omega}{2}\right)\bigg|_{\omega=0} = 1$$

求得 $g_1(t)$ 的频谱 $G_1(j\omega)$：

$$G_1(j\omega) = F\left[\int_{-\infty}^{t} f(\tau)d\tau\right] = \pi\delta(\omega) + \dfrac{1}{j\omega}Sa\left(\dfrac{\omega}{2}\right)$$

$g_2(t)$、$g_3(t)$ 与 $g_1(t)$ 的关系式为

$$g_2(t) = g_1(t) - \dfrac{1}{2},\quad g_3(t) = g_1(t) + \dfrac{1}{2}$$

即

$$g_2(t) = \int_{-\infty}^{t} f(\tau)d\tau - \dfrac{1}{2},\quad g_3(t) = \int_{-\infty}^{t} f(\tau)d\tau + \dfrac{1}{2}$$

利用傅里叶变换的线性性，得 $g_2(t)$ 的频谱为

$$G_2(j\omega) = F\left[\int_{-\infty}^{t} f(\tau)d\tau\right] - F\left[\dfrac{1}{2}\right] = \dfrac{1}{j\omega}Sa\left(\dfrac{\omega}{2}\right)$$

$g_3(t)$ 的频谱为

$$G_3(j\omega) = F\left[\int_{-\infty}^{t} f(\tau)d\tau\right] + F\left[\dfrac{1}{2}\right] = 2\pi\delta(\omega) + \dfrac{1}{j\omega}Sa\left(\dfrac{\omega}{2}\right)$$

若想要由导函数的频谱 $F(j\omega)$ 直接导出 $g_2(t)$ 及 $g_3(t)$ 的频谱，可考虑以下两种方法。

方法一：观察 $G_1(j\omega)$、$G_2(j\omega)$ 及 $G_3(j\omega)$ 的表达式发现，三者相差冲激函数项。所以可以事先判断原函数中是否含有直流分量，从而确定其傅里叶函数是否含冲激项及其冲激强度大小。

方法二：考虑积分常数的影响，修正傅里叶变换的积分性质公式，此时积分性应修正为

$$G(j\omega) = \dfrac{F(j\omega)}{j\omega} + \pi[g(\infty) + g(-\infty)]\delta(\omega)$$

式中，$G(j\omega)$ 即原信号 $g(t)$ 的频谱函数，$g(\infty)$、$g(-\infty)$ 为原函数 $g(t)$ 在 t 趋于 $\pm\infty$ 时的极限值。此式可证明如下：

因为 $f(t)$ 是 $g(t)$ 的一阶导数，因此

$$\int_{-\infty}^{t} f(\tau)d\tau = \int_{-\infty}^{t} \dfrac{dg(\tau)}{d\tau}d\tau = g(t) - g(-\infty)$$

$$\Rightarrow g(t) = \int_{-\infty}^{t} f(\tau)d\tau + g(-\infty)$$

两边作傅里叶变换，并结合傅里叶变换的积分性质，得

$$G(j\omega) = F\left[\int_{-\infty}^{t} f(\tau)d\tau\right] + F[g(-\infty)]$$

$$= \pi F(0)\delta(\omega) + \dfrac{F(j\omega)}{j\omega} + 2\pi g(-\infty)\delta(\omega)$$

$$F(0) = \int_{-\infty}^{\infty} f(t)e^{-j\omega t}dt\bigg|_{\omega=0} = \int_{-\infty}^{\infty} dg(t) = g(\infty) - g(-\infty)$$

因此，

$$G(j\omega) = \frac{F(j\omega)}{j\omega} + \pi[g(\infty) + g(-\infty)]\delta(\omega)$$

(2) 频域积分性质

若
$$f(t) \leftrightarrow F(j\omega)$$

则
$$\pi f(0)\delta(t) - \frac{f(t)}{jt} \leftrightarrow \int_{-\infty}^{\omega} F(j\Omega) d\Omega \tag{3.5.15}$$

【证明】 利用冲激函数的性质及卷积的积分性：

$$\int_{-\infty}^{\omega} F(j\Omega) d\Omega = \int_{-\infty}^{\omega} F(j\Omega) * \delta(\Omega) d\Omega = F(j\omega) * \varepsilon(\omega)$$

在介绍对称性时曾举例得到过

$$\frac{1}{2\pi}\left[\pi\delta(t) - \frac{1}{jt}\right] \leftrightarrow \varepsilon(\omega)$$

因此，根据频域卷积性质有

$$f(t) \cdot \frac{1}{2\pi}\left[\pi\delta(t) - \frac{1}{jt}\right] \leftrightarrow \frac{1}{2\pi} F(j\omega) * \varepsilon(\omega)$$

化简左边式子，得

$$\pi f(0)\delta(t) - \frac{f(t)}{jt} \leftrightarrow \int_{-\infty}^{\omega} F(j\Omega) d\Omega$$

9. 帕色伐尔(Parseval)定理与能量谱

前面学习了周期信号和非周期信号的频谱(包括振幅谱和相位谱)，这是在频域中描述信号的一种方法，它反映信号所含分量的幅度和相位在频域中的分布情况。

在频域中还可以用功率谱和能量谱来描述信号的特性，它反映信号的功率或能量在频域中的分布情况。

接下来将从能量的角度来考察信号时域和频域特性间的关系。对于能量为无限大而功率为有限值的功率信号，考察信号功率在时域和频域中的表示式。周期信号就是常见的功率信号。对于平均功率为零而能量为有限值的能量信号，考察能量在时域和频域中的表示式以及信号能量在各频率分量中的分布。非周期的单脉冲信号就是常见的能量信号。对于一般的信号 $f(t)$，能量或功率一般是指在单位电阻上消耗的能量或功率。

利用周期信号 $f(t)$ 的傅里叶级数展开式，周期信号 $f(t)$ 的平均功率在时域的表达式为

$$\overline{f^2}(t) = \frac{1}{T}\int_0^T f^2(t) dt = \frac{1}{T}\int_{-\frac{T}{2}}^{\frac{T}{2}} \left(\frac{1}{2}\sum_{n=-\infty}^{\infty} \dot{A}_n e^{jn\Omega t}\right)^2 dt \tag{3.5.16}$$

$$= \frac{1}{4T}\int_{-\frac{T}{2}}^{\frac{T}{2}} \left(\sum_{n=-\infty}^{\infty} \dot{A}_n e^{jn\Omega t}\right)^2 dt$$

被积函数 $\left(\sum_{n=-\infty}^{\infty} \dot{A}_n e^{jn\Omega t}\right)^2$ 是和式的平方运算，展开后包含：

$$\begin{cases} (\dot{A}_n e^{jn\Omega t}) \cdot (\dot{A}_{-n} e^{-jn\Omega t}) = |\dot{A}_n|^2 = A_n^2 \\ (\dot{A}_n e^{jn\Omega t}) \cdot (\dot{A}_m e^{jm\Omega t}) \quad (m \neq -n) \end{cases}$$

因此，

$$\overline{f^2}(t) = \frac{1}{4T} \sum_{n=-\infty}^{\infty} \int_{-\frac{T}{2}}^{\frac{T}{2}} (\dot{A}_n e^{jn\Omega t}) \cdot (\dot{A}_{-n} e^{-jn\Omega t}) dt$$

$$= \frac{1}{4T} \sum_{n=-\infty}^{\infty} A_n^2 \int_{-\frac{T}{2}}^{\frac{T}{2}} dt = \sum_{n=-\infty}^{\infty} \left(\frac{A_n}{2}\right)^2$$

也就是

$$\overline{f^2}(t) = \frac{1}{T}\int_0^T f^2(t)dt = \sum_{n=-\infty}^{\infty} \left(\frac{A_n}{2}\right)^2 = \left(\frac{A_0}{2}\right)^2 + \frac{1}{2}\sum_{n=1}^{\infty} A_n^2 \qquad (3.5.17)$$

式中，A_0 是信号中的直流分量，A_n 是信号傅里叶级数展开式中的第 n 次谐波的振幅。式(3.5.17)说明信号的功率等效于各频率分量功率和，其中每一谐波分量的功率为 $\frac{1}{2}A_n^2$。

实际上，周期信号的功率等于该信号在完备正交函数集中各分量功率之和，这就是帕色伐尔定理。

对于能量信号，特别是非周期的单脉冲信号 $f(t)$，其能量表达式为

$$W = \int_{-\infty}^{\infty} f^2(t)dt \qquad (3.5.18)$$

根据傅里叶逆变换定义式，式(3.5.18)可写为

$$W = \int_{-\infty}^{\infty} f(t) \left[\frac{1}{2\pi}\int_{-\infty}^{\infty} F(j\omega)e^{j\omega t}d\omega\right]dt$$

因为 t 和 ω 是两个相互独立的变量，上式可以交换积分次序而写为

$$W = \frac{1}{2\pi}\int_{-\infty}^{\infty} \left[F(j\omega)\int_{-\infty}^{\infty} f(t)e^{j\omega t}dt\right]d\omega$$

$$= \frac{1}{2\pi}\int_{-\infty}^{\infty} F(j\omega) \left[\int_{-\infty}^{\infty} f(t)e^{-j\omega t}dt\right]^* d\omega$$

$$= \frac{1}{2\pi}\int_{-\infty}^{\infty} F(j\omega)F^*(j\omega)d\omega = \frac{1}{2\pi}\int_{-\infty}^{\infty} |F(j\omega)|^2 d\omega$$

也就是

$$W = \int_{-\infty}^{\infty} f^2(t)dt = \frac{1}{2\pi}\int_{-\infty}^{\infty} |F(j\omega)|^2 d\omega \qquad (3.5.19)$$

式(3.5.19)是非周期信号的能量等式，是帕色伐尔定理对非周期信号的表现形式，称为雷利定理。该等式表明非周期信号在时域中求得的信号能量与在频域中求得的信号能量相等。所以信号能量可以从时域中积分得到，也可以在频域中进行积分得到。

非周期单脉冲信号是由无限多个振幅为无限小的频率分量组成的，各频率分量的能量也是无穷小量。为了表明信号能量在频域中的分布，和之前分析振幅频谱的方法类似，可以借助于密度的概念，定义一个能量密度频谱函数，简称能量频谱，用来描述某个角频率 ω 处的单位频带中的能量，用 $G(\omega)$ 表示，

$$W = \int_0^{\infty} G(\omega)d\omega \qquad (3.5.20)$$

对比式(3.5.19)，可知能量频谱与振幅频谱间存在关系：

$$G(\omega) = \frac{1}{\pi}|F(j\omega)|^2 \qquad (3.5.21)$$

因此，能量谱的形状与幅度谱的平方相同，而与相位无关。显然，如果信号在时间上移位，不会影响能量谱的形状。

以上讨论的傅里叶变换的性质列于表 3.5.1，以便查阅。

表 3.5.1　傅里叶变换的基本性质

序号	性质名称	时域 $f(t)$	频域 $F(j\omega)$
1	线性	$a_1 f_1(t) + a_2 f_2(t)$	$a_1 F_1(j\omega) + a_2 F_2(j\omega)$
2	延迟	$f(t \pm t_0)$	$F(j\omega) e^{\pm j\omega t_0}$
3	频移	$f(t) e^{\pm j\omega_c t}$	$F[j(\omega \mp \omega_c)]$
4	尺度变换	$f(at)$	$\dfrac{1}{\|a\|} F\left(j\dfrac{\omega}{a}\right)$
5	折叠	$f(-t)$	$F(-j\omega)$
6	对称	$F(jt)$	$2\pi f(-\omega)$
7	时域微分	$\dfrac{d^n [f(t)]}{dt^n}$	$(j\omega)^n F(j\omega)$
8	频域微分	$(-jt)^n f(t)$	$\dfrac{d^n [F(j\omega)]}{d\omega^n}$
9	时域卷积	$f_1(t) * f_2(t)$	$F_1(j\omega) \cdot F_2(j\omega)$
10	频域卷积	$f_1(t) \cdot f_2(t)$	$\dfrac{1}{2\pi} F_1(j\omega) * F_2(j\omega)$
11	时域积分	$\displaystyle\int_{-\infty}^{t} f(\tau) d\tau$	$\pi F(0) \delta(\omega) + \dfrac{F(j\omega)}{j\omega}$
12	频域积分	$\pi f(0) \delta(t) - \dfrac{f(t)}{jt}$	$\displaystyle\int_{-\infty}^{\omega} F(j\Omega) d\Omega$
13	帕色伐尔	$\displaystyle\int_{-\infty}^{\infty} f^2(t) dt$	$\dfrac{1}{2\pi} \displaystyle\int_{-\infty}^{\infty} \|F(j\omega)\|^2 d\omega$

深刻理解并灵活应用常用信号的傅里叶变换和傅里叶变换的主要性质，对求信号的频谱函数非常重要。

3.6 频域系统函数

3.6.1 频域系统函数的定义

第二章系统的时域分析法介绍了对一个线性时不变系统外加激励信号 $e(t)$，系统的单位冲激响应若为 $h(t)$，则该系统的零状态响应为 $r_{zs}(t)=e(t)*h(t)$，该式两边进行傅里叶变换，定义

$$H(j\omega)=F[h(t)] \tag{3.6.1}$$

上式为系统单位冲激响应 $h(t)$ 的傅里叶变换，称为频域系统函数，它与 $h(t)$ 一样，是由系统本身所确定的。$e(t)$ 的傅里叶变换表示为 $E(j\omega)$，零状态响应 $r_{zs}(t)$ 的频谱函数用 $R_{zs}(j\omega)$ 表示，利用傅里叶变换的时域卷积性质，有

$$R_{zs}(j\omega)=E(j\omega)\cdot H(j\omega) \tag{3.6.2}$$

即

$$H(j\omega)=\frac{R_{zs}(j\omega)}{E(j\omega)} \tag{3.6.3}$$

系统函数 $H(j\omega)$ 等于零状态响应的频谱函数 $R_{zs}(j\omega)$ 与输入激励的频谱函数 $E(j\omega)$ 之比，即电路分析中的网络函数或传输函数。随着激励信号与待求响应的关系不同，在电路分析中 $H(j\omega)$ 将有不同的含义。

3.6.2 系统函数的求法

频域系统函数的求取可以采用以下四种方法。

方法一：已知系统的单位冲激响应时，应用其物理意义求取 $H(j\omega)=F[h(t)]$。

方法二：给定系统时域常系数微分方程

$$(p^n+a_{n-1}p^{n-1}+\cdots+a_1p+a_0)r_{zs}(t)$$
$$=(b_mp^m+b_{m-1}p^{m-1}+\cdots+b_1p+b_0)e(t)$$

对方程两边作傅里叶变换：

$$[(j\omega)^n+a_{n-1}(j\omega)^{n-1}+\cdots+a_1(j\omega)+a_0]R_{zs}(j\omega)$$
$$=[b_m(j\omega)^m+b_{m-1}(j\omega)^{m-1}+\cdots+b_1(j\omega)^1+b_0]E(j\omega)$$

根据式(3.6.3)得

$$H(j\omega)=\frac{R_{zs}(j\omega)}{E(j\omega)}=\frac{b_m(j\omega)^m+b_{m-1}(j\omega)^{m-1}+\cdots+b_1(j\omega)+b_0}{(j\omega)^n+a_{n-1}(j\omega)^{n-1}+\cdots+a_1(j\omega)+a_0}$$

方法三：直接由传输算子写。对比第二章中系统传输算子 $H(p)$ 的表达式，

$$H(p)=\frac{b_mp^m+b_{m-1}p^{m-1}+\cdots+b_1p+b_0}{p^n+a_{n-1}p^{n-1}+\cdots+a_1p+a_0}$$

可见，只需将传输算子 $H(p)$ 表达式中的变量 p 换成 $j\omega$ 就得到 $H(j\omega)$，即

$$H(p)\xrightarrow{p\to j\omega}H(j\omega)$$

方法四：已知系统的电路模型，应用等效电路图法（电感以 $j\omega L$ 表示，电容以 $\frac{1}{j\omega C}$ 表示），依据电路理论的基本定理和基本方法（例如：基尔霍夫定律、叠加定理、戴维南定理、支路法、回路法、节点法等）求出 $H(j\omega)$。

【**例 3.6.1**】 如图 3.6.1(a)所示，单位阶跃电压作用于 RC 电路，求 $u_C(t)$。

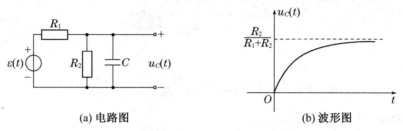

(a) 电路图　　　　　　　　　(b) 波形图

图 3.6.1　例 3.6.1 图

【**解**】 （1）求输入信号 $\varepsilon(t)$ 的频谱函数 $E(j\omega)$：

$$E(j\omega) = F[\varepsilon(t)] = \pi\delta(\omega) + \frac{1}{j\omega}$$

（2）求系统函数 $H(j\omega)$。这里给出的是电路模型，采用等效电路图法，电感以 $j\omega L$ 表示，电容以 $\frac{1}{j\omega C}$ 表示，响应和激励的关系实际上是电压比

$$H(j\omega) = \frac{R_{zs}(j\omega)}{E(j\omega)} = \frac{U_C(j\omega)}{E(j\omega)}$$

由电路关系，电压比转换为等效阻抗比：

$$H(j\omega) = \frac{\dfrac{1}{\dfrac{1}{R_2} + \dfrac{1}{j\omega C}}}{R_1 + \dfrac{1}{\dfrac{1}{R_2} + \dfrac{1}{j\omega C}}} = \frac{R_2}{R_1 + R_2} \cdot \frac{1}{1 + j\omega \dfrac{R_1 R_2}{R_1 + R_2} C}$$

因此，

$$H(j\omega) = \frac{R_2}{R_1 + R_2} \cdot \frac{1}{1 + j\omega\tau}$$

这里 τ 为电路的时间常数，

$$\tau = \frac{R_1 R_2}{R_1 + R_2} C$$

（3）求响应 $u_C(t)$ 的频谱函数 $U_C(j\omega)$：

$$U_C(j\omega) = E(j\omega) H(j\omega)$$
$$= \left[\pi\delta(\omega) + \frac{1}{j\omega}\right] \cdot \frac{R_2}{R_1 + R_2} \cdot \frac{1}{1 + j\omega\tau}$$
$$= \frac{R_2}{R_1 + R_2} \cdot \left[\pi\delta(\omega) + \frac{1}{j\omega(1 + j\omega\tau)}\right]$$

$$= \frac{R_2}{R_1+R_2} \cdot \left[\pi\delta(\omega) + \frac{1}{j\omega} - \frac{\tau}{1+j\omega\tau} \right]$$

(4) 求 $U_C(j\omega)$ 的傅里叶逆变换，由常用傅里叶变换对：

$$\varepsilon(t) \leftrightarrow \pi\delta(\omega) + \frac{1}{j\omega}$$

$$e^{-\frac{1}{\tau}t}\varepsilon(t) \leftrightarrow \frac{1}{\frac{1}{\tau}+j\omega} = \frac{\tau}{1+j\omega\tau}$$

所以，

$$u_C(t) = F^{-1}[U_C(j\omega)] = \frac{R_2}{R_1+R_2}(1-e^{-\frac{1}{\tau}t})\varepsilon(t)$$

其波形如图 3.6.1(b) 所示。

在例 3.6.1 中求解 $H(j\omega)$ 时采用的是方法四，根据电路模型，转化为用分压公式求出；也可用方法二：列出电路的微分方程，将时域的微分方程两边取傅里叶变换得到频域方程，从而求得系统函数；或者方法三：根据算子方程而得到 $H(p)$，然后将 p 换成 $j\omega$。

将 $H(j\omega)$ 写成模和相角的形式：

$$H(j\omega) = |H(j\omega)| \cdot e^{j\varphi(\omega)}$$

这里 $H(j\omega)$ 是 ω 的函数，故又称为频率响应函数，简称频响。$H(j\omega)$ 的幅值 $|H(j\omega)|$ 随频率 ω 的变化关系称为幅频响应，相角 $\varphi(\omega)$ 随频率 ω 的变化关系称为相频响应。

3.7 连续系统的频域分析法

频域分析法是一种变换域分析法，它把时域中求解响应的问题通过傅里叶级数或傅里叶变换转换成频域中的问题(以频率为变量)。在频域中求解后再转换回时域从而得到最终时域结果。这样做的好处是避开了卷积运算(这一点由傅里叶变换时域卷积的性质可知)，但为此必须多增加两次变换域运算，即在输入端进行傅里叶正变换，把时域中的激励信号 $e(t)$ 转换为频域中的信号 $E(j\omega)$；在输出端则需要进行一次傅里叶逆变换，把频域中的响应 $R_{zs}(j\omega)$ 再转换回时域得到 $r_{zs}(t)$。

由上述分析可得，使用频域分析法求解系统零状态响应的步骤如下：

(1) 求输入信号 $e(t)$ 的频谱函数 $E(j\omega)$；
(2) 求系统函数 $H(j\omega)$；
(3) 求零状态响应 $r_{zs}(t)$ 的频谱函数 $R_{zs}(j\omega) = E(j\omega) \cdot H(j\omega)$；
(4) 求 $R_{zs}(j\omega)$ 的傅里叶逆变换，即得 $r_{zs}(t) = F^{-1}[E(j\omega) \cdot H(j\omega)]$。

步骤(4)中为了避免求傅里叶逆变换的繁杂积分运算，一般不直接用傅里叶逆变换的定义式求解。若 $R_{zs}(j\omega)$ 具有有理分式的形式，可参照第二章中求单位冲激响应 $h(t)$ 的方法，考虑 $R_{zs}(j\omega)$ 是真分式或假分式，以及极点的不同情况，作部分分式展开。

若 $R_{zs}(j\omega)$ 是真分式，且其极点是 n 个单极点 $\omega_1, \omega_2, \cdots, \omega_n$，将其展开为

$$R_{zs}(j\omega) = \frac{K_1}{j\omega-\omega_1} + \frac{K_2}{j\omega-\omega_2} + \cdots + \frac{K_n}{j\omega-\omega_n}$$

考虑到常用傅里叶变换对：

$$K_i e^{\omega_i t}\varepsilon(t) \leftrightarrow \frac{K_i}{j\omega - \omega_i} \tag{3.7.1}$$

结合线性性质即可求得 $R_{zs}(j\omega)$ 的傅里叶逆变换。

若 $R_{zs}(j\omega)$ 极点中有 r 重根，则利用傅里叶变换对：

$$\frac{1}{(r-1)!} K_i t^{r-1} e^{\omega_i t}\varepsilon(t) \leftrightarrow \frac{K_i}{(j\omega - \omega_i)^r} \tag{3.7.2}$$

若 $R_{zs}(j\omega)$ 出现其他复杂的情况，则尽量将 $R_{zs}(j\omega)$ 分解为表 3.4.1 中的形式，利用常用傅里叶变换对结合傅里叶变换性质求解。

【注意】 频域分析法只能用来求系统的零状态响应，若想求系统的零输入响应，目前仍需用第二章介绍的时域分析法求解。

【例 3.7.1】 已知线性时不变系统微分方程：

$$\frac{d^2[r(t)]}{dt^2} + 6\frac{dr(t)}{dt} + 8r(t) = 2e(t)$$

(1) 求系统冲激响应 $h(t)$；
(2) 若系统激励为 $e(t) = te^{-2t}\varepsilon(t)$，初始状态为 $r_{zi}(0_-) = 2, r'_{zi}(0_-) = 1$，求系统全响应。

【解】 此题可用第二章的时域方法求解，这里要求采用频域方法。

(1) 先求系统函数 $H(j\omega)$。题目中给出了系统微分方程，因此可采用 $H(j\omega)$ 的求解方法二，先对方程两边作傅里叶变换：

$$(j\omega)^2 R(j\omega) + 6j\omega R(j\omega) + 8R(j\omega) = 2E(j\omega)$$

因此，

$$H(j\omega) = \frac{R(j\omega)}{E(j\omega)} = \frac{2}{(j\omega)^2 + 6j\omega + 8}$$

对系统函数作部分分式展开，得

$$H(j\omega) = \frac{1}{j\omega + 2} - \frac{1}{j\omega + 4}$$

所以，

$$h(t) = F^{-1}[H(j\omega)] = (e^{-2t} - e^{-4t})\varepsilon(t)$$

(2) 先用时域法求零输入响应 $r_{zi}(t)$。令 $H(j\omega)$ 的表达式的分母为零，知其极点即系统的特征根为

$$\lambda_1 = -2, \lambda_2 = -4$$

因此，$r_{zi}(t)$ 的通解形式为

$$r_{zi}(t) = C_1 e^{-2t} + C_2 e^{-4t}$$
$$r'_{zi}(t) = -2C_1 e^{-2t} - 4C_2 e^{-4t}$$

代入初始条件 $r_{zi}(0_-) = 2, r'_{zi}(0_-) = 1$，得

$$r_{zi}(t) = \left(\frac{9}{2} e^{-2t} - \frac{5}{2} e^{-4t}\right)\varepsilon(t)$$

再求系统的零状态响应 $r_{zs}(t)$。由已知条件可求得激励信号的频谱函数：

$$E(j\omega) = \frac{1}{(j\omega + 2)^2}$$

所以，
$$R_{zs}(j\omega)=E(j\omega)\cdot H(j\omega)=\frac{2}{(j\omega+4)(j\omega+2)^3}$$

用部分分式展开法，将零状态响应的频谱展开为
$$R_{zs}(j\omega)=\frac{-\frac{1}{4}}{j\omega+4}+\frac{1}{(j\omega+2)^3}+\frac{-\frac{1}{2}}{(j\omega+2)^2}+\frac{\frac{1}{4}}{j\omega+2}$$

利用常用傅里叶变换对，作傅里叶逆变换即得
$$r_{zs}(t)=F^{-1}[R_{zs}(j\omega)]=\left(-\frac{1}{4}e^{-4t}+\frac{1}{2}t^2e^{-2t}-\frac{1}{2}te^{-2t}+\frac{1}{4}e^{-2t}\right)\varepsilon(t)$$

最终可得系统的全响应为
$$r(t)=r_{zs}(t)+r_{zi}(t)=\left(-\frac{11}{4}e^{-4t}+\frac{1}{2}t^2e^{-2t}-\frac{1}{2}te^{-2t}+\frac{19}{4}e^{-2t}\right)\varepsilon(t)$$

【例 3.7.2】 已知电路如图 3.7.1，激励为 $\varepsilon(t)$。
(1) 利用等效阻抗直接写出系统转移函数 $H(j\omega)$，并求 $h(t)$；
(2) 利用频域法求解电流 $i(t)$ 的零状态响应。

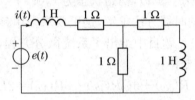

图 3.7.1　例 3.7.2 图

【解】 (1) 由电路图可知响应与激励之比就是电流与电压的比值，等于电路等效阻抗的导数，考虑到电路中电容的等效容抗为 $\frac{1}{j\omega}$，电感的等效感抗为 $j\omega$，因此：

$$H(j\omega)=\frac{I_1(j\omega)}{E(j\omega)}=\frac{1}{j\omega+1+\frac{1\cdot(1+j\omega)}{1+(1+j\omega)}}$$

$$=\frac{j\omega+2}{(j\omega+3)(j\omega+1)}=\frac{\frac{1}{2}}{j\omega+3}+\frac{\frac{1}{2}}{j\omega+1}$$

所以，
$$h(t)=F^{-1}[H(j\omega)]=\frac{1}{2}(e^{-3t}-e^{-t})\varepsilon(t)$$

(2) 因为
$$E(j\omega)=F[\varepsilon(t)]=\pi\delta(\omega)+j\omega$$

所以，
$$I_{zs}(j\omega)=E(j\omega)\cdot H(j\omega)=[\pi\delta(\omega)+j\omega]\left[\frac{\frac{1}{2}}{j\omega+3}+\frac{\frac{1}{2}}{j\omega+1}\right]$$

$$= \frac{2}{3}\pi\delta(\omega) + \frac{\frac{2}{3}}{j\omega} + \frac{-\frac{1}{6}}{j\omega+3} + \frac{-\frac{1}{2}}{j\omega+1}$$

$$i_{zs}(t) = F^{-1}[I_{zs}(j\omega)] = \frac{2}{3}\varepsilon(t) - \left(\frac{1}{6}e^{-3t} + \frac{1}{2}e^{-t}\right)\varepsilon(t)$$

傅里叶变换的运用要受绝对可积条件的约束，适用的信号函数有限。因此，在分析连续时间系统响应问题时，更多的是使用下一章中将讲到的复频域分析法，即拉普拉斯分析法。复频域分析法是频域分析法的推广，这两者以及第六章离散信号要用到的 z 变换都是变换域分析法。

3.8 傅里叶变换的应用

3.8.1 理想低通滤波器的传输特性

滤波器是一种网络，在某一频率范围内传输信号时衰减很小，信号能顺利通过——该范围称为滤波器的通带；在通带之外传输信号时衰减很大，阻止信号通过——该范围称为滤波器的阻带。

按照滤波器的特性不同，可分为低通、高通、带通、带阻，它们的理想频率特性曲线如图 3.8.1 所示，其中 f_c 表示截止频率。

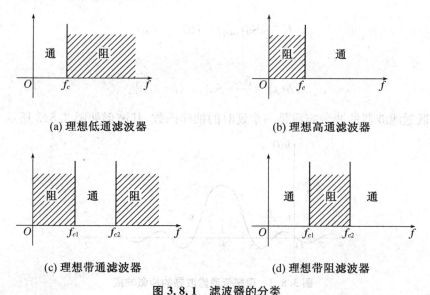

图 3.8.1 滤波器的分类

实际上，高通、带通、带阻滤波器均可由低通滤波器经过频率变换来导得，所以本节重点讨论低通滤波器。

理想低通滤波器的特点是在通带 $0 \sim \omega_{c0}$ 内所有频率分量均匀一致地通过，所有频率分量有相同的延迟 t_0，而高于截止频率的各分量一律不能通过，即输出中这些分量为零。这一传输特性如图 3.8.2 所示，系统函数可用下式表示：

$$K(j\omega)=\begin{cases}K\cdot e^{-j\omega t_0} & (|\omega|<\omega_{c0})\\ 0 & (|\omega|>\omega_{c0})\end{cases} \tag{3.8.1}$$

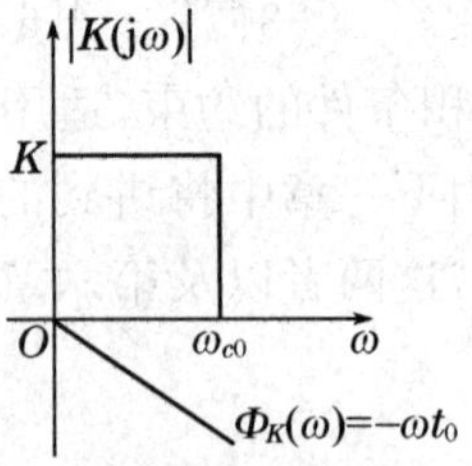

图 3.8.2 理想低通滤波器的传输特性

如果理想低通滤波器的激励为冲激电压 $\delta(t)$，冲激函数的频谱为 $E(j\omega)=1$，则响应的频谱函数即为系统函数 $K(j\omega)$。因此，只要对式(3.8.1)给出的系统函数取傅里叶逆变换，即可得到理想低通滤波器的冲激响应，即有

$$h(t)=F^{-1}[K(j\omega)]=F^{-1}[KG_{2\omega_{c0}}(\omega)\cdot e^{-j\omega t_0}]$$

考虑到常用傅里叶变换对

$$G_{2\omega_{c0}}(t)\leftrightarrow 2\omega_{c0}Sa(\omega_{c0}\omega)$$

利用对称性有

$$2\omega_{c0}Sa(\omega_{c0}t)\leftrightarrow 2\pi G_{2\omega_{c0}}(\omega)$$

所以

$$K\frac{\omega_{c0}}{\pi}Sa(\omega_{c0}t)\leftrightarrow KG_{2\omega_{c0}}(\omega)$$

即

$$h(t)=\frac{K\omega_{c0}}{\pi}Sa[\omega_{c0}(t-t_0)] \tag{3.8.2}$$

理想低通滤波器的冲激响应是一个延时的抽样函数，其波形如图 3.8.3 所示。

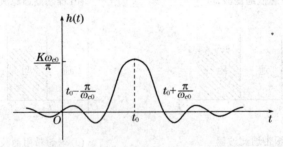

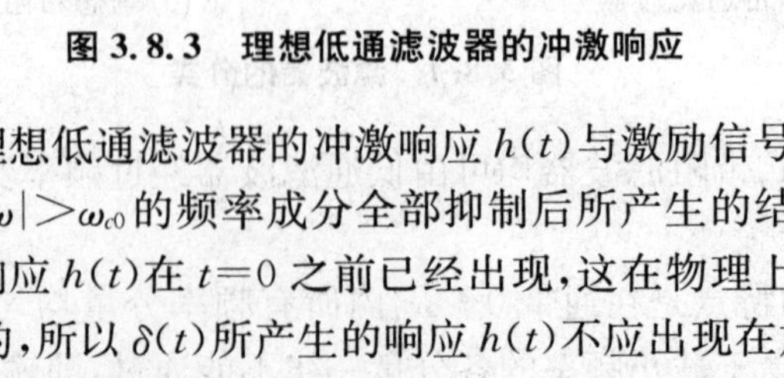

图 3.8.3 理想低通滤波器的冲激响应

将图 3.8.3 给出的理想低通滤波器的冲激响应 $h(t)$ 与激励信号 $\delta(t)$ 对照，显然波形产生失真。这是将 $\delta(t)$ 中 $|\omega|>\omega_{c0}$ 的频率成分全部抑制后所产生的结果，这种失真为线性失真。同时还可看到冲激响应 $h(t)$ 在 $t=0$ 之前已经出现，这在物理上是不符合因果关系的。$\delta(t)$ 是在 $t=0$ 时才加入的，所以 $\delta(t)$ 所产生的响应 $h(t)$ 不应出现在加入 $\delta(t)$ 之前，因此，理想低通滤波器在物理上是无法实现的。

一般来说,一个系统是否为物理可实现的,可用下面的准则来判断。

在时域,要求系统的冲激响应应满足因果条件,即
$$h(t)=0 \quad (t<0) \tag{3.8.3}$$

在频域,有一个佩利-维纳准则:
$$\int_{-\infty}^{\infty} \frac{|\ln|H(j\omega)||}{1+\omega^2} d\omega < \infty \tag{3.8.4}$$

由上式可知,$|H(j\omega)|$ 可以在某些离散点上为零,但不能在某一有限频带内为零,这是因为若 $|H(j\omega)|=0$ 在频带内,则 $\ln|H(j\omega)|=\infty$。根据佩利-维纳准则可知,所有理想滤波器都是物理不可实现的。

需要注意的是佩利-维纳准则只涉及转移函数的模,并不涉及相位,所以它是必要条件而不充分。

如果理想低通滤波器的激励为阶跃函数 $\varepsilon(t)$,即在 $t=0$ 时刻加入一幅度为 1 的直流激励信号,其频谱为 $E(j\omega)=\pi\delta(\omega)+\frac{1}{j\omega}$,因此可以得到输出电压的频谱函数为

$$U(j\omega)=E(j\omega)K(j\omega)=\left[\pi\delta(\omega)+\frac{1}{j\omega}\right] \cdot KG_{2\omega_{c0}}(\omega)e^{-j\omega t_0}$$

$$=K\pi\delta(\omega)+K\frac{G_{2\omega_{c0}}(\omega)}{j\omega}e^{-j\omega t_0}$$

对 $U(j\omega)$ 取傅里叶逆变换即可得到输出电压 $u(t)$:

$$u(t)=\frac{1}{2\pi}\int_{-\infty}^{\infty} U(j\omega)e^{j\omega t} d\omega$$

$$=\frac{K}{2}+\frac{K}{2\pi}\int_{-\omega_{c0}}^{\omega_{c0}} \frac{e^{j\omega(t-t_0)}}{j\omega} d\omega$$

$$=\frac{K}{2}+\frac{K}{2\pi}\left(\underbrace{\int_{-\omega_{c0}}^{\omega_{c0}} \frac{\cos[\omega(t-t_0)]}{j\omega} d\omega}_{\text{奇函数,积分为0}}+\underbrace{\int_{-\omega_{c0}}^{\omega_{c0}} \frac{\sin[\omega(t-t_0)]}{\omega} d\omega}_{\text{偶函数}}\right)$$

$$=\frac{K}{2}+\frac{K}{\pi}\int_0^{\omega_{c0}} \frac{\sin[\omega(t-t_0)]}{\omega(t-t_0)} d[\omega(t-t_0)]$$

$$\xrightarrow{\text{令} \omega(t-t_0)=y} \frac{K}{2}+\frac{K}{\pi}\int_0^{\omega_{c0}(t-t_0)} \frac{\sin y}{y} dy$$

$$=K\left\{\frac{1}{2}+\frac{1}{\pi}Si[\omega_{c0}(t-t_0)]\right\} \tag{3.8.5}$$

式中,$Si(x)=\int_0^x \frac{\sin y}{y} dy$ 称为正弦积分函数,其波形如图 3.8.4 所示,其函数值由正弦积分函数表给出。由此可知,输出响应电压随时间变化的曲线如图 3.8.5 所示。

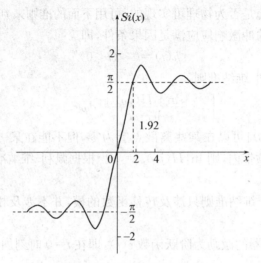

图 3.8.4 正弦积分函数

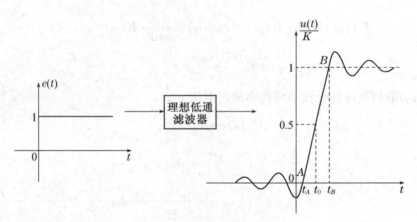

图 3.8.5 理想低通滤波器的单位阶跃响应

3.8.2 调制与解调

把待传输的信号托付到高频振荡的过程,就是调制的过程。一个未经调制的正弦波可以表示为

$$a_0(t) = A_0 \cos(\omega_c t + \varphi_0) \qquad (3.8.6)$$

这里振幅 A_0、振荡频率 ω_c 和初相位 φ_0 都是恒定不变的常数。如果用待传输的调制信号去控制这个高频振荡的振幅,使得振幅不再是常数而是按调制信号的规律变化,这样的调变振幅的过程称为幅度调制,简称调幅。同样,如果调变的是高频振荡的频率或者初相位,则分别称为频率调制或相位调制,简称调频或调相。调频和调相都表现为总相角受到调变,所以统称角度调制,简称调角。

调幅的过程就是用调制信号来控制载频幅度的过程,可以通过乘法器来实现,如图 3.8.6 所示。现在来考察其输出信号的频谱结构。

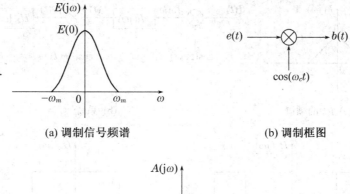

(a) 调制信号频谱　　　　　(b) 调制框图

(c) 已调信号频谱

图 3.8.6　信号的调制

设信号 $e(t)$ 不包含直流信号,其频谱为一带限频谱,带宽为 $B=\omega_m$,如图 3.8.6(a)所示。对其进行调制,如图 3.8.6(b)所示。这里 $\cos(\omega_c t)$ 称为载波信号,其频谱为 $\pi[\delta(\omega-\omega_c)+\delta(\omega+\omega_c)]$,为一对处于 $\pm\omega_c$ 处、强度为 π 的冲激。$b(t)$ 称为已调信号:

$$b(t)=e(t)\cos(\omega_c t)$$

由傅里叶变换频域卷积性质有

$$B(j\omega)=F[b(t)]=\frac{1}{2}[E(j\omega-\omega_c)+E(j\omega+\omega_c)] \tag{3.8.7}$$

可见已调信号的频谱是将原调制信号频谱搬移到 $\pm\omega_c$ 附近,仍保持原调制信号频谱结构形式,仅幅度大小减小为原来的一半,如图 3.8.6(c)所示。

【例 3.8.1】　已知信号 $f(t)$ 的频谱如图 3.8.7(a)所示,将其输入图 3.8.7(b)所示系统中,求输出信号 $y(t)$ 的频谱。其中 $H_1(j\omega)$、$H_2(j\omega)$ 的波形分别如图 3.8.7(c)、(d)所示。

【解】　由系统框图可知各级信号之间存在如下关系:

$$f_{s1}(t)=f(t)\cos(5\omega_0 t)$$
$$F_1(j\omega)=F_{s1}(j\omega)H_1(j\omega)$$
$$f_{s2}(t)=f_1(t)\cos(3\omega_0 t)$$
$$Y(j\omega)=F_{s2}(j\omega)H_2(j\omega)$$

根据傅里叶变换的频域卷积性质可知:

$$F_{s1}(j\omega)=\frac{1}{2}F[j(\omega+5\omega_0)]+\frac{1}{2}F[j(\omega-5\omega_0)]$$

$$F_{s2}(j\omega)=\frac{1}{2}F_2[j(\omega+3\omega_0)]+\frac{1}{2}F_2[j(\omega-3\omega_0)]$$

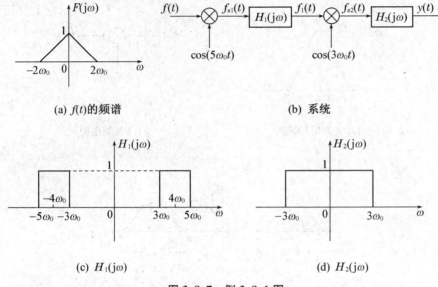

图 3.8.7 例 3.8.1 图

因此各级输出的频谱可求得如图 3.8.8 所示，$f_{s1}(t)$ 的频谱 $F_{s1}(j\omega)$ 如图 3.8.8(a)所示，$f_1(t)$ 的频谱 $F_1(j\omega)$ 如图 3.8.8(b)所示，$f_{s2}(t)$ 的频谱 $F_{s2}(j\omega)$ 如图 3.8.8(c)所示，$y(t)$ 的频谱 $Y(j\omega)$ 如图 3.8.8(d)所示。

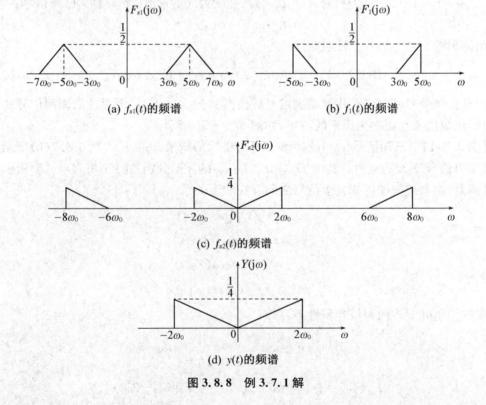

图 3.8.8 例 3.7.1 解

从已调信号中恢复原来的调制信号的过程称为解调。它同样可通过频谱搬移恢复原调制信号的频谱结构实现,其框图如图 3.8.9(a)所示。输入信号 $a(t)$ 的频谱结构如图 3.8.9(b)所示。将已调信号 $a(t)$ 乘以 $\cos\omega_c t$ 所得信号 $b(t)$ 的频谱,为 $a(t)$ 频谱的又一次搬移,这样在零频率附近恢复了原调制信号的频谱,从而可以用一个截止频率大于 ω_m、小于 $2\omega_c - \omega_m$ 的低通滤波器将其滤出,以恢复调制信号。

在这种解调方案中,要求接收端解调器所加载的载频信号必须与发送端调制器中所加的载频信号严格地同频同相,所以称为同步解调。如果二者不同步,将对信息传输带来不利的影响,无法恢复原来信号的频谱结果,从而使传送的信号失真。

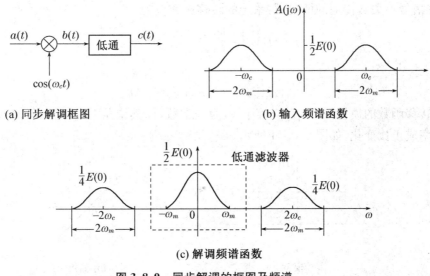

(a) 同步解调框图　　(b) 输入频谱函数

(c) 解调频谱函数

图 3.8.9　同步解调的框图及频谱

3.8.3　系统无失真传输及其条件

通过前几节的讨论,可以看出一般情况下系统的响应与所加激励的波形不同,也就是说信号在传输过程中产生了失真。这种失真是由两方面因素造成的,一方面是系统对信号中各频率分量的幅度产生不同程度的衰减,结果各频率分量幅度的相对比例产生变化,造成幅度失真。另一方面是系统对各频率分量产生的相移不与频率成正比,结果使各频率分量在时间轴上的相对位置产生变化,造成相位失真。除了一些特殊场合,一般希望信号传输产生的失真越小越好。下面将讨论信号通过线性系统不产生失真的理想条件。

系统在输入信号 $e(t)$ 激励下产生响应 $r(t)$。如果信号在传输过程中不失真,则意味着响应 $r(t)$ 与激励 $e(t)$ 波形相同,当然在数值上可能相差一个因子 k,这里 k 是常数,同时在时间上也可能延迟一段时间 t_0,如图 3.8.10 所示。激励与响应的关系可表示为

$$r(t) = ke(t - t_0) \tag{3.8.8}$$

设输入激励的频谱函数为 $E(j\omega)$,由延时特性有

$$R(j\omega) = kE(j\omega) \cdot e^{-j\omega t_0}$$

而

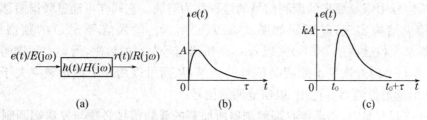

图 3.8.10 不失真传输时系统的激励与响应波形

$$R(j\omega) = E(j\omega) H(j\omega)$$

因此,在信号不失真传输的情况下,系统的转移函数应为

$$H(j\omega) = \frac{R(j\omega)}{E(j\omega)} = k \cdot e^{-j\omega t_0} \tag{3.8.9}$$

即

$$|H(j\omega)| = k, \varphi_H(\omega) = -\omega t_0 \tag{3.8.10}$$

也就是转移函数的模量 $|H(j\omega)|$ 应等于 k,为一常数,而其幅角 $\varphi_H(\omega)$ 应等于 $-\omega t_0$,即滞后角与频率成正比变化,如图 3.8.11 所示。

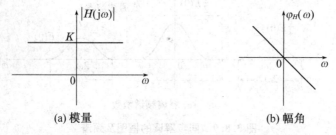

图 3.8.11 理想传输系统的转移函数的模量和幅角

因此信号通过系统的不失真条件可归结为两条:

(1) 系统转移函数的幅频特性在整个频率范围($-\infty<\omega<\infty$)内为常数。这保证了信号通过时各频谱分量在幅度上不产生失真。

(2) 系统转移函数的相频特性是过原点的直线。这保证了信号通过时各频谱分量产生统一的延迟。

【说明】(1) 上面两条对所有信号都适用。如果信号是频带有限的,那么条件可以放宽,只需要在信号频带范围内满足不失真条件即可。例如我们前面讲过,调幅信号是一个频带有限的信号,所以它通过一个理想的带通滤波器时不会产生失真。

(2) 虽然滤波器的带宽越宽,响应的波形越好,前沿越陡峭,但在实际中还要考虑其他因素,一般频带越宽,干扰和噪声的影响就越大。

3.9 MATLAB 仿真实例

傅里叶变换的 MATLAB 实现 MATLAB 的 Symbol Math Toolbox 提供了能直接求解傅里叶变换及其逆变换的函数 fourier() 和 ifourier(),可以帮助快速、方便地绘制出信号的频谱,这为分析信号的频域特性提供了极大方便,也使得分析过程变得更加直观。

1. Fourier 变换

Fourier 变换有如下三种调用格式。

(1) $F=\text{fourier}(f)$:它返回符号函数 f 的 Fourier 变换,默认返回关于 ω 的函数。

(2) $F=\text{fourier}(f,v)$:它的返回函数 F 是关于符号对象 v 的函数,而不是默认的 ω,即 $F(v)=\int_{-\infty}^{\infty}f(x)\mathrm{e}^{-\mathrm{j}vx}\mathrm{d}x$。

(3) $F=\text{fourier}(f,u,v)$:它是对于 u 的函数 f 进行变换,返回函数 F 是关于 v 的函数,即 $F(v)=\int_{-\infty}^{\infty}f(u)\mathrm{e}^{-\mathrm{j}vu}\mathrm{d}u$。

2. Fourier 逆变换

Fourier 逆变换也有如下三种调用格式。

(1) $f=\text{ifourier}(F)$:它是函数 f 的 Fourier 变换,独立变量默认为 ω,默认返回是关于 x 的函数。

(2) $f=\text{ifourier}(F,u)$:返回函数 f 是 u 的函数,而不是默认的 x。

(3) $f=\text{ifourier}(F,u,v)$:它是对关于 v 的函数 F 进行变换,返回关于 u 的函数 f。

需注意,在调用函数 fourier() 以及 ifourier() 之前,要用 syms 命令对所用到的变量进行说明,即要将这些变量说明成符号变量。对 fourier() 中的函数 f 及 ifourier() 中的函数 F,也要用符号定义符 sym 将 f 或 F 说明为符号表达式;若 f 或 F 是 MATLAB 中的通用表达式,则不必用 sym 加以说明。

【例 3.9.1】 画出抽样函数 $Sa(t)$ 的频谱函数。

【解】 MATLAB 仿真程序如下:

```
syms t;
F=fourier(sin(t)/t);
```

程序运行结果:pi * (Heaviside(w+1)-Heaviside(w-1))

其中,Heaviside(t) 为阶跃函数 $\varepsilon(t)$。显然结果正确,等价于 $\pi G_2(\omega)$,如图 3.9.1 所示。

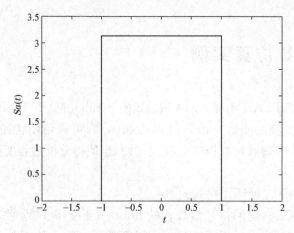

图 3.9.1　抽样函数 $Sa(t)$ 波形

【例 3.9.2】　求 $F(\omega)=\dfrac{1}{1+\omega^2}$ 的傅里叶逆变换。

【解】　MATLAB 仿真程序如下：

```
syms t;
Fw=sym('1/(1+w^2)');
Ft=ifourier(Fw,t)
```

运行结果：ft=1/2*exp(-t)*Heaviside(t)+1/2*exp(t)*Heaviside(-t)

波形如图 3.9.2 所示。

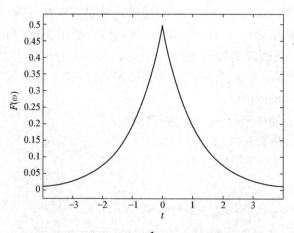

图 3.9.2　$F(\omega)=\dfrac{1}{1+\omega^2}$ 的傅里叶逆变换

MATLAB 中连续信号傅里叶变换的数值计算方法　除了上述直接调用函数求傅里叶变换的方法，在 MATLAB 中，对于连续信号的傅里叶变换还可以采用数值计算的方法，其理论依据是

$$F(j\omega)=\int_{-\infty}^{\infty}f(t)\mathrm{e}^{-j\omega t}\mathrm{d}t=\lim_{n=-\infty}^{n=\infty}f(n\tau)\mathrm{e}^{-j\omega n\tau}\tau \qquad(3.9.1)$$

当 τ 取足够小时,式(3.9.1)的近似情况可以满足实际需要。若信号 $f(t)$ 是时限的,或当 $|t|$ 大于某个给定值时,$f(t)$ 的值已衰减得很厉害,可以近似地看成时限信号时,式(3.9.1)中的 n 取值就是有限的,设为 N,有

$$F(k) = \tau \sum_0^{N-1} f(n\tau) e^{-j\omega_k n\tau} \quad (0 \leqslant k \leqslant N) \tag{3.9.2}$$

式(3.9.2)是对式(3.9.1)中的频率 ω 进行取样,通常:$\omega_k = \dfrac{2\pi}{N\tau} k$。

采用 MATLAB 实现式(3.9.2)时,关键是要正确生成 $f(t)$ 的 N 个样本 $f(n\tau)$ 的向量 f 及向量 $\mathrm{e}^{-j\omega_k n\tau}$,两矩阵的乘积即完成式(3.9.2)的计算。

【例 3.9.3】 计算矩形信号 $f(t) = \begin{cases} 1 & (|t|<1) \\ 0 & (\text{其他}) \end{cases}$ 的傅里叶变换,并验证傅里叶变换的尺度变换性质。

MATLAB 仿真程序如下:

```
R=0.01;
t=-2:R:2;
f=heaviside(t+1)-heaviside(t-1);
w1=2*pi*5;
N=1000;
k=-N:N;
w=k*w1/N;
F=f*exp(-j*t'*w)*R;
F=real(F);
figure(1);
plot(t,f);
title('f(t)');
axis([-2,2,0,2]);
F=real(F);
figure(2);
plot(w,F);
title('f(t)频谱图');
axis([-40,40,-0.5,2]);
f=heaviside(2*t+1)-heaviside(2*t-1);
F=real(F);
figure(3);
plot(t,f);
title('f(2t)');
axis([-2,2,0,2.1]);
F=f*exp(-j*t'*w)*R;
F=real(F);
figure(4);
```

```
plot(w,F);
title('f(2t)频谱图');
axis([-40,40,-0.5,2]);
```

得到的 $f(t)$ 的波形如图 3.9.3(a) 所示, 其频谱如图 3.9.3(b) 所示; $f(2t)$ 的波形如图 3.9.3(c) 所示, 其频谱如图 3.9.3(d) 所示。对比可发现, 在时域上波形压缩为原来的二分之一, 在频域上频谱扩展为原频谱的两倍, 与理论分析的尺度变换性质一致。

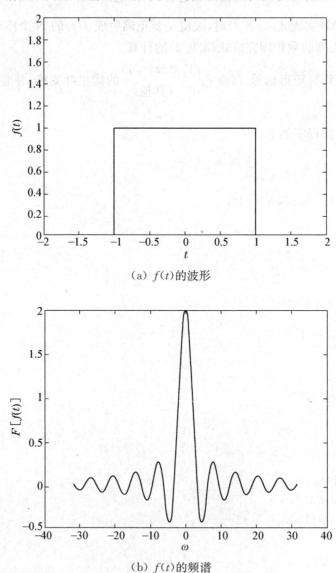

(a) $f(t)$ 的波形

(b) $f(t)$ 的频谱

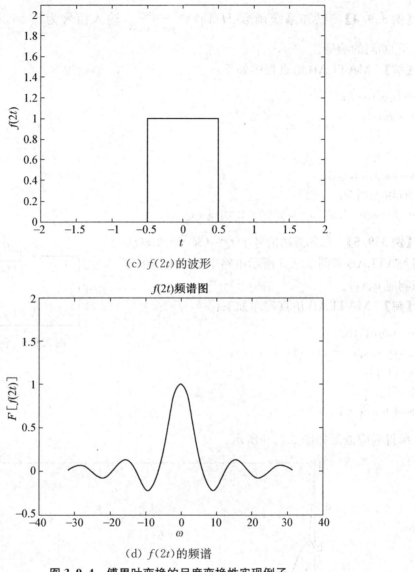

(c) $f(2t)$ 的波形

(d) $f(2t)$ 的频谱

图 3.9.4 傅里叶变换的尺度变换性实现例子

连续系统频域分析的 MATLAB 实现 MATLAB 工具箱中提供了对 LTI 连续系统的零状态响应进行数值仿真的函数 lsim( ),该函数可求解零初始条件下微分方程的数值解,能绘制系统在指定的任意时间范围内系统响应的时域波形。lsim( )函数有如下两种调用格式。

(1) lsim(b,a,x,t),其中 a 和 b 是描述系统函数的两个行向量。x 和 t 则是表示输入信号的行向量,其中 t 为表示输入信号时间范围的向量,x 是输入信号在向量 t 定义的时间点上的取样值。该调用格式将绘出由向量 b 和 a 所定义的连续系统在输入为向量 x 和 t 所定义的信号时,系统响应的时域仿真波形,且时间范围与输入信号相同。

(2) $y=$lsim(b,a,x,t),该格式不会绘出系统的响应曲线,而是求出与向量 t 定义的时间范围相一致的系统响应的数值解。

【例 3.9.4】 已知系统函数 $H(j\omega)=\dfrac{2j\omega}{j\omega+0.8}$，输入信号为 $x=\cos t$，求系统在 $t=[0:0.5]$ 期间的响应。

【解】 MATLAB 仿真程序如下：

```
t=0:0.1:0.5;
x=cos(t);
a=[1 0.8];
b=[2 0];
y=lsim(b,a,x,t);
```

所得结果如下：

y＝2.000 0 1.836 6 1.491 0 1.310 5 1.126 2

【例 3.9.5】 已知激励信号 $f(t)=(3e^{-2t}-2)\varepsilon(t)$，试用 MATLAB 求图 3.9.5 所示电路中电容电压的零状态响应 $u_{zs}(t)$。

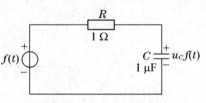

图 3.9.5 例 3.9.5 图

【解】 MATLAB 仿真程序如下：

```
t=0:0.01:10;
x=(3*exp(-2*t)-2).*(t>0);
a=[1,1];
b=[1];
lsim(b,a,x,t);
```

所得响应波形如图 3.9.6 所示。

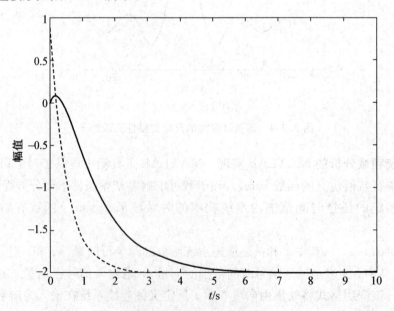

图 3.9.6 例 3.9.5 响应波形

习 题

【3.1】 求题图 3.1(a)所示的周期性半波整流余弦脉冲信号及题图 3.1(b)所示的周期性半波整流正弦脉冲信号的傅里叶级数展开式。绘出频谱图并作比较，说明其差别所在。

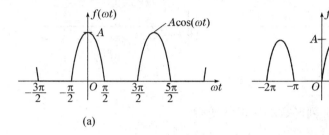

题图 3.1

【3.2】 试判断在 $f(t)=A\cos\left(\dfrac{2\pi}{T}t\right)$ 时间区间 $\left(0,\dfrac{T}{2}\right)$ 上展开的傅里叶级数是仅有余弦项，还是仅有正弦项，还是二者都有；如展开时间区间改为 $\left(-\dfrac{T}{4},\dfrac{T}{4}\right)$，则又如何？

【3.3】 已知周期信号 $f(t)$ 前四分之一周期的波形如题图 3.2 所示，按下列条件绘出整个周期内的信号波形。

(1) $f(t)$ 是 t 的偶函数，其傅里叶级数只有偶次谐波；
(2) $f(t)$ 是 t 的偶函数，其傅里叶级数只有奇次谐波；
(3) $f(t)$ 是 t 的偶函数，其傅里叶级数同时有奇次谐波与偶次谐波；
(4) $f(t)$ 是 t 的奇函数，其傅里叶级数只有偶次谐波；
(5) $f(t)$ 是 t 的奇函数，其傅里叶级数只有奇次谐波；
(6) $f(t)$ 是 t 的奇函数，其傅里叶级数同时有奇次谐波与偶次谐波。

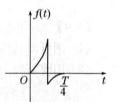

题图 3.2

【3.4】 设 $f(t)$ 为复数函数，可表示为实部 $f_r(t)$ 与虚部 $f_i(t)$ 之和，即 $f(t)=f_r(t)+\mathrm{j}f_i(t)$，且设 $f(t)\leftrightarrow F(\mathrm{j}\omega)$。试证明：$F[f_r(t)]=\dfrac{1}{2}[F(\mathrm{j}\omega)+F(-\mathrm{j}\omega)]$；$F[f_i(t)]=\dfrac{1}{2\mathrm{j}}[F(\mathrm{j}\omega)-F(-\mathrm{j}\omega)]$，其中 $F(-\mathrm{j}\omega)=F[f^*(t)]$。

【3.5】 利用傅里叶变换的移频特性求题图 3.3 所示信号的傅里叶变换。

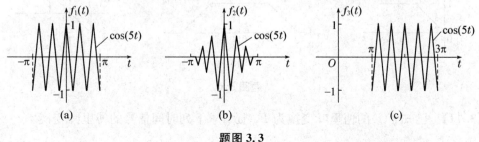

题图 3.3

【3.6】 对题图 3.4 所示波形，若已知 $F[f_1(t)] = F_1(j\omega)$，利用傅里叶变换的性质求 $f_1(t)$ 以 $\dfrac{t_0}{2}$ 为轴反褶后所得 $f_2(t)$ 的傅里叶变换。

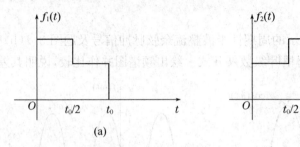

题图 3.4

【3.7】 利用对称特性求下列函数的傅里叶变换。

(1) $f(t) = \dfrac{\sin[2\pi(t-2)]}{\pi(t-2)}$；　　(2) $f(t) = \dfrac{2\alpha}{\alpha^2 + t^2}$；　　(3) $f(t) = \left[\dfrac{\sin(2\pi t)}{2\pi t}\right]^2$。

【3.8】 求下列傅里叶变换所对应的时间函数。

(1) $F(j\omega) = \delta(\omega + \omega_c) - \delta(\omega - \omega_c)$；　　(2) $F(j\omega) = \tau Sa\left(\dfrac{\omega\tau}{2}\right)$；

(3) $F(j\omega) = \dfrac{1}{(\alpha + j\omega)^2}$；　　(4) $F(j\omega) = -\dfrac{2}{\omega^2}$。

【3.9】 试用下列特性求题图 3.5 所示信号的傅里叶变换。

(1) 用延时特性与线性特性；

(2) 用时域微分、积分特性。

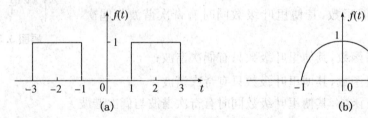

题图 3.5

【3.10】 试用时域微分、积分特性求题图 3.6 中波形信号的傅里叶变换。

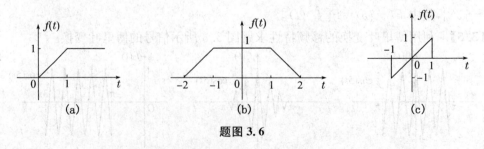

题图 3.6

【3.11】 已知 $f(t)$ 的傅里叶变换为 $F_1(j\omega)$，求下列时间信号的傅里叶变换。

(1) $tf(2t)$;   (2) $(t-2)f(t)$;   (3) $t\dfrac{\mathrm{d}[f(t)]}{\mathrm{d}t}$;

(4) $f(1-t)$;   (5) $(1-t)f(1-t)$;   (6) $f(2t+5)$。

【3.12】 已知 $f_1(t)$ 的傅里叶变换为 $F_1(\mathrm{j}\omega)$，将 $f_1(t)$ 按题图 3.7 的波形关系构成周期信号 $f_2(t)$，求此周期信号的傅里叶变换。

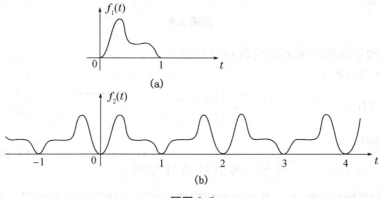

题图 3.7

【3.13】 设系统转移函数为 $H(\mathrm{j}\omega)=\dfrac{1-\mathrm{j}\omega}{1+\mathrm{j}\omega}$，试求其单位冲激响应、单位阶跃响应及 $e(t)=\mathrm{e}^{-2t}\varepsilon(t)$ 时的零状态响应。

【3.14】 一个 LIT 系统的频率响应为 $H(\omega)=\begin{cases}1 & (2<|\omega|<3)\\ 0 & (\text{其他})\end{cases}$，能否找到一个对该系统的输入使系统的输出如题图 3.8 所示波形？

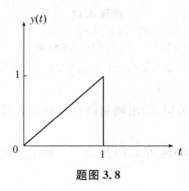

题图 3.8

【3.15】 已知系统的单位冲激响应 $h(t)=\mathrm{e}^{-\alpha t}\varepsilon(t)$，并设其频谱为 $H(\omega)=R(\omega)+\mathrm{j}X(\omega)$。

(1) 求 $R(\omega)$ 和 $X(\omega)$。(2) 证明 $R(\omega)=\dfrac{1}{\pi\omega}*X(\omega)$；$X(\omega)=-\dfrac{1}{\pi\omega}*R(\omega)$。

【3.16】 一带限信号的频谱如题图 3.9(a) 所示，若此信号通过如题图 3.9(b) 所示系统，试绘出 A、B、C、D 各点的信号频谱的图形。系统中两个理想滤波器的截止频率均为 $\omega_c(\omega_c\gg\omega_1)$，通带内传输值为 1，相移均为 0。

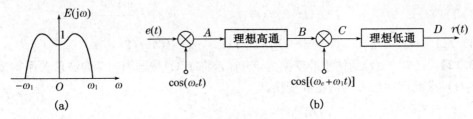

题图 3.9

【3.17】 理想高通滤波器的传输特性如题图 3.10 所示,亦即其转移函数为

$$H(\mathrm{j}\omega)=|H(\mathrm{j}\omega)|\mathrm{e}^{-\mathrm{j}\varphi(\omega)}=\begin{cases}k\mathrm{e}^{-\mathrm{j}\omega t} & (|\omega|>\omega_{c0})\\ 0 & (|\omega|<\omega_{c0})\end{cases}$$

求其单位冲激响应。

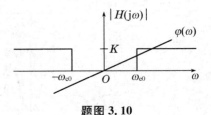

题图 3.10

【3.18】 求 $e(t)=\dfrac{\sin(2\pi t)}{2\pi t}$ 的信号通过题图 3.11(a) 所示的系统后的输出。系统中理想带通滤波器的传输特性如题图 3.11(b) 所示,其相位特性 $\varphi(\omega)=0$。

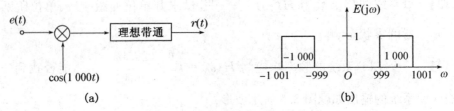

题图 3.11

【3.19】 有一调幅信号为 $a(t)=A[1+0.3\cos(\omega_1 t)+0.1\cos(\omega_2 t)]\sin(\omega_c t)$。式中 $\omega_1=2\pi\times5\times10^3$ rad/s, $\omega_2=2\pi\times3\times10^3$ rad/s, $\omega_c=2\pi\times45\times10^6$ rad/s, $A=100$ V。试求:

(1) 部分调幅系数;

(2) 调幅信号包含的频率分量,绘出调制信号与调幅信号的频谱图,并求此调幅信号的频带宽度。

【3.20】 宽带分压器电路如题图 3.12 所示。为使电压能无失真地传输,电路元件参数 R_1、C_1、R_2、C_2 应满足何种关系?

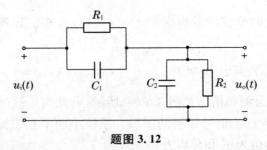

题图 3.12

第四章 连续时间信号与系统的复频域分析

本章配套

拉普拉斯变换在数学中是直接从积分变换的观点定义的,本章将从信号分析的角度出发,由傅里叶变换推广到拉普拉斯变换,从频域扩展到复频域。先给出拉普拉斯变换的定义和一定的物理解释,然后讨论拉普拉斯正、反变换以及拉普拉斯变换的基本性质。着重讨论线性连续系统的复频域分析方法,以及用系统函数分析系统特性。最后介绍系统模拟框图和信号流图,以及系统稳定性的判断。

【学习要求】

熟记简单函数的拉普拉斯变换,掌握拉普拉斯变换的基本性质,明确拉普拉斯变换收敛域的概念。掌握运用部分分式法求拉普拉斯反变换的方法,熟练应用复频域分析法分析计算较复杂的线性时不变系统的响应。深刻理解系统模拟与信号流图的意义,理解系统稳定性的意义并掌握系统稳定性判定方法。

4.1 拉普拉斯变换

4.1.1 拉普拉斯变换的定义

1. 从傅里叶变换到拉普拉斯变换

第三章研究了基于傅里叶变换的连续系统的频域分析法,这种分析方法在信号分析和处理等领域占有重要地位。但是频域分析法也有其局限性:不满足绝对可积条件的信号傅里叶变换往往不存在,例如指数函数 $e^{at}\varepsilon(t)(a>0)$ 的傅里叶变换不存在;傅里叶逆变换是复变函数的广义积分,难以计算,甚至解不出最终结果;用频域分析法可以求解出零状态响应,但是无法求解零输入响应。

为克服以上困难,可以用衰减因子 $e^{-\sigma t}$(σ 为实常数)乘以信号 $f(t)$,根据不同信号的特征,适当选取 σ 的值,使乘积信号 $f(t)e^{-\sigma t}$ 在 $t\to\pm\infty$ 时信号幅度趋近于 0,从而使傅里叶变换存在。

$$F[f(t)e^{-\sigma t}] = \int_{-\infty}^{\infty}[f(t)]e^{-\sigma t}e^{-j\omega t}dt = \int_{-\infty}^{\infty}f(t)e^{-(\sigma+j\omega)t}dt \quad (4.1.1)$$

式(4.1.1)的积分结果是 $\sigma+j\omega$ 的函数,令其为 $F_b(\sigma+j\omega)$,即

$$F_b(\sigma+j\omega) = \int_{-\infty}^{\infty}f(t)e^{-(\sigma+j\omega)t}dt \quad (4.1.2)$$

相应的傅里叶逆变换为

$$f(t)\mathrm{e}^{-\sigma t} = \frac{1}{2\pi}\int_{-\infty}^{\infty} F_b(\sigma+\mathrm{j}\omega)\mathrm{e}^{\mathrm{j}\omega t}\,\mathrm{d}\omega \tag{4.1.3}$$

式(4.1.3)两端同乘以 $\mathrm{e}^{\sigma t}$，得

$$f(t) = \frac{1}{2\pi}\int_{-\infty}^{\infty} F_b(\sigma+\mathrm{j}\omega)\mathrm{e}^{(\sigma+\mathrm{j}\omega)t}\,\mathrm{d}\omega \tag{4.1.4}$$

令 $s=\sigma+\mathrm{j}\omega$，其中 σ 为常数，则 $\mathrm{d}\omega=\frac{1}{\mathrm{j}}\mathrm{d}s$，代入式(4.1.2)、式(4.1.4)中，得

$$F_b(s) = \int_{-\infty}^{\infty} f(t)\mathrm{e}^{-st}\,\mathrm{d}t \tag{4.1.5}$$

$$f(t) = \frac{1}{2\pi\mathrm{j}}\int_{\sigma-\mathrm{j}\infty}^{\sigma+\mathrm{j}\infty} F_b(s)\mathrm{e}^{st}\,\mathrm{d}s \tag{4.1.6}$$

式(4.1.5)、式(4.1.6)称为双边拉普拉斯变换对，式(4.1.5)称为双边拉普拉斯正变换式，式(4.1.6)称为双边拉普拉斯反变换式。式中的复变函数 $F_b(s)$ 称为象函数，时间函数 $f(t)$ 称为原函数。

工程技术中所遇到的激励信号与系统响应大都为有始函数，有始函数在 $t<0$ 范围内函数值为零，式(4.1.5)中积分在 $-\infty$ 到 0 的区域中为 0，因此积分区间可变为 0 到 ∞，亦即

$$F(s) = L[f(t)] = \int_{0_-}^{\infty} f(t)\mathrm{e}^{-st}\,\mathrm{d}t \tag{4.1.7}$$

积分下限取值为 0_-，是考虑激励与响应中在原点存在冲激函数或其各阶导数的情况，所以积分区间应包括时间零点在内。相应的拉普拉斯反变换写为

$$f(t) = L^{-1}[F(s)] = \left[\frac{1}{2\pi\mathrm{j}}\int_{\sigma-\mathrm{j}\infty}^{\sigma+\mathrm{j}\infty} F(s)\mathrm{e}^{st}\,\mathrm{d}s\right]\varepsilon(t) \tag{4.1.8}$$

反变换中的 $s=\sigma+\mathrm{j}\omega$ 包含的频率 ω 取值是从 $-\infty$ 到 $+\infty$ 的各个分量，所以积分区间不变。拉普拉斯反变换乘以阶跃函数 $\varepsilon(t)$，是为确保求得的原函数 $f(t)$ 为有始函数。

式(4.1.7)、式(4.1.8)也是一组变换对，为区别于双边拉普拉斯变换式，故称之为单边拉普拉斯变换。

无论双边还是单边拉普拉斯变换，都可看成傅里叶变换在复频域中的推广。对于单边信号而言，单边和双边拉普拉斯变换的结果相同。考虑到在实际应用中信号都为单边信号，故本书后面将主要讨论单边拉普拉斯变换。

2. 拉普拉斯变换的物理意义

傅里叶正变换 $f(t)=\frac{1}{2\pi}\int_{-\infty}^{\infty} F(\mathrm{j}\omega)\mathrm{e}^{\mathrm{j}\omega t}\,\mathrm{d}\omega$ 是将信号分解为无穷多个 $\mathrm{e}^{\mathrm{j}\omega t}$ 分量之和。每个分量的幅度为 $\frac{1}{2\pi}F(\mathrm{j}\omega)\mathrm{d}\omega$。与此相类似，拉普拉斯变换 $f(t)=\frac{1}{2\pi\mathrm{j}}\int_{\sigma-\mathrm{j}\infty}^{\sigma+\mathrm{j}\infty} F(s)\mathrm{e}^{st}\,\mathrm{d}s$ 是将信号分解为无穷多个 e^{st} 分量之和，每个分量的幅度为 $\frac{1}{2\pi\mathrm{j}}F(s)\mathrm{d}s$。

$s=\sigma+\mathrm{j}\omega$ 常称为**复频率**，可以用 s 平面(或称为复平面)来表示。横轴为实轴，对应了 σ 的取值情况；纵轴为虚轴，对应了 ω 的取值情况。复平面上不同位置的点对应了不同的 s 值，因此也对应了指数函数 e^{st}。即复平面上的每一对共轭点或实轴上的每一点都分别唯一地对应于一个确定的时间函数表达式。

综上所述，双边或单边拉普拉斯变换都是把函数表示为无穷多个具有复频率 s 的指数

函数之和。

4.1.2 拉普拉斯变换的收敛域

傅里叶变换推广到拉普拉斯变换,是通过乘以衰减因子 $e^{-\sigma t}$ 使 $f(t)e^{-\sigma t}$ 有可能满足绝对可积条件。$f(t)e^{-\sigma t}$ 是否满足绝对可积条件,即是否收敛,取决于 σ 的取值,这就是拉普拉斯变换的收敛域问题。先看一个例子。

【例 4.1.1】 已知信号 $f(t)=e^{3t}\varepsilon t$ 不满足绝对可积条件,问当 $\sigma=4$、$\sigma=2$、$\sigma>3$ 以及 $\sigma\leqslant 3$ 时,$f(t)e^{-\sigma t}$ 是否满足绝对可积的条件?

【解】 (1) 当 $\sigma=4$ 时,$f(t)e^{-\sigma t}=e^{3t}\varepsilon(t)\cdot e^{-4t}=e^{-t}\varepsilon(t)$,收敛,满足绝对可积。

(2) 当 $\sigma=2$ 时,$f(t)e^{-\sigma t}=e^{3t}\varepsilon(t)\cdot e^{-2t}=e^{t}\varepsilon(t)$,不收敛,不满足绝对可积的条件。

(3) $f(t)e^{-\sigma t}=e^{3t}\varepsilon(t)\cdot e^{-\sigma t}=e^{-(\sigma-3)t}\varepsilon(t)$,可见当 $\sigma>3$ 时,满足绝对可积条件;$\sigma\leqslant 3$ 时不满足可积条件。

由此可见,欲使拉普拉斯变换 $F(s)$ 存在,$\sigma>\sigma_0$ 时 $f(t)e^{-\sigma t}$ 应满足:

$$\lim_{t\to\infty}f(t)e^{-\sigma t}=0 \tag{4.1.9}$$

σ_0 的值给出了函数 $f(t)e^{-\sigma t}$ 的收敛条件。根据 σ_0 的值,将 s 平面分为两个区域,如图 4.1.1 所示。σ_0 称为收敛坐标,通过 σ_0 点的垂直线是两个区域的分界线,称为收敛轴。收敛轴右边平面即 (σ_0,∞) 为收敛域;收敛轴左边平面即 $(-\infty,\sigma_0)$ 为非收敛域。在收敛域内 $f(t)$ 的拉普拉斯变换 $F(s)$ 才能存在,且一定存在。

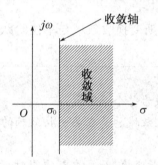 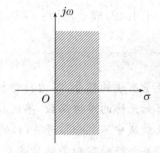

图 4.1.1 拉普拉斯变换的收敛域　　图 4.1.2 单位阶跃信号拉普拉斯变换的收敛域

下面给出了几个常用单边拉普拉斯变换的收敛域。

1. 持续时间有限的单个脉冲信号

由于信号能量有限,不管 σ 取何值总是满足绝对可积条件,故收敛域为整个 s 平面,拉普拉斯变换无条件存在。

2. 单位阶跃信号 $\varepsilon(t)$

由式(4.1.9),单位阶跃信号 $\varepsilon(t)$ 拉普拉斯变换存在,需有

$$\lim_{t\to\infty}e^{-\sigma t}\varepsilon(t)=0 \tag{4.1.10}$$

欲使式(4.1.10)成立,则 $\varepsilon(t)$ 拉普拉斯变换收敛域为不包含虚轴的右半平面,如图 4.1.2 所示。

3. 单边指数函数 $e^{\alpha t}\varepsilon(t)$

由式(4.1.9),单位指数函数 $e^{\alpha t}\varepsilon(t)$ 拉普拉斯变换存在,需有

$$\lim_{t\to\infty} e^{\alpha t}\varepsilon(t)\cdot e^{-\sigma t}=\lim_{t\to\infty} e^{(\alpha-\sigma)t}=0 \qquad (4.1.11)$$

欲使式(4.1.11)成立,只需 $\sigma>\alpha$,则 $e^{\alpha t}\varepsilon(t)$ 拉普拉斯变换收敛域为不包含经过点 α 的垂直线的右边平面区域,如图 4.1.3 所示。

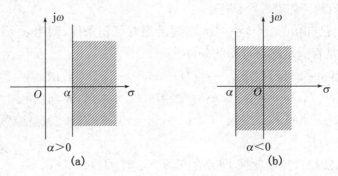

图 4.1.3 单边指数信号拉普拉斯变换的收敛域

如果 α 是复数,则只需 $\sigma>\text{Re}(\alpha)$。

4. 单边斜变函数 $t\varepsilon(t)$

由式(4.1.9),单位斜变函数 $t\varepsilon(t)$ 拉普拉斯变换存在,需有

$$\lim_{t\to\infty} t\varepsilon(t)\cdot e^{-\sigma t}=\lim_{t\to\infty} \frac{t}{e^{\sigma t}}=\lim_{t\to\infty}\frac{1}{\sigma e^{\sigma t}}=0 \qquad (4.1.12)$$

欲使式(4.1.12)成立,只要 $\sigma>0$,所以 $t\varepsilon(t)$ 拉普拉斯变换收敛域与单位阶跃信号 $\varepsilon(t)$ 相同。

【总结】

(1) 能量有限的信号,单边拉普拉斯变换的收敛域为整个 s 平面。

(2) 有始无终的单边函数,单边拉普拉斯变换的收敛域总是在某一收敛轴的右边。

(3) 收敛域中不包含信号 $F(s)$ 的极点。

(4) 凡符合绝对可积条件的函数不仅存在拉普拉斯变换,而且存在傅里叶变换,收敛域必定包含虚轴;反之,凡不符合绝对可积条件的函数,收敛域必不包含虚轴,傅里叶变换不一定存在。

(5) 在工程实际中常用的有始函数一般都属于指数函数,其单边拉普拉斯变换存在,有收敛域。

本书中主要讨论单边拉普拉斯变换,因为其收敛域必定存在,所以在后面的单边拉普拉斯变换的讨论中将不再详细说明函数是否收敛的问题。

4.1.3 常见信号的拉普拉斯变换对

前面讨论了一些常见函数拉普拉斯变换存在的收敛域,下面导出拉普拉斯变换性质,可以展开对更多函数的拉普拉斯变换。

1. 单位冲激信号 $\delta(t)$

由单边拉普拉斯变换的定义式(4.1.7),

$$L[\delta(t)] = \int_{0_-}^{\infty} \delta(t)\mathrm{e}^{-st}\mathrm{d}t = \int_{0_-}^{\infty} \delta(t)\mathrm{d}t = 1 \tag{4.1.13}$$

即

$$\delta(t) \leftrightarrow 1 \tag{4.1.14}$$

单位冲激信号的收敛域为整个 s 平面。

2. 单边指数函数 $\mathrm{e}^{\alpha t}\varepsilon(t)$ (α 为常数)

$$\begin{aligned}F(s) &= \int_{0_-}^{\infty} f(t)\mathrm{e}^{-st}\mathrm{d}t = \int_{0_-}^{\infty} \mathrm{e}^{\alpha t}\mathrm{e}^{-st}\mathrm{d}t \\ &= \int_{0_-}^{\infty} \mathrm{e}^{-(s-\alpha)t}\mathrm{d}t = \frac{-1}{s-\alpha}\mathrm{e}^{-(s-\alpha)t}\Big|_{t=0_-}^{\infty} \\ &= \frac{1}{s-\alpha}\end{aligned}$$

即

$$\mathrm{e}^{\alpha t}\varepsilon(t) \leftrightarrow \frac{1}{s-\alpha} \tag{4.1.15}$$

指数函数的收敛域为 $\sigma > \mathrm{Re}(\alpha)$,其中 $s=\alpha$ 为极点,不包含在收敛域内。

有了指数函数这个基本变换对,就可以派生出许多其他变换对,见例 4.1.2。

【例 4.1.2】 求(1) 阶跃信号 $\varepsilon(t)$ 的拉普拉斯变换;(2) 单边正弦函数 $\sin(\omega_0 t)\varepsilon(t)$、单边余弦函数 $\cos(\omega_0 t)\varepsilon(t)$ 的拉普拉斯变换;(3) 单边衰减正弦函数 $\mathrm{e}^{-\alpha t}\sin(\omega_0 t)\varepsilon(t)$、单边衰减余弦函数 $\mathrm{e}^{-\alpha t}\cos(\omega_0 t)\varepsilon(t)$ 的拉普拉斯变换。

【解】 (1) 阶跃信号

由式(4.1.15),当 $\alpha \to 0$,$\mathrm{e}^{\alpha t}\varepsilon(t)$ 变为 $\varepsilon(t)$,对应的拉普拉斯变换变为 $\frac{1}{s}$,即

$$\varepsilon(t) \leftrightarrow \frac{1}{s} \tag{4.1.16}$$

阶跃信号 $\varepsilon(t)$ 的收敛域为 $\sigma > 0$。

(2) 单边正弦、余弦函数

利用欧拉公式将 $\sin(\omega_0 t)\varepsilon(t)$、$\cos(\omega_0 t)\varepsilon(t)$ 展开成虚指数形式。

$$L[\sin(\omega_0 t)\varepsilon(t)] = L\left[\frac{\mathrm{e}^{\mathrm{j}\omega_0 t}-\mathrm{e}^{-\mathrm{j}\omega_0 t}}{2\mathrm{j}}\varepsilon(t)\right] = \frac{1}{2\mathrm{j}}\{L[\mathrm{e}^{\mathrm{j}\omega_0 t}\varepsilon(t)]-L[\mathrm{e}^{-\mathrm{j}\omega_0 t}\varepsilon(t)]\}$$

由式(4.1.15),得

$$L[\sin(\omega_0 t)\varepsilon(t)] = \frac{1}{2\mathrm{j}}\left(\frac{1}{s-\mathrm{j}\omega_0}-\frac{1}{s+\mathrm{j}\omega_0}\right) = \frac{\omega_0}{s^2+\omega_0^2}$$

可得单边正弦函数的拉普拉斯变换为

$$\sin(\omega_0 t)\varepsilon(t) \leftrightarrow \frac{\omega_0}{s^2+\omega_0^2} \tag{4.1.17}$$

同理可得单边余弦函数的拉普拉斯变换为

$$\cos(\omega_0 t)\varepsilon(t) \leftrightarrow \frac{s}{s^2+\omega_0^2} \tag{4.1.18}$$

单边正弦函数和单边余弦函数的收敛域均为 $\sigma>0$。

(3) 单边衰减正弦、衰减余弦函数

用欧拉公式将 $e^{-\alpha t}\sin(\omega_0 t)\varepsilon(t)$、$e^{-\alpha t}\cos(\omega_0 t)\varepsilon(t)$ 展开成虚指数形式

$$L[e^{-\alpha t}\sin(\omega_0 t)\varepsilon(t)] = L\left[e^{-\alpha t} \cdot \frac{e^{j\omega_0 t}-e^{-j\omega_0 t}}{2j}\varepsilon(t)\right]$$

由式(4.1.15),得

$$L[e^{-\alpha t}\sin(\omega_0 t)\varepsilon(t)] = \frac{1}{2j}\left(\frac{1}{s+\alpha-j\omega_0}-\frac{1}{s+\alpha+j\omega_0}\right) = \frac{\omega_0}{(s+\alpha)^2+\omega_0^2}$$

所以单边衰减正弦函数的拉普拉斯变换为

$$e^{-\alpha t}\sin(\omega_0 t)\varepsilon(t) \leftrightarrow \frac{\omega_0}{(s+\alpha)^2+\omega_0^2} \tag{4.1.19}$$

同理,可得单边衰减余弦函数的拉普拉斯变换为

$$e^{-\alpha t}\cos(\omega_0 t)\varepsilon(t) \leftrightarrow \frac{s+\alpha}{(s+\alpha)^2+\omega_0^2} \tag{4.1.20}$$

单边衰减正弦函数和单边衰减余弦函数的收敛域均为 $\sigma>-\alpha$。

3. 正幂信号 $t^n\varepsilon(t)$ (n 为整数)

由单边拉普拉斯正变换的定义式(4.1.7),有

$$L[t^n\varepsilon(t)] = \int_{0_-}^{\infty} t^n e^{-st}dt = -\frac{1}{s}\left(t^n e^{-st}\Big|_0^{\infty} - n\int_0^{\infty} t^{n-1}e^{-st}dt\right) = \frac{n}{s}L[t^{n-1}\varepsilon(t)]$$

对 $t^{n-1}\varepsilon(t)$ 继续利用单边拉普拉斯正变换定义式,可得

$$L[t^{n-1}\varepsilon(t)] = \frac{n-1}{s}L[t^{n-2}\varepsilon(t)]$$

从而

$$L[t^n\varepsilon(t)] = \frac{n}{s} \cdot \frac{n-1}{s}L[t^{n-2}\varepsilon(t)]$$

继续递推公式,最终可得

$$L[t^n\varepsilon(t)] = \frac{n!}{s^n} \cdot L[\varepsilon(t)]$$

$\varepsilon(t) \leftrightarrow \frac{1}{s}$,从而有

$$t^n\varepsilon(t) \leftrightarrow \frac{n!}{s^{n+1}} \tag{4.1.21}$$

所有正幂信号的收敛域均为 $\sigma>0$。

实际中常见的许多信号,利用式(4.1.7)均可求出其拉普拉斯变换。现将常用拉普拉斯变换对列于表 4.1.1,利用此表可以方便地查出待求的象函数 $F(s)$ 或原函数 $f(t)$。

表 4.1.1　常用信号及其拉普拉斯变换

时域信号	拉普拉斯变换
$f(t)\varepsilon(t)$	$F(s)$
$\delta(t)$	1
$\delta^{(n)}(t)$	s^n
$\varepsilon(t)$	$\dfrac{1}{s}$
$t\varepsilon(t)$	$\dfrac{1}{s^2}$
$t^n\varepsilon(t)$（n 为正整数）	$\dfrac{n!}{s^{n+1}}$
$e^{-\alpha t}\varepsilon(t)$	$\dfrac{1}{s+\alpha}$
$te^{-\alpha t}\varepsilon(t)$	$\dfrac{1}{(s+\alpha)^2}$
$e^{-j\omega_0 t}\varepsilon(t)$	$\dfrac{1}{s+j\omega_0}$
$\sin(\omega_0 t)\varepsilon(t)$	$\dfrac{\omega_0}{s^2+\omega_0^2}$
$\cos(\omega_0 t)\varepsilon(t)$	$\dfrac{s}{s^2+\omega_0^2}$
$e^{-\alpha t}\sin(\omega_0 t)\varepsilon(t)$	$\dfrac{\omega_0}{(s+\alpha)^2+\omega_0^2}$
$e^{-\alpha t}\cos(\omega_0 t)\varepsilon(t)$	$\dfrac{s+\alpha}{(s+\alpha)^2+\omega_0^2}$
$\sum\limits_{n=0}^{\infty}\delta(t-nT)$	$\dfrac{1}{1-e^{-sT}}$
$\sum\limits_{n=0}^{\infty}f_0(t-nT)$	$\dfrac{F_0(s)}{1-e^{-sT}}$
$\sum\limits_{n=0}^{\infty}[\varepsilon(t-nT)-\varepsilon(t-nT-\tau)]$（$T>\tau$）	$\dfrac{1-e^{-s\tau}}{s(1-e^{-sT})}$

符合绝对可积条件的函数，其傅里叶变换、拉普拉斯变换都存在。令傅里叶变换中的 $j\omega$ 为 s，或者令拉普拉斯变换中的 s 为 $j\omega$，这两个变换之间可以相互转换。例如单边衰减指数信号 $e^{-\alpha t}\varepsilon(t)$（$\alpha>0$）满足绝对可积条件，其傅里叶变换和拉普拉斯变换可以相互转换，如图 4.1.4 所示。

对不符合绝对可积条件的函数,其傅里叶变换和拉普拉斯变换则不符合上面的转化关系。例如阶跃信号 $\varepsilon(t)$ 的傅里叶变换和拉普拉斯变换不能相互转换,如图 4.1.5 所示。

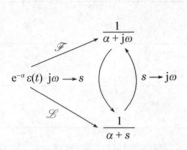

图 4.1.4 单边衰减指数信号的傅里叶变换和拉普拉斯变换转换

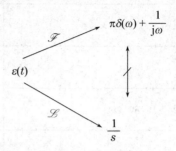

图 4.1.5 阶跃信号的傅里叶变换和拉普拉斯变换

4.2 拉普拉斯变换的性质

和傅里叶变换一样,拉普拉斯变换也有一些重要的性质。掌握这些性质一方面可对变换的本身有深入了解,另一方面,在求拉普拉斯正变换、反变换时可简化运算。

由于拉普拉斯变换可看作傅里叶变换在复频域的推广,本节中拉普拉斯变换与傅里叶变换类似的性质不作证明。但是两种变换是有区别的,要注意它们的相似之处和不同之处,还要注意这些性质都是针对单边拉普拉斯变换的。

1. 线性性质

若
$$f_1(t) \leftrightarrow F_1(s), f_2(t) \leftrightarrow F_2(s)$$
则
$$a_1 f_1(t) + a_2 f_2(t) \leftrightarrow a_1 F_1(s) + a_2 F_2(s) \tag{4.2.1}$$
式中,a_1、a_2 为任意常数。

这个性质说明,拉普拉斯变换是一种线性变换,满足齐次性和叠加性。该式可由拉普拉斯的定义证明,此处省略。

2. 尺度变换

若
$$f(t) \leftrightarrow F(s)$$
则
$$F(at) \leftrightarrow \frac{1}{a} F\left(\frac{s}{a}\right) \quad (a > 0) \tag{4.2.2}$$

式中规定 $a>0$ 是有必要的,单边拉普拉斯变换是针对因果信号,需保证 $f(at)$ 仍为因果信号。

3. 时间平移

若
$$f(t)\varepsilon(t) \leftrightarrow F(s)$$

则
$$f(t-t_0)\varepsilon(t-t_0) \leftrightarrow F(s)\mathrm{e}^{-st_0} \quad (t_0>0) \tag{4.2.3}$$

该性质表明：若信号延时 t_0，则它的拉普拉斯变换应乘以 e^{-st_0}。式中 $t_0>0$ 的规定对单边拉普拉斯变换是必要的，因为若 $t_0>0$，信号的波形有可能左移越过原点，导致原点左边部分的信号对积分失去贡献。

需要强调的是，因果信号 $f(t)\varepsilon(t)$ 延时 t_0 后得到信号 $f(t-t_0)\varepsilon(t-t_0)$，而不是 $f(t-t_0)\varepsilon(t)$。

【例 4.2.1】 求下列信号的拉普拉斯变换：

(1) $f_1(t) = \mathrm{e}^{-t}\varepsilon(t-2)$；

(2) $f_2(t) = \mathrm{e}^{-(t-2)}\varepsilon(t)$。

【解】 (1) 由 $f_1(t) = \mathrm{e}^{-2} \cdot \mathrm{e}^{-(t-2)}\varepsilon(t-2)$，$\mathrm{e}^{-t}\varepsilon(t) \leftrightarrow \dfrac{1}{s+1}$，利用时间平移性有

$$\mathrm{e}^{-(t-2)}\varepsilon(t-2) \leftrightarrow \dfrac{\mathrm{e}^{-2s}}{s+1}$$

所以有

$$f_1(t) \leftrightarrow \mathrm{e}^{-2} \cdot \dfrac{\mathrm{e}^{-2s}}{s+1}$$

收敛域为 $\sigma > -1$。

(2) 由 $f_2(t) = \mathrm{e}^{2} \cdot \mathrm{e}^{-t}\varepsilon(t)$，直接有

$$f_2(t) \leftrightarrow \mathrm{e}^{2} \cdot \dfrac{1}{s+1}$$

时间平移性质的一个重要应用是求周期信号的拉普拉斯变换。

【例 4.2.2】 有始周期函数 $f(t)$ 如图 4.2.1 所示，若其第一个周期的函数记为 $f_1(t)$，且 $f_1(t)$ 的拉普拉斯变换为 $F_1(s)$，求 $f(t)$ 对应的象函数 $F(s)$。

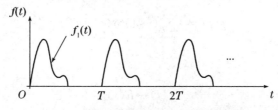

图 4.2.1 有始周期函数 $f(t)$ 的波形图

【解】 有始周期函数 $f(t)$ 可以用它的第一个周期内函数 $f_1(t)$ 进行周期延拓得到

$$f(t) = f_1(t) + f_1(t-T) + f_1(t-2T) + \cdots$$

按照拉普拉斯变换的时间平移性质，得

$$F(s) = F_1(s) + F_1(s)\mathrm{e}^{-sT} + F_1(s)\mathrm{e}^{-2sT} + \cdots = F_1(s)\sum_{n=0}^{\infty}\mathrm{e}^{-nsT}$$

利用等比序列求和公式,得

$$F(s) = \frac{F_1(s)}{1-e^{-sT}} \tag{4.2.4}$$

【结论】 (1) 对于周期为 T 的有始周期函数,求其拉普拉斯变换只需求其第一个周期的变换,再乘以因子 $\frac{1}{1-e^{-sT}}$。

(2) 若见到象函数的分母含有因子 $1-e^{-sT}$,就应想到其原函数为有始周期函数。进行拉普拉斯反变换时也只要作第一个周期的反变换,然后再以 T 为周期延拓。

【例 4.2.3】 已知象函数 $F(s) = \dfrac{1}{1+e^{-sT}}$,求原函数 $f(t)$。

【解】 $F(s) = \dfrac{1}{1+e^{-sT}} = \dfrac{1-e^{-sT}}{1-e^{-s \cdot 2T}}$

令 $F_1(s) = 1-e^{-sT}$,其对应的原函数为

$$f_1(t) = \delta(t) - \delta(t-T)$$

按照上述结论(2),原函数 $f(t)$ 是有始周期函数,可由它的第一个周期函数 $f_1(t)$ 以 $2T$ 为周期延拓得到,则

$$f(t) = \sum_{n=0}^{\infty} f_1(t-n \cdot 2T) = \sum_{n=0}^{\infty} [\delta(t-n \cdot 2T) - \delta(t-T-n \cdot 2T)] \tag{4.2.5}$$

原函数第一个周期内函数 $f_1(t)$ 及原函数 $f(t)$ 波形分别如图 4.2.2、图 4.2.3 所示。

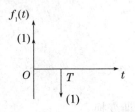

图 4.2.2 原函数 $f(t)$ 第一个周期的波形图

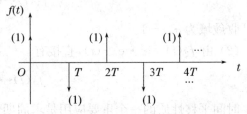

图 4.2.3 原函数 $f(t)$ 的波形图

根据图 4.2.3,原函数也可以写为周期为 T 的函数,即对式(4.2.5)化简,得到下式:

$$f(t) = \sum_{n=0}^{\infty} (-1)^n \delta(t-nT)$$

4. 复频域平移

若

$$f(t) \leftrightarrow F(s)$$

则

$$f(t)e^{\pm s_0 t} \leftrightarrow F(s \mp s_0) \tag{4.2.6}$$

此性质表明,时间函数乘以 $e^{\pm s_0 t}$,相当于其拉普拉斯变换在复频域 s 内移动 $\mp s_0$。

由复频域平移性质及单边正弦信号和单边余弦信号的拉普拉斯变换,可以方便地推导出单边衰减正、余弦函数的象函数,即

$$\sin(\omega_0 t)\varepsilon(t) \leftrightarrow \frac{\omega_0}{s^2+\omega_0^2}, \cos(\omega_0 t)\varepsilon(t) \leftrightarrow \frac{s}{s^2+\omega_0^2}$$

按照式(4.2.6)可以推导出

$$e^{-\alpha t}\sin(\omega_0 t)\varepsilon(t) \leftrightarrow \frac{\omega_0}{(s+\alpha)^2+\omega_0^2}$$

$$e^{-\alpha t}\cos(\omega_0 t)\varepsilon(t) \leftrightarrow \frac{s+\alpha}{(s+\alpha)^2+\omega_0^2}$$

同样地，已知 $t\varepsilon(t) \leftrightarrow \dfrac{1}{s^2}$，可以推导出

$$te^{-\alpha t}\varepsilon(t) \leftrightarrow \frac{1}{(s+\alpha)^2}$$

5. 时域微分

若
$$f(t) \leftrightarrow F(s)$$

则
$$\frac{\mathrm{d}f(t)}{\mathrm{d}t} \leftrightarrow sF(s) - f(0_-) \tag{4.2.7}$$

【证明】
$$L\left[\frac{\mathrm{d}f(t)}{\mathrm{d}t}\right] = \int_{0_-}^{\infty} \frac{\mathrm{d}f(t)}{\mathrm{d}t} e^{-st} \mathrm{d}t = \int_{0_-}^{\infty} e^{-st} \mathrm{d}f(t)$$

$$= f(t)e^{-st}\Big|_{0_-}^{\infty} + s\int_{0_-}^{\infty} f(t)e^{-st} \mathrm{d}t$$

$$= \lim_{t\to\infty} f(t)e^{-st} - f(0_-)e^0 + s\int_{0_-}^{\infty} f(t)e^{-st} \mathrm{d}t$$

式中，$\int_{0_-}^{\infty} f(t)e^{-st} \mathrm{d}t = L[f(t)]$，由于 $L[f(t)] = F(s)$ 是存在的，所以 $\int_{0_-}^{\infty} f(t)e^{-st} \mathrm{d}t$ 这个积分可以积出来，所以要求被积分部分 $f(t)e^{-st}$ 是收敛的，即 $\lim\limits_{t\to\infty} f(t)e^{-st} = 0$。因此有

$$L\left[\frac{\mathrm{d}f(t)}{\mathrm{d}t}\right] = sF(s) - f(0_-)$$

可推广至 n 阶导数：

$$\frac{\mathrm{d}^n f(t)}{\mathrm{d}t^n} \leftrightarrow s^n F(s) - s^{n-1} f(0_-) - s^{n-2} f'(0_-) - s^{n-3} f''(0_-) - \cdots - f^{(n-1)}(0_-) \tag{4.2.8}$$

通常函数 $f(t)$ 在原点不连续，则 $f'(t)$ 在原点将有一冲激强度为在原点跃变值大小的冲激函数。选用 0_- 系统时这个冲激函数要考虑到。

6. 时域积分

若
$$f(t) \leftrightarrow F(s)$$

则
$$\int_0^t f(\tau)\mathrm{d}\tau \leftrightarrow \frac{F(s)}{s} \tag{4.2.9}$$

【证明】 根据拉普拉斯变换的定义：

$$L\left[\int_0^t f(\tau)\mathrm{d}\tau\right] = \int_{0_-}^{\infty} \left[\int_0^t f(\tau)\mathrm{d}\tau\right] e^{-st} \mathrm{d}t = \frac{-1}{s}\int_{0_-}^{\infty} \left[\int_0^t f(\tau)\mathrm{d}\tau\right] \mathrm{d}e^{-st}$$

$$L\left[\int_0^t f(\tau)\mathrm{d}\tau\right] = \frac{-1}{s} \cdot e^{-st}\int_0^t f(\tau)\mathrm{d}\tau\Big|_{0_-}^{\infty} + \frac{1}{s}\int_{0_-}^{\infty} f(t)e^{-st} \mathrm{d}t$$

$$= \frac{-1}{s} \lim_{t \to \infty} e^{-st} \int_0^t f(\tau) d\tau + \frac{1}{s} \int_{0_-}^{\infty} f(t) e^{-st} dt$$

式中，$\int_{0_-}^{\infty} f(t) e^{-st} dt = F(s)$。又 $\int_0^t f(\tau) d\tau$ 拉普拉斯变换 $\int_{0_-}^{+\infty} \int_0^t f(\tau) d\tau \cdot e^{-st} dt$ 存在，要求 $\lim_{t \to \infty} e^{-st} \int_0^t f(\tau) d\tau = 0$。因此有

$$L\left[\int_0^t f(\tau) d\tau\right] = \frac{F(s)}{s}$$

【注意】 这里 $f(t)$ 的积分区间是 $[0, t]$，这对 $f(t)$ 是一个有始信号进行积分运算是合适的。如果积分区间是 $[-\infty, t]$，则应有

$$L\left[\int_{-\infty}^t f(\tau) d\tau\right] = L\left[\int_{-\infty}^0 f(\tau) d\tau + \int_0^t f(\tau) d\tau\right] = \frac{\int_{-\infty}^0 f(\tau) d\tau}{s} + \frac{F(s)}{s} \quad (4.2.10)$$

显然，当 $f(t)$ 是有始信号时，式(4.2.9)和式(4.2.10)两者是一致的。

时域积分性质推广到二重积分情况：

$$\int_0^t \int_0^\lambda f(\tau) d\tau d\lambda \leftrightarrow \frac{F(s)}{s^2} \quad (4.2.11)$$

还可以继续推广至多重积分情况。

7. 复频域微分与积分

(1) 复频域微分

若

$$f(t) \leftrightarrow F(s)$$

则

$$tf(t) \leftrightarrow -\frac{dF(s)}{ds} \quad (4.2.12)$$

(2) 复频域积分

若

$$f(t) \leftrightarrow F(s)$$

则

$$\frac{f(t)}{t} \leftrightarrow \int_s^\infty F(x) dx \quad (4.2.13)$$

复频域微分性质与傅里叶变换的频域微分性质类似，故这里不再证明，下面对复频域积分性质进行证明。

【证明】 $\int_s^\infty F(x) dx = \int_s^\infty \left[\int_{0_-}^\infty f(t) e^{-xt} dt\right] dx = \int_{0_-}^\infty f(t) \left[\int_s^\infty e^{-xt} dx\right] dt$

式中一重积分部分

$$\int_s^\infty e^{-xt} dx = -\frac{1}{t} e^{-xt} \Big|_{x=s}^\infty = \frac{e^{-st}}{t}$$

代入，得

$$\int_s^\infty F(x) dx = \int_{0_-}^\infty \frac{f(t)}{t} e^{-st} dt$$

等式右边对 $\dfrac{f(t)}{t}$ 作拉普拉斯正变换，所以式(4.2.13)得证。

8. 对参变量微分与积分

(1) 对参变量微分

若 $f(\alpha,t) \leftrightarrow F(\alpha,s)$，其中 α 为参变量，则

$$\frac{\partial f(\alpha,t)}{\partial \alpha} \leftrightarrow \frac{\partial F(\alpha,s)}{\partial \alpha} \qquad (4.2.14)$$

(2) 对参变量积分

若 $f(\alpha,t) \leftrightarrow F(\alpha,s)$ 其中 α 为参变量，则

$$\int_{a_1}^{a_2} f(\alpha,t)\,\mathrm{d}\alpha \leftrightarrow \int_{a_1}^{a_2} F(\alpha,s)\,\mathrm{d}\alpha \qquad (4.2.15)$$

【例 4.2.4】 已知 $f(t)=t\mathrm{e}^{-\alpha t}\varepsilon(t)$，求象函数 $F(s)$。

【解】 方法一：

由正幂信号拉普拉斯变换对 $t\varepsilon(t) \leftrightarrow \dfrac{1}{s^2}$，使用复频域平移性质，得

$$f(t)=t\mathrm{e}^{-\alpha t}\varepsilon(t) \leftrightarrow \frac{1}{(s+\alpha)^2}$$

方法二：

由基本拉普拉斯变换对 $\mathrm{e}^{-\alpha t}\varepsilon(t) \leftrightarrow \dfrac{1}{s+\alpha}$，以及复频域微分性质，得

$$f(t)=t\mathrm{e}^{-\alpha t}\varepsilon(t) \leftrightarrow -\frac{\mathrm{d}\left(\dfrac{1}{s+\alpha}\right)}{\mathrm{d}s}=\frac{1}{(s+\alpha)^2}$$

方法三：

使用参变量微分性质，由基本拉普拉斯变换对 $\mathrm{e}^{-\alpha t}\varepsilon(t) \leftrightarrow \dfrac{1}{s+\alpha}$，对参变量 α 求偏导数，得

$$\frac{\partial}{\partial \alpha}[\mathrm{e}^{-\alpha t}\varepsilon(t)]=-t\mathrm{e}^{-\alpha t}\varepsilon(t)$$

所以

$$f(t)=-\frac{\partial}{\partial \alpha}[\mathrm{e}^{-\alpha t}\varepsilon(t)]$$

由参变量微分性质，得

$$F(s)=-\frac{\partial L[\mathrm{e}^{-\alpha t}\varepsilon(t)]}{\partial \alpha}=-\frac{\partial \dfrac{1}{s+\alpha}}{\partial \alpha}=\frac{1}{(s+\alpha)^2}$$

9. 卷积定理

与傅里叶变换中的卷积定理类似，拉普拉斯变换也有卷积定理。

(1) 时域卷积定理

若

$$f_1(t) \leftrightarrow F_1(s), f_2(t) \leftrightarrow F_2(s)$$

则
$$f_1(t) * f_2(t) \leftrightarrow F_1(s)F_2(s) \qquad (4.2.16)$$

【证明】
$$L[f_1(t) * f_2(t)] = \int_0^\infty \left[\int_{-\infty}^\infty f_1(\tau)f_2(t-\tau)d\tau\right] \cdot e^{-st}dt = \int_0^\infty f_1(\tau)\left[\int_0^\infty f_2(t-\tau)e^{-st}dt\right]d\tau$$

由拉普拉斯定义式,上式中一重积分部分 $\int_0^\infty f_2(t-\tau)e^{-st}dt$ 为 $f_2(t-\tau)$ 的拉普拉斯正变换。利用时间平移性,有 $L[f_2(t-\tau)] = F_2(s) \cdot e^{-s\tau}$。

$$L[f_1(t) * f_2(t)] = F_2(s)\int_0^\infty f_1(\tau) \cdot e^{-s\tau}d\tau = F_1(s) \cdot F_2(s)$$

得证。

式(4.2.16)表明,两个信号时域的卷积对应到复频域是两个信号各自拉普拉斯变换的乘积。这个性质和傅里叶变换类似。在应用变换法求解系统响应中,这是一个简便又重要的定理。

(2) 复频域卷积定理

若
$$f_1(t) \leftrightarrow F_1(s), f_2(t) \leftrightarrow F_2(s)$$

则
$$f_1(t)f_2(t) \leftrightarrow \frac{1}{2\pi j}[F_1(s) * F_2(s)] \qquad (4.2.17)$$

式(4.2.17)表明,两个信号时域乘积,对应到复频域为复卷积。

【证明】
$$L[f_1(t) \cdot f_2(t)] = \int_0^\infty f_1(t)\left[\frac{1}{2\pi j}\int_{\sigma-j\infty}^{\sigma+j\infty} F_2(x) \cdot e^{xt}dx\right] \cdot e^{-st}dt$$
$$= \frac{1}{2\pi j}\int_{\sigma-j\infty}^{\sigma+j\infty} F_2(x) \cdot \left[\int_0^\infty f_1(t) \cdot e^{-(s-x)t}dt\right] \cdot dx$$

由拉普拉斯定义式,上式中一重积分部分 $\int_0^\infty f_1(t) \cdot e^{-(s-x)t}dt$ 等于 $F_1(s-x)$,所以

$$L[f_1(t) \cdot f_2(t)] = \frac{1}{2\pi j}\int_{\sigma-j\infty}^{\sigma+j\infty} F_2(x) \cdot F_1(s-x)dx$$

由卷积定义,有

$$L[f_1(t) \cdot f_2(t)] = \frac{1}{2\pi j}[F_1(s) * F_2(s)]$$

得证。

【例 4.2.5】 已知 $F(s) = \dfrac{1}{(s+\alpha)(s+\beta)}$,求原函数 $f(t)$。

【解】 该题的求解方法有很多种,在此使用时域卷积定理为例求解。

$$F(s) = \frac{1}{s+\alpha} \cdot \frac{1}{s+\beta}$$

$e^{-\alpha t}\varepsilon(t) \leftrightarrow \dfrac{1}{s+\alpha}, e^{-\beta t}\varepsilon(t) \leftrightarrow \dfrac{1}{s+\beta}$,由时域卷积定理,所以有

$$f(t) = e^{-\alpha t}\varepsilon(t) * e^{-\beta t}\varepsilon(t)$$

查阅第二章的卷积表 2.4.1，从而得

$$f(t) = \frac{1}{-\beta+\alpha}(e^{-\beta t} - e^{-\alpha t})\varepsilon(t)$$

10. 初值定理

设函数 $f(t)$ 及其导数 $f'(t)$ 存在，且都有拉普拉斯变换，则 $f(t)$ 的初值为

$$f(0_+) = \lim_{t \to 0_+} f(t) = \lim_{s \to \infty} sF(s) \tag{4.2.18}$$

【证明】 由时域微分性质 $\int_0^\infty \frac{\mathrm{d}f(t)}{\mathrm{d}t} e^{-st} \mathrm{d}t = sF(s) - f(0_-)$

对等式左边作变化：

$$\int_0^\infty \frac{\mathrm{d}f(t)}{\mathrm{d}t} e^{-st} \mathrm{d}t = \int_{0_-}^{0_+} \frac{\mathrm{d}f(t)}{\mathrm{d}t} e^{-st} \mathrm{d}t + \int_{0_+}^\infty \frac{\mathrm{d}f(t)}{\mathrm{d}t} e^{-st} \mathrm{d}t$$

$$= \int_{0_-}^{0_+} \mathrm{d}f(t) + \int_{0_+}^\infty e^{-st} \mathrm{d}f(t)$$

$$= f(0_+) - f(0_-) + \int_{0_+}^\infty e^{-st} f'(t) \mathrm{d}t$$

综上所述，有

$$f(0_+) - f(0_-) + \int_{0_+}^\infty e^{-st} f'(t) \mathrm{d}t = sF(s) - f(0_-)$$

等式两边消去 $-f(0_-)$，得到

$$sF(s) = f(0_+) + \int_{0_+}^\infty e^{-st} f'(t) \mathrm{d}t \tag{4.2.19}$$

等式两边令 $s \to \infty$，其中 $\lim_{s \to \infty} \int_{0_+}^\infty e^{-st} f'(t) \mathrm{d}t = \int_{0_+}^\infty \lim_{s \to \infty} e^{-st} \cdot f'(t) \mathrm{d}t = 0$，从而

$$\lim_{s \to \infty} sF(s) = f(0_+)$$

得证。

如果象函数 $F(s)$ 是假分式，通过长除法可以将 $F(s)$ 化为多项式加真分式的形式，即

$$F(s) = a_0 + a_1 s + \cdots + a_p s^p + F_p(s) \tag{4.2.20}$$

其中 $F_p(s)$ 为真分式部分，对应的原函数为 $f_p(t)$。利用单位冲激函数变换对，以及拉普拉斯变换时域微分性质，有

$$\delta(t) \leftrightarrow 1, \delta'(t) \leftrightarrow s, \delta''(t) \leftrightarrow s^2, \cdots, \delta^{(p)}(t) \leftrightarrow s^p$$

则象函数 $F(s)$ 对应的原函数 $f(t)$ 为

$$f(t) = a_0 \delta(t) + a_1 \delta'(t) + \cdots + a_p \delta^{(p)}(t) + f_p(t) \tag{4.2.21}$$

所以象函数 $F(s)$ 为假分式时，原函数 $f(t)$ 在 $t=0$ 处存在冲激函数及其 n 阶导数。这些冲激函数及其 n 阶导数不影响原函数 $f(0_+)$ 的值。所以应有

$$f(0_+) = \lim_{s \to \infty} sF_p(s) \tag{4.2.22}$$

由以上分析看出，初值定理应用的隐含条件是 $F(s)$ 是真分式。若不是，则使用长除法得到真分式部分 $F_p(s)$，代入真分式部分公式(4.2.22)求解初值 $f(0_+)$。

11. 终值定理

设函数 $f(t)$ 及其导数 $f'(t)$ 存在，且都有拉普拉斯变换，则 $f(t)$ 的终值为

$$f(\infty) = \lim_{s \to 0} sF(s) \tag{4.2.23}$$

【证明】 利用初值定理证明过程中得到的式(4.2.19):

$$sF(s) = f(0_+) + \int_{0_+}^{\infty} e^{-st} f'(t) dt$$

两边同时对变量 s 求 $s \to 0$ 的极限,得

$$\begin{aligned}
\lim_{s \to 0} sF(s) &= f(0_+) + \lim_{s \to 0} \int_{0_+}^{\infty} e^{-st} f'(t) dt \\
&= f(0_+) + \int_{0_+}^{\infty} \lim_{s \to 0} e^{-st} \cdot f'(t) dt \\
&= f(0_+) + \int_{0_+}^{\infty} f'(t) dt \\
&= f(0_+) + f(\infty) - f(0_+) = f(\infty)
\end{aligned}$$

得证。

终值定理的应用条件:

(1) $F(s)$ 是真分式。如果 $F(s)$ 是假分式,和求初值采用同样的方法,即长除法,得到真分式部分。利用真分式部分求解终值。

(2) $F(s)$ 的极点必须位于 s 平面的左半平面,原点处若有极点须是单极点。此时 $f(t)$ 是收敛的,$\lim_{t \to \infty} f(t)$ 是一个有限值,可以求解出。

【例 4.2.6】 已知象函数 $F(s) = \dfrac{s}{s+\alpha}(\alpha > 0)$,求 $f(t)$ 的初值和终值。

【解】 求初值:$F(s)$ 是假分式,首先化成多项式加真分式形式,得

$$F(s) = 1 + \frac{-\alpha}{s+\alpha}$$

即真分式部分

$$F_p(s) = \frac{-\alpha}{s+\alpha}$$

所以

$$f(0_+) = \lim_{s \to \infty} s \cdot F_p(s) = \lim_{s \to \infty} s \cdot \frac{-\alpha}{s+\alpha} = -\alpha。$$

求终值:$F(s)$ 的极点 $s = -\alpha$ 位于 s 平面的左半平面,可以利用终值定理求终值

$$f(\infty) = \lim_{s \to 0} sF_p(s) = \lim_{s \to 0} s \cdot \frac{-\alpha}{s+\alpha} = 0$$

【例 4.2.7】 已知 $F(s) = \dfrac{s}{s^2 + \omega_0^2}$,求 $f(t)$ 的初值和终值。

【解】 $F(s) = \dfrac{s}{s^2 + \omega_0^2}$ 为真分式

$$f(0_+) = \lim_{s \to \infty} sF(s) = \lim_{s \to \infty} s \cdot \frac{s}{s^2 + \omega_0^2} = 1$$

由于 $F(s)$ 在虚轴上有一对共轭极点 $s_{1,2} = \pm j\omega_0$,所以 $f(\infty)$ 不存在。

通过本节的讨论可以看出,利用拉普拉斯变换的基本性质可以极大地简化复杂信号的拉普拉斯变换求解过程,扩大了拉普拉斯变换的应用范围。

现将本节中介绍的拉普拉斯变换的性质和定理汇集列于表 4.2.1。灵活应用该表，能轻松求解常见函数的拉普拉斯变换。

表 4.2.1 拉普拉斯变换的基本性质

序号	性质	时域 $f(t)(t \geqslant 0)$	复频域 $F(s)(\sigma > \sigma_0)$
1	线性	$a_1 f_1(t) + a_2 f_2(t)$	$a_1 F_1(s) + a_2 F_2(s)$
2	尺度变换	$f(at)(a>0)$	$\dfrac{1}{a} F\left(\dfrac{s}{a}\right)$
3	时间平移	$f(t-t_0)\varepsilon(t-t_0)(t_0>0)$	$F(s)\mathrm{e}^{-st_0}$
4	复频率频移	$f(t)\mathrm{e}^{s_0 t}$	$F(s-s_0)$
5	时域微分	$\dfrac{\mathrm{d}f(t)}{\mathrm{d}t}$	$sF(s) - f(0_-)$
6	时域积分	$\displaystyle\int_{-\infty}^{t} f(\tau)\mathrm{d}\tau$	$\dfrac{F(s)}{s} + \dfrac{\displaystyle\int_{-\infty}^{0} f(\tau)\mathrm{d}\tau}{s}$
7	复频域微分	$tf(t)$	$-\dfrac{\mathrm{d}F(s)}{\mathrm{d}s}$
8	复频域积分	$\dfrac{f(t)}{t}$	$\displaystyle\int_{s}^{\infty} F(x)\mathrm{d}x$
9	参变量微分	$\dfrac{\partial f(t,a)}{\partial a}$	$\dfrac{\partial F(s,a)}{\partial a}$
10	参变量积分	$\displaystyle\int_{a_1}^{a_2} f(t,a)\mathrm{d}a$	$\displaystyle\int_{a_1}^{a_2} F(s,a)\mathrm{d}a$
11	时域卷积	$f_1(t) * f_2(t)$	$F_1(s) F_2(s)$
12	复频域卷积	$f_1(t) f_2(t)$	$\dfrac{1}{2\pi \mathrm{j}} F_1(s) * F_2(s)$
13	初值	$f(0_+) = \lim\limits_{t \to 0_+} f(t) = \lim\limits_{s \to \infty} sF(s)$	
14	终值	$f(\infty) = \lim\limits_{t \to \infty} f(t) = \lim\limits_{s \to 0} sF(s)$	

4.3 拉普拉斯反变换

拉普拉斯反变换，就是由信号的拉普拉斯变换式 $F(s)$ 求对应的时域信号 $f(t)$ 的过程。拉普拉斯反变换求解法通常有两种，即部分分式展开法以及围线积分法。本节以部分分式展开法为例进行讲解。而部分分式展开的方法与第二章已经学习过的转移算子展开法类似。

常见拉普拉斯变换式是复频域变量 s 的有理分式，一般形式是

$$F(s)=\frac{N(s)}{D(s)}=\frac{b_m s^m+b_{m-1}s^{m-1}+\cdots+b_1 s+b_0}{s^n+a_{n-1}s^{n-1}+\cdots+a_1 s+a_0} \tag{4.3.1}$$

式中,m、n 为整数,a_i、b_i 为实数。

进行部分分式分解前,若 $m \geq n$,则 $F(s)$ 是假分式。这种情况下要首先通过长除法将 $F(s)$ 变成多项式加真分式的形式。多项式的反变换为冲激函数及其各阶导数,具体分析见前文中初值定理式(4.2.21)部分。真分式部分用部分分式展开法求解反变换。

以下讨论如何将真分式分解为部分分式的三种情况。

1. $F(s)$ 单极点情况

$F(s)$ 有 n 个单极点 $s_1, s_2, \cdots, s_n$,且 $n>m$,即 $F(s)$ 为真分式,则

$$F(s)=\frac{k_1}{s-s_1}+\frac{k_2}{s-s_2}+\cdots+\frac{k_i}{s-s_i}+\cdots+\frac{k_n}{s-s_n} \tag{4.3.2}$$

其中,

$$k_i=(s-s_i)F(s)\Big|_{s=s_i} \tag{4.3.3}$$

由单边指数变换对,有

$$\frac{k_i}{s-s_i}\leftrightarrow k_i e^{s_i t}\varepsilon(t)$$

所以

$$f(t)=\sum_{i=1}^n k_i e^{s_i t}\varepsilon(t) \tag{4.3.4}$$

【例 4.3.1】 已知 $F(s)=\dfrac{2s+1}{s^2+3s+2}$,求原函数 $f(t)$。

【解】
$$F(s)=\frac{2s+1}{(s+1)(s+2)}=\frac{k_1}{s+1}+\frac{k_2}{s+2}$$

有两个单极点 $s_1=-1, s_2=-2$。

待定系数
$$k_1=(s+1)F(s)\Big|_{s=-1}=\left[\frac{2s+1}{s+2}\right]_{s=-1}=-1,$$

$$k_2=\left[\frac{2s+1}{s+1}\right]_{s=-2}=3$$

$$F(s)=\frac{-1}{s+1}+\frac{3}{s+2}$$

所以
$$f(t)=(3e^{-2t}-e^{-t})\varepsilon(t)$$

【例 4.3.2】 已知象函数 $F(s)=\dfrac{2s^3+10s^2+18s+9}{2s^2+6s+4}$,求原函数 $f(t)$。

【解】 $F(s)$ 是假分式,首先通过长除法化为整式加真分式的形式。

$$\begin{array}{r}s+2\\2s^2+6s+4{\overline{\smash{\big)}\,2s^3+10s^2+18s+9}}\\2s^3+6s^2+4s\\\hline 4s^2+14s+9\\4s^2+12s+8\\\hline 2s+1\end{array}$$

$$F(s)=s+2+\frac{1}{2}\cdot\frac{2s+1}{s^2+3s+2}=s+2+\frac{1}{2}\left(\frac{3}{s+2}-\frac{1}{s+1}\right)$$

参照基本拉普拉斯变换对及其性质，有

$$f(t)=\delta'(t)+2\delta(t)+\frac{1}{2}(3\mathrm{e}^{-2t}-\mathrm{e}^{-t})\varepsilon(t)$$

2. $F(s)$ 共轭复根情况

对于象函数 $F(s)$ 分母中的二次式有一对共轭复根，则在部分分式展开时应把它们作为整体来处理，即主要利用下列常用单边衰减正弦、余弦信号变换对

$$\mathrm{e}^{-\alpha t}\sin(\omega t)\varepsilon(t)\leftrightarrow\frac{\omega_0}{(s+\alpha)^2+\omega_0^2} \quad (4.3.5)$$

$$\mathrm{e}^{-\alpha t}\cos(\omega t)\varepsilon(t)\leftrightarrow\frac{s+\alpha}{(s+\alpha)^2+\omega_0^2} \quad (4.3.6)$$

【例 4.3.3】 已知象函数 $F(s)=\dfrac{s}{s^2+2s+5}$，求原函数 $f(t)$。

【解】 象函数 $F(s)$ 是真分式，存在共轭极点 $s_{1,2}=-1\pm\mathrm{j}2$，

$$F(s)=\frac{s}{(s+1)^2+4}=\frac{s+1}{(s+1)^2+2^2}-\frac{1}{2}\cdot\frac{2}{(s+1)^2+2^2}$$

由式(4.3.5)、式(4.3.6)得

$$f(t)=\mathrm{e}^{-t}\left[\cos(2t)-\frac{1}{2}\sin(2t)\right]\varepsilon(t)$$

3. $F(s)$ 有重极点情况

若 $F(s)$ 有一个 p 阶极点 s_1，另有 $n-p$ 个单极点 $s_{p+1},\cdots,s_n$，则

$$\begin{aligned}F(s)&=\frac{N(s)}{D(s)}=\frac{N(s)}{(s-s_1)^p(s-s_{p+1})(s-s_{p+2})\cdots(s-s_n)}\\&=\frac{K_{1p}}{(s-s_1)^p}+\frac{K_{1p-1}}{(s-s_1)^{p-1}}+\cdots+\frac{K_{1i}}{(s-s_1)^i}+\cdots+\frac{K_{11}}{s-s_1}\\&\quad+\frac{K_{p+1}}{s-s_{p+1}}+\cdots+\frac{K_n}{s-s_n}\end{aligned} \quad (4.3.7)$$

其中，

$$K_{1i}=\frac{1}{(p-i)!}\cdot\frac{\mathrm{d}^{p-i}}{\mathrm{d}s^{p-i}}\left[(s-s_1)^p F(s)\right]\bigg|_{s=s_1} \quad (4.3.8)$$

由正幂信号的拉普拉斯变换

$$t^n\varepsilon(t)\leftrightarrow\frac{n!}{s^{n+1}} \quad (4.3.9)$$

先利用复频域频移性质

$$t^n e^{at} \varepsilon(t) \leftrightarrow \frac{n!}{(s-\alpha)^{n+1}} \tag{4.3.10}$$

令 $n \to i-1$,得

$$t^{i-1} e^{at} \varepsilon(t) \leftrightarrow \frac{(i-1)!}{(s-\alpha)^i} \tag{4.3.11}$$

得到式(4.3.7)中重极点情况的拉普拉斯反变换:

$$L^{-1}\left[\frac{K_{1i}}{(s-s_1)^i}\right] = \frac{K_{1i}}{(i-1)!} t^{i-1} e^{s_1 t} \varepsilon(t) \tag{4.3.12}$$

从而求出式(4.3.7)对应的原函数 $f(t)$ 为

$$f(t) = \left[\frac{K_{1p}}{(p-1)!} t^{p-1} + \frac{K_{1(p-1)}}{(p-2)!} t^{p-2} + \cdots + K_{12} t + K_{11}\right] e^{s_1 t} \varepsilon(t) + \sum_{i=p+1}^{n} K_i e^{s_i t} \varepsilon(t)$$

即

$$f(t) = \sum_{i=1}^{p} \frac{K_{1i}}{(i-1)!} t^{i-1} e^{s_1 t} \varepsilon(t) + \sum_{i=p+1}^{n} K_i e^{s_i t} \varepsilon(t) \tag{4.3.13}$$

【例 4.3.4】 已知象函数 $F(s) = \dfrac{s-2}{s(s+1)^3}$,求原函数 $f(t)$。

【解】 $F(s)$ 有四个极点,其中 $s_1=0$ 是单极点,$s_2=-1$ 是一个三阶重极点,所以

$$F(s) = \frac{K_1}{s} + \frac{K_{23}}{(s+1)^3} + \frac{K_{22}}{(s+1)^2} + \frac{K_{21}}{s+1}$$

式中

$$K_1 = \frac{s-2}{(s+1)^3}\bigg|_{s=0} = -2$$

$$K_{23} = \frac{s-2}{s}\bigg|_{s=-1} = 3$$

$$K_{22} = \frac{1}{(3-2)!} \cdot \frac{d}{ds}\left[\frac{s-2}{s}\right]\bigg|_{s=-1} = \frac{2}{s^2}\bigg|_{s=-1} = 2$$

$$K_{21} = \frac{1}{(3-1)!} \cdot \frac{d^2}{ds^2}\left[\frac{s-2}{s}\right]\bigg|_{s=-1} = \frac{1}{2} \cdot \frac{d}{ds}\left[\frac{2}{s^2}\right]\bigg|_{s=-1} = \frac{1}{2} \cdot \frac{-4}{s^3}\bigg|_{s=-1} = 2$$

所以

$$F(s) = \frac{-2}{s} + \frac{3}{(s+1)^3} + \frac{2}{(s+1)^2} + \frac{2}{s+1}$$

利用常用拉普拉斯变换对以及式(4.3.13),有

$$f(t) = \left\{-2 + \left[\frac{3}{(3-1)!} t^2 + \frac{2}{(2-1)!} t + \frac{2}{(1-1)!} t^0\right] e^{-t}\right\} \varepsilon(t)$$

化简得

$$f(t) = \left[\left(\frac{3}{2} t^2 + 2t + 2\right) e^{-t} - 2\right] \varepsilon(t)$$

【例 4.3.5】 已知 $F(s) = \dfrac{1-e^{2s}}{s(s^2+4)}$,求 $f(t)$。

【解】 显然 $F(s)$ 不是一个有理分式,不能直接用部分分式法,可以先将 $F(s)$ 表示为

$$F(s) = \frac{1}{s(s^2+4)} - \frac{1}{s(s^2+4)} e^{-2s}$$

对 $F(s)$ 中的因子 e^{-2s}，应该用时间平移性质来求解。

先求解
$$F_1(s) = \frac{1}{s(s^2+4)}$$

$F(s)$ 有三个极点，其中 $s_1=0$ 是单极点，$s_2=\pm 2\mathrm{j}$ 是共轭复根，所以
$$F_1(s) = \frac{1}{4}\left(\frac{1}{s} - \frac{s}{s^2+4}\right) \leftrightarrow \frac{1}{4}[1-\cos(2t)]\varepsilon(t)$$

所以
$$f(t) = \frac{1}{4}[1-\cos(2t)]\varepsilon(t) - \frac{1}{4}\{1-\cos[2(t-2)]\}\varepsilon(t-2)$$

【总结】
(1) 用部分分式法求拉普拉斯反变换，要求 $F(s)$ 是有理真分式。
(2) 如果 $F(s)$ 是假分式，通过长除法将假分式化成多项式加真分式的形式。真分式部分用"部分分式展开法"求反变换，多项式的反变换为冲激函数及其导数。
(3) 对于一些复杂的 $F(s)$，还需要结合拉普拉斯变换的性质来简化计算。

4.4 复频域系统函数

复频域系统函数 $H(s)$，简称系统函数，是线性时移不变连续系统的重要概念，定义为系统冲激响应 $h(t)$ 的拉普拉斯变换，即
$$H(s) = L[h(t)] = \int_{0_-}^{\infty} h(t)\mathrm{e}^{-st}\mathrm{d}t \tag{4.4.1}$$

系统函数 $H(s)$ 和系统冲激响应 $h(t)$ 一样，与系统的激励和响应的具体数值无关，只与系统本身的结构与元件参数有关。利用系统函数 $H(s)$ 能充分、完整地描述系统本身的特性。例如系统激励为 $e(t)=\mathrm{e}^{st}$ 时，系统零状态响应为
$$r_{zs}(t) = \mathrm{e}^{st} * h(t) = \int_{-\infty}^{+\infty} h(\tau)\mathrm{e}^{s(t-\tau)}\mathrm{d}\tau = H(s)\mathrm{e}^{st}$$

此时系统函数 $H(s)$ 是系统激励 $e(t)=\mathrm{e}^{st}$ 时系统零状态响应的加权函数，称 e^{st} 为 s 域本征信号。此时零状态响应 $r_{zs}(t)$ 的变化规律与激励 e^{st} 的变化规律相同，且均为同一复频率 s。

4.4.1 系统函数 $H(s)$ 的求法

1. 由零状态响应和激励求解 $H(s)$

对于线性时不变系统，任意一个信号 $e(t)$ 经过系统的零状态响应 $r_{zs}(t)$ 为
$$r_{zs}(t) = e(t) * h(t)$$

利用拉普拉斯变换的卷积定理对上式两端同时求拉普拉斯变换，并设 $R_{zs}(s)=L[r_{zs}(t)]$，$E(s)=L[e(t)]$，$H(s)=L[h(t)]$，则有

$$R_{zs}(s) = E(s)H(s)$$

因此系统函数 $H(s)$ 可以通过零状态响应 $R_{zs}(s)$ 和激励 $E(s)$ 表示为

$$H(s) = \frac{R_{zs}(s)}{E(s)} \tag{4.4.2}$$

【例 4.4.1】 已知零状态系统微分方程 $\dfrac{d^2 r(t)}{dt^2} + 5\dfrac{dr(t)}{dt} + 6r(t) = \dfrac{de(t)}{dt} + 4e(t)$，求系统函数 $H(s)$。

【解】 利用时域微分性质对微分方程两边同时进行拉普拉斯变换，由于是零状态系统，故令初始值为零，得

$$s^2 R_{zs}(s) + 5s R_{zs}(s) + 6 R_{zs}(s) = sE(s) + 4E(s)$$

由式(4.4.2)，得

$$H(s) = \frac{R_{zs}(s)}{E(s)} = \frac{s+4}{s^2+5s+6}$$

2. 由系统的传输算子 $H(p)$ 求 $H(s)$

对系统冲激响应有

$$h(t) = H(p)\delta(t)$$

对上式两边作拉普拉斯变换，得

$$H(s) = L[h(t)] = L[H(p)\delta(t)] = H(p) \cdot L[\delta(t)] = H(p)$$

即只需将转移算子 $H(p)$ 中的算子 p 换成 s，就可得到 $H(p)$：

$$H(s) = H(p)\Big|_{p=s} \tag{4.4.3}$$

由于

$$H(p) = \frac{N(p)}{D(p)} \Rightarrow H(s) = \frac{N(s)}{D(s)}$$

$D(s) = 0$ 的根 $s_1, s_2, \cdots, s_n$ 称为系统函数 $H(s)$ 的极点；特征方程 $D(s) = 0$ 的根 $\lambda_1, \lambda_2, \cdots, \lambda_n$ 称为特征根或自然频率。所谓特征根、自然频率、系统函数的极点仅名称不同，实质是一样的。

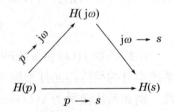

图 4.4.1 关系转换图

事实上转移算子 $H(p)$、频域分析中的转移函数 $H(j\omega)$、复频域分析中的系统函数 $H(s)$ 三者有如图 4.4.1 所示的关系。

3. 根据 s 域电路模型求系统函数 $H(s)$

下文首先介绍如何画电路的 s 域电路模型，然后通过例子给出如何根据 s 域电路模型求系统函数 $H(s)$。

对于线性时不变二端元件 R、L、C，若规定其两端电压 $u(t)$ 与电流 $i(t)$ 为关联参考方向（电流从高电势流向低电势），其相应的象函数分别为 $U(s)$ 和 $I(s)$，则由拉普拉斯变换的线性及微分、积分性质可得它们的 s 域模型。

(1) 电阻

根据时域的伏安关系，$u_R(t) = R \cdot i_R(t)$，取拉普拉斯变换，得

$$U_R(s) = R \cdot I_R(s) \tag{4.4.4}$$

电路模型见表 4.4.1 所示电路元件的 s 域模型电阻一列。

(2) 电感

对于含有初始状态 $i_L(0_-)$ 的电感 L，时域的伏安关系有微分形式和积分形式两种，对应的 s 域模型也有两种。

$$U_L(t) = L\frac{\mathrm{d}i_L(t)}{\mathrm{d}t} \leftrightarrow U_L(s) = sL \cdot I_L(s) - Li_L(0_-) \tag{4.4.5}$$

$$i_L(t) = i_L(0_-) + \frac{1}{L}\int_{0_-}^{t} u_L(\tau)\mathrm{d}\tau \leftrightarrow I_L(s) = \frac{1}{sL} \cdot U_L(s) + \frac{i_L(0_-)}{s} \tag{4.4.6}$$

式中，sL 称为电感 L 的复频域感抗；$\frac{i_L(0_-)}{s}$ 为电感元件初始电流 $i_L(0_-)$ 的象函数，等效表示为附加的独立电流源；$Li_L(0_-)$ 等效表示为附加的独立电压源；$\frac{i_L(0_-)}{s}$ 和 $Li_L(0_-)$ 均称为电感 L 的内激励。根据式(4.4.5)和式(4.4.6)画出电感元件的复频域模型。前者为串联电路模型，后者为并联电路模型。电路模型见表 4.4.1 所示电路元件的 s 域模型的电感一列。

(3) 电容

对于含有初始状态 $u_C(0_-)$ 的电容 C，用与分析电感 s 域模型类似的方法，同理可得电容 C 的 s 域模型为

$$u_C(t) = \frac{1}{C}\int_{0_-}^{t} i_C(\tau)\mathrm{d}\tau + u_C(0_-) \leftrightarrow U_C(s) = \frac{1}{sC}I_C(s) + \frac{u_C(0_-)}{s} \tag{4.4.7}$$

$$i_C(t) = C\frac{\mathrm{d}u_C(t)}{\mathrm{d}t} \leftrightarrow I_C(s) = sCU_C(s) - Cu_C(0_-) \tag{4.4.8}$$

式中，$\frac{1}{sC}$ 称为电容 C 的复频域容抗；$\frac{u_C(0_-)}{s}$ 为电容元件初始电压 $u_C(0_-)$ 的象函数，等效表示为附加的独立电压源；$Cu_C(0_-)$ 等效表示为附加的独立电流源。$\frac{u_C(0_-)}{s}$ 和 $Cu_C(0_-)$ 均称为电容 C 的内激励。根据式(4.4.7)和式(4.4.8)画出电容元件的复频域模型。前者为串联电路模型，后者为并联电路模型。电路模型见表 4.4.1 所示电路元件的 s 域模型的电容一列。

表 4.4.1 电路元件的 s 域模型

		电阻	电感	电容
时域	基本关系	$i_R(t)$ —[R]— $u_R(t)$ $u_R(t) = Ri_R(t)$ $i_R(t) = \frac{1}{R}u_R(t) = Gu_R(t)$	$i_L(t)$ —[L]— $u_L(t)$ $u_L(t) = L\frac{\mathrm{d}i_L(t)}{\mathrm{d}t}$ $i_L(t) = \frac{1}{L}\int_{0_-}^{t} u_L(\tau)\mathrm{d}\tau +$ $i_L(0_-)$	$i_C(t)$ —[C]— $u_C(t)$ $u_C(t) = \frac{1}{C}\int_{0_-}^{t} i_C(\tau)\mathrm{d}\tau +$ $u_C(0_-)$ $i_C(t) = C\frac{\mathrm{d}u_C(t)}{\mathrm{d}t}$

(续表)

		电阻	电感	电容
s 域模型	串联形式	$U_R(s) = RI_R(s)$	$U_L(s) = sLI_L(s) - Li_L(0_-)$	$U_C(s) = \dfrac{1}{sC}I_C(s) + \dfrac{u_C(0_-)}{s}$
	并联形式	$I_R(s) = \dfrac{1}{R}U_R(s)$	$I_L(s) = \dfrac{1}{sL}U_L(s) + \dfrac{i_L(0_-)}{s}$	$I_C(s) = sCU_C(s) - Cu_C(0_-)$

一般情况下作含有电感、电容的复频域电路模型时,通常选用将初始状态等效为串联电压源的等效电路图法。需要注意等效的串联电压源的+、-方向。通常遵循如下规则:对电感串联的等效电压源方向应与流经电感的初始电流方向保持一致,对电容串联的等效电压源方向应与电容的初始电压方向保持一致。

【例 4.4.2】 电路如图所示,开关 K 在 $t=0$ 时开启,画出电路的 s 域电路模型,并求系统函数 $H(s)$。

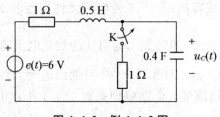

图 4.4.2 例 4.4.2 图

【解】 利用电路知识可求出初始条件为

$$i_L(0_-) = 3 \text{ A}, \quad u_C(0_-) = 3 \text{ V}, \quad E(s) = \frac{6}{s} \text{ V}$$

画出 s 域电路模型如图 4.4.3 所示。

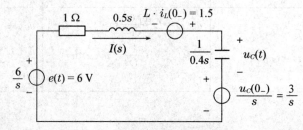

图 4.4.3 例 4.4.2 等效电路模型

系统函数 $H(s)=\dfrac{R_{zs}(s)}{E(s)}$,这里响应与激励的比实为电压比,可以转化为阻抗比,所以有

$$H(s)=\frac{R_{zs}(s)}{E(s)}=\frac{\dfrac{1}{sC}}{1+sL+\dfrac{1}{sC}}=\frac{\dfrac{1}{0.4s}}{1+0.5s+\dfrac{1}{0.4s}}=\frac{5}{s^2+2s+5}$$

4. 根据系统的模拟方框图求 $H(s)$

5. 由系统的信号流图,根据梅森公式求 $H(s)$

以上两种求解系统函数 $H(s)$ 的解法,将会在下文 4.6 小节"线性系统的模拟"中详细介绍。

4.4.2 零、极点图

假设系统函数 $H(s)$ 为单根情况,将分子、分母因式分解,得

$$H(s)=\frac{N(s)}{D(s)}=\frac{H_0(s-z_1)(s-z_2)\cdots(s-z_i)\cdots(s-z_m)}{(s-p_1)(s-p_2)\cdots(s-p_i)\cdots(s-p_n)}$$

式中,$N(s)=0$ 的根 z_i 称为 $H(s)$ 的零点;$D(s)=0$ 的根 p_i 称为 $H(s)$ 的极点;H_0 为分子、分母的最高次项系数之比,为实常数。事实上系统函数的零、极点只能是实数或共轭复数对,可以是多重的。

在 s 平面上,用"○"表示零点,用"×"表示极点,得到的图称为零、极点分布图。若 $H_0\neq 1$,要在图中标出来;若具有多重零点或极点,则应在"○"旁或"×"旁标出其重数。

【例 4.4.3】 下图所示电路激励为 $U_S(s)$,求系统函数 $H_1(s)=\dfrac{I_{L_1}(s)}{U_S(s)}$,$H_2(s)=\dfrac{U_C(s)}{U_S(s)}$ 的零、极点,并绘出其零、极点图。

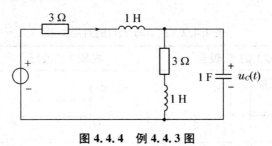

图 4.4.4 例 4.4.3 图

【解】 由于系统函数 $H(s)=\dfrac{R_{zs}(s)}{E(s)}$,与初始状态无关,所以画 s 域电路模型时可以不画出由初始状态等效的并联电压源。对于这种情况甚至可以不画 s 域电路模型,直接将电感用 sL 代替,电容用 $\dfrac{1}{sC}$ 代替。

$H_2(s)=\dfrac{U_C(s)}{U_S(s)}$ 电压比可以转换为阻抗比,且电路中右边两支路并联的阻抗为

$$\frac{1}{sc+\dfrac{1}{3+sL}}=\frac{3+sL}{cLs^2+3sc+1}=\frac{3+s}{s^2+3s+1}$$

所以

$$H_2(s)=\frac{U_C(s)}{U_S(s)}=\frac{\dfrac{3+s}{s^2+3s+1}}{(3+sL)+\dfrac{3+s}{s^2+3s+1}}=\frac{1}{s^2+3s+2}$$

由于

$$I_{L_1}(s)=\frac{U_S(s)-U_C(s)}{3+s}$$

所以

$$H_1(s)=\frac{I_{L_1}(s)}{U_S(s)}=\frac{1}{s+3}\left[1-\frac{U_C(s)}{U_S(s)}\right]=\frac{s^2+3s+1}{(s+3)(s^2+3s+2)}=\frac{(s+0.382)(s+2.618)}{(s+1)(s+2)(s+3)}$$

$H_1(s)$、$H_2(s)$ 的零、极点图如图 4.4.5 所示。

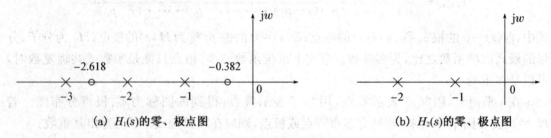

(a) $H_1(s)$ 的零、极点图   (b) $H_2(s)$ 的零、极点图

图 4.4.5 例 4.4.3 题图

表 4.4.2 给出了象函数 $F(s)$ 具有一定的零、极点时,对应的原函数 $f(t)$ 在时域中的波形。

表 4.4.2 $F(s)$ 与 $f(t)$ 的对应关系

$F(s)$	s 平面上的零、极点	时域中的波形	$f(t)$
$\dfrac{1}{s}$			$\varepsilon(t)$
$\dfrac{1}{s^2}$	(2)		$t\varepsilon(t)$
$\dfrac{1}{s^3}$	(3)		$\dfrac{t^2}{2}\varepsilon(t)$

(续表)

$F(s)$	s 平面上的零、极点	时域中的波形	$f(t)$
$\dfrac{1}{s+\alpha}$	极点在 $-\alpha$（负实轴）	衰减指数	$e^{-\alpha t}\varepsilon(t)$
$\dfrac{1}{(s+\alpha)^2}$	二阶极点在 $-\alpha$	先增后减	$te^{-\alpha t}\varepsilon(t)$
$\dfrac{\omega}{s^2+\omega^2}$	极点在 $\pm j\omega$	等幅正弦	$\sin(\omega t)\varepsilon(t)$
$\dfrac{s}{s^2+\omega^2}$	极点在 $\pm j\omega$，零点在原点	等幅余弦	$\cos(\omega t)\varepsilon(t)$
$\dfrac{\omega}{(s+\alpha)^2+\omega^2}$	极点在 $-\alpha\pm j\omega$	衰减振荡	$e^{-\alpha t}\sin(\omega t)\varepsilon(t)$
$\dfrac{s+\alpha}{(s+\alpha)^2+\omega^2}$	极点在 $-\alpha\pm j\omega$，零点在 $-\alpha$	衰减振荡	$e^{-\alpha t}\cos(\omega t)\varepsilon(t)$
$\dfrac{2\omega s}{(s^2+\omega^2)^2}$	二阶极点在 $\pm j\omega$	增幅振荡	$t\sin(\omega t)\varepsilon(t)$

由表 4.4.2 观察极点的所在位置对应时间函数的波形，有以下结论：

(1) 负实轴上的极点对应的时间函数按极点的阶数不同具有 $e^{-\alpha t}\varepsilon(t)$、$te^{-\alpha t}\varepsilon(t)$、$t^2 e^{-\alpha t}\varepsilon(t)$ 等形式。

(2) 左半 s 平面内共轭极点对应于衰减振荡 $e^{-\alpha t}\sin(\omega t)\varepsilon(t)$ 或 $e^{-\alpha t}\cos(\omega t)\varepsilon(t)$。

(3) 虚轴上共轭极点对应于等幅振荡。

(4) 正实轴上极点对应于指数规律增长的波形；右半 s 平面内的共轭极点则对应于增幅振荡。

表 4.4.2 还给出了 $F(s)$ 部分零点的情况。$F(s)$ 的零点只与 $f(t)$ 分量的幅度、相位大小有关系，不影响时间函数的模式。

4.5 线性系统复频域分析法

拉普拉斯变换是分析线性连续系统的有力工具，将描述系统的时域微积分方程变换为 s 域的代数方程，系统的初始状态自然反映在象函数中。所以用 s 域分析法（或称为复频域分析法）可求得零输入响应、零状态响应以及全响应。

4.5.1 拉普拉斯变换求全响应

若 $f(t) \leftrightarrow F(s)$ 是一对拉普拉斯变换对，按照拉普拉斯变换的时域微分性，则

$$\frac{\mathrm{d}f(t)}{\mathrm{d}t} \leftrightarrow sF(s) - f(0_-)$$

$$\frac{\mathrm{d}^2 f(t)}{\mathrm{d}t^2} \leftrightarrow s^2 F(s) - sf(0_-) - f'(0_-)$$

$$\vdots$$

利用拉普拉斯变换的时域微分性质，可将线性微分方程转为复频域的线性代数方程，并且系统的初始状态自然反映在象函数中，从而可直接求解全响应。这种方法称为 s 域分析法（或复频域分析法）。

【例 4.5.1】 已知一个二阶系统的微分方程为

$$\frac{\mathrm{d}^2 r(t)}{\mathrm{d}t^2} + 2\frac{\mathrm{d}r(t)}{\mathrm{d}t} + r(t) = e(t)$$

已知输入信号 $e(t) = \varepsilon(t)$，初始状态 $r(0) = 1, r'(0) = 1$，试求系统全响应。

【解】 利用拉普拉斯变换的性质对系统方程两边进行拉普拉斯变换

$$[s^2 R(s) - sr(0) - r'(0)] + 2[sR(s) - r(0)] + R(s) = E(s)$$

$$(s^2 + 2s + 1)R(s) = E(s) + (s+2)r(0) + r'(0)$$

$$R(s) = \frac{E(s)}{s^2 + 2s + 1} + \frac{(s+2)r(0) + r'(0)}{s^2 + 2s + 1} \tag{4.5.1}$$

由于 $E(s) = L[e(t)] = \dfrac{1}{s}$，将初始条件一起代入并整理，得

$$R(s) = \frac{s^2 + 3s + 1}{s(s+1)^2} = \frac{1}{s} + \frac{1}{(s+1)^2}$$

极点为 $\lambda_1 = 0, \lambda_2 = \lambda_3 = -1$。

进行拉普拉斯反变换得到系统全响应为

$$r(t)=(1+te^{-t})\varepsilon(t)$$

由本例可见用 s 域分析法求解系统响应的实质是将微分方程经拉普拉斯变换转换为复频域内的代数方程,解代数方程后再进行拉普拉斯反变换得系统的全响应。在这种变换过程中,反映系统储能的初始条件可自动代入,运算简单。

4.5.2 从信号分解的角度分析系统

前已述及,因为线性系统具有叠加性和齐次性,因此全响应可由零输入响应和零状态响应相叠加求得:

$$r(t)=r_{zi}(t)+r_{zs}(t)$$

在例 4.5.1 中,计算到式(4.5.1)时,可看到全响应的象函数分为两部分,一部分只与激励的象函数 $E(s)$ 有关,一部分只与初始状态有关,因此相应的系统全响应的象函数也可以分成两部分,即

$$R(s)=R_{zi}(s)+R_{zs}(s)$$

分别对 $R_{zi}(s)$、$R_{zs}(s)$ 求拉普拉斯反变换就可以求得零输入响应 $r_{zi}(t)$ 和零状态响应 $r_{zs}(t)$。以下分别总结了零输入响应和零状态响应的求解方法。

1. 零输入响应的求解

(1) 若已知系统微分方程,在对方程两边作拉普拉斯变换时令输入为零。

(2) 在作等效电路时不计入激励电源。

(3) 基于系统函数 $H(s)$ 的方法,求出 $H(s)$ 的极点 $s_1,s_2,\cdots,s_n$;据极点的不同情况写出零输入响应的一般形式;由初始条件确定待定系数。

2. 零状态响应求解

(1) 若已知系统微分方程,在对方程两边作拉普拉斯变换时令初始值为零。

(2) 在作等效电路时不计入由初值等效的电源,甚至可以不作等效电路。

(3) 基于系统函数 $H(s)$ 的方法,与前面傅里叶变换分析法类似,由 $R_{zs}(s)=E(s)H(s)$ 再作拉普拉斯反变换。

【例 4.5.2】 电路如图 4.5.1 所示,响应为回路电流 $i_l(t)$,分别求零输入响应、零状态响应及全响应。

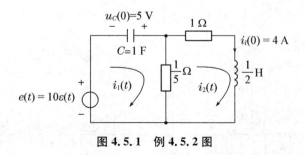

图 4.5.1 例 4.5.2 图

【解】 作 s 域等效电路如图 4.5.2 所示。

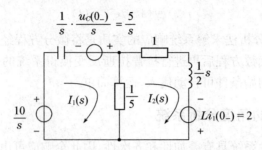

图 4.5.2 例 4.5.2 s 域模型等效电路

第一步，求零输入响应。

将电路中的激励短路列回路方程：

$$\begin{cases} \dfrac{5}{s} = \dfrac{1}{s}I_1(s) + \dfrac{1}{5}[I_1(s) - I_2(s)] \\ 2 = \left(\dfrac{s}{2}+1\right)I_2(s) + \dfrac{1}{5}[I_2(s) - I_1(s)] \end{cases}$$

求解线性方程，得

$$I_1(s) = \frac{\begin{vmatrix} \dfrac{5}{s} & -\dfrac{1}{5} \\ 2 & \dfrac{s}{2}+\dfrac{6}{5} \end{vmatrix}}{\begin{vmatrix} \dfrac{2}{s}+\dfrac{1}{5} & -\dfrac{1}{5} \\ -\dfrac{1}{5} & \dfrac{s}{2}+\dfrac{6}{5} \end{vmatrix}} = \frac{29s+60}{s^2+7s+12} = \frac{-27}{s+3} + \frac{56}{s+4}$$

所以

$$i_{1zi}(t) = (-27\mathrm{e}^{-3t} + 56\mathrm{e}^{-4t})\varepsilon(t)$$

第二步，求零状态响应。

将电路中的等效电源短路列回路方程：

$$\begin{cases} \left(\dfrac{1}{s}+\dfrac{1}{5}\right)I_1(s) - \dfrac{1}{5}I_2(s) = \dfrac{10}{s} \\ -\dfrac{1}{5}I_1(s) + \left(\dfrac{s}{2}+\dfrac{6}{5}\right)I_2(s) = 0 \end{cases}$$

求解线性方程，得

$$I_1(s) = \frac{\begin{vmatrix} \dfrac{10}{s} & -\dfrac{1}{5} \\ 0 & \dfrac{s}{2}+\dfrac{6}{5} \end{vmatrix}}{\begin{vmatrix} \dfrac{1}{s}+\dfrac{1}{5} & -\dfrac{1}{5} \\ -\dfrac{1}{5} & \dfrac{s}{2}+\dfrac{6}{5} \end{vmatrix}} = \frac{50s+120}{s^2+7s+12} = \frac{-30}{s+3} + \frac{80}{s+4}$$

即
$$i_{1zs}(t)=(-30e^{-3t}+80e^{-4t})\varepsilon(t)$$

所以全响应
$$i_1(t)=i_{1zi}(t)+i_{1zs}(t)=(-57e^{-3t}+136e^{-4t})\varepsilon(t)$$

【例 4.5.3】 电路如图 4.5.3 所示,开关 K 在 $t=0$ 时开启,求 $t>0$ 时的 $u_C(t)$ 的零输入响应、零状态响应和全响应。

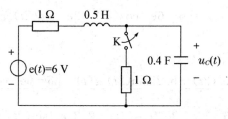

图 4.5.3 例 4.5.3 图

【解】 在例 4.4.2 中已求过该电路的系统函数,有
$$H(s)=\frac{R_{zs}(s)}{E(s)}=\frac{5}{s^2+2s+5}$$

第一步,求零输入响应 $u_{Czi}(t)$。

极点: $s_{1,2}=-1\pm j2$,所以
$$u_{Czi}(t)=e^{-t}[c_1\cos(2t)+c_2\sin(2t)]$$

先求系统初始状态,由于开关在 $t<0$ 时一直处于闭合状态,所以
$$i_L(0_-)=\frac{6}{1+1}=3\text{ A}, u_C(0_-)=3\text{ V}$$

因为 $t>0$ 时,
$$i_L(t)=i_C(t)=C\frac{du_C(t)}{dt}$$

所以
$$u'_C(0_-)=\frac{1}{C}i_L(0_-)=\frac{3}{0.4}=7.5\text{ V/s}$$

代入初值得
$$\begin{cases}c_1=3\\-c_1+2c_2=7.5\end{cases}\Rightarrow\begin{cases}c_1=3\\c_2=5.25\end{cases}$$

求得
$$u_{Czi}(t)=e^{-t}[3\cos(2t)+5.25\sin(2t)]\varepsilon(t)$$

第二步,求 $u_{Czs}(t)$。

这里注意激励应当为
$$E(s)=\frac{6}{s}$$

$$U_{Czs}(s)=E(s)H(s)=\frac{6}{s}\cdot\frac{5}{s^2+2s+5}=\frac{K_1}{s}+\frac{K_2(s)}{s^2+2s+5}$$

$$K_1 = \frac{30}{s^2+2s+5}\bigg|_{s=0} = 6$$

$$K_2(s) = \frac{30}{s}\bigg|_{s^2+2s+5=0} = \frac{30}{s}\bigg|_{\frac{1}{s}=-\frac{s+2}{5}} = -6(s+2)$$

$$U_{Czs}(s) = \frac{6}{s} - 6\left[\frac{s+1}{(s+1)^2+2^2} + \frac{1}{2} \cdot \frac{2}{(s+1)^2+2^2}\right]$$

求拉普拉斯反变换

$$u_{Czs}(t) = [6 - 6\mathrm{e}^{-t}\cos(2t) - 3\mathrm{e}^{-t}\sin(2t)]\varepsilon(t)$$

最终求得

$$\begin{aligned}u_C(t) &= u_{Czi}(t) + u_{Czs}(t) \\ &= \underbrace{\mathrm{e}^{-t}[3\cos(2t)+5.25\sin(2t)]\varepsilon(t)}_{\text{零输入响应}} + \underbrace{[6-6\mathrm{e}^{-t}\cos(2t)-3\mathrm{e}^{-t}\sin(2t)]\varepsilon(t)}_{\text{零状态响应}} \\ &= [\underbrace{6}_{\text{受迫响应、稳态响应}} \underbrace{-3\mathrm{e}^{-t}\cos(2t)+2.25\mathrm{e}^{-t}\sin(2t)}_{\text{自然响应、瞬态响应}}]\varepsilon(t)\end{aligned}$$

4.6 线性系统的模拟

由前面的学习内容可知,线性系统可以用具体的电路即物理模型来描述,也可用微分方程即数学模型来描述。本节介绍使用模拟方框图和信号流图来描述线性系统。模拟方框图即用一些基本的运算器从数学意义上来模拟线性系统的输入输出关系。信号流图可看作一种简化的模拟图,但它更简洁、更通用,并且可用梅森(Mason)公式求出系统任意两点之间的传输值。

4.6.1 线性系统的模拟方框图

1. 模拟方框图基本运算器

模拟方框图用的基本运算器有三种:加法器、标量乘法器和积分器,每一个基本运算器代表完成一种运算功能。按照基本运算器代表时域中的运算或复频域中的运算,系统的模拟也有时域模拟图和复频域模拟图。

图 4.6.1(a)和(b)分别表示加法器和乘法器的运算关系,输入信号用函数 $x(t)$ 或其拉普拉斯变换 $X(s)$ 表示,输出信号用函数 $y(t)$ 或其拉普拉斯变换 $Y(s)$ 表示。

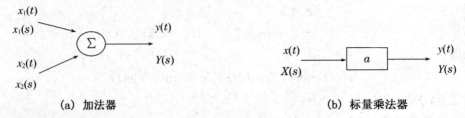

(a) 加法器　　　　　　　　　　　(b) 标量乘法器

图 4.6.1　加法器和标量乘法器方框图

图 4.6.1(a)的输出信号等于若干个输入信号之和:

$$y(t) = x_1(t) + x_2(t)$$
$$Y(s) = X_1(s) + X_2(s)$$

图 4.6.1(b)的输出信号是输入信号的 a 倍，a 是一个标量：

$$y(t)=ax(t)$$

$$Y(s)=aX(s)$$

时域中的加法运算对应于复频域中的加法运算，时域中的标量乘法运算对应于复频域中的标量乘法运算，所以加法器和乘法器在时域中的模型符号和在复频域中的模型符号相同。

图 4.6.2 给出了积分器的模拟框图，在初始条件为零和不为零两种情况下的时域模型和复频域模型共有四种。

(a) 初始条件为零，时域　(b) 初始条件不为零，时域

(c) 初始条件为零，复频域　(d) 初始条件不为零，复频域

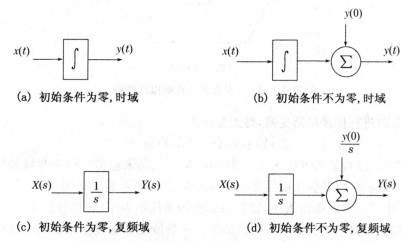

图 4.6.2　积分器框图

图 4.6.2(a)：　$y(t)=\int_0^t x(\tau)\mathrm{d}\tau$

图 4.6.2(b)：　$y(t)=\int_0^t x(\tau)\mathrm{d}\tau+y(0)$

图 4.6.2(c)：　$Y(s)=\dfrac{X(s)}{s}$

图 4.6.2(d)：　$Y(s)=\dfrac{X(s)}{s}+\dfrac{y(0)}{s}$

2. 直接模拟型框图

下面讨论如何用这三种基本运算单元实现一个微分方程描述的系统。先考虑简单的一阶微分方程的模拟。一阶微分方程为

$$y'(t)+a_0y(t)=x(t) \tag{4.6.1}$$

可以改写为

$$y'(t)=x(t)-a_0y(t) \tag{4.6.2}$$

由式(4.6.2)可知，实现一阶微分方程需要一个加法器：由 $x(t)$、$-a_0y(t)$得到 $y'(t)$；一个积分器：由 $y'(t)$得到 $y(t)$；一个标量乘法器：由 $y(t)$得到$-a_0y(t)$。画出一阶微分方程的模拟图如图 4.6.3(a)所示。

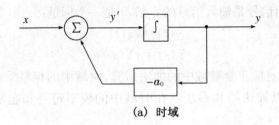

(a) 时域

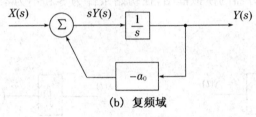

(b) 复频域

图 4.6.3　一阶微分系统模拟方框图

将式(4.6.2)进行拉普拉斯变换,得到变换式

$$sY(s)=X(s)-a_0Y(s) \tag{4.6.3}$$

由变换式(4.6.3),显然可用图 4.6.3(b)的复频域图来模拟。因为时域和复频域两种模拟方框图的结构完全相同,所以后文中只画二者之一,不再重复作图。

图 4.6.3 中没有考虑初始条件,如果系统初始条件不为零,可以像图 4.6.2(b)、(c)中那样,在积分器后紧接一加法器引入初始条件。一般情况下画模拟方框图时往往省略初始条件,免得模拟图形过于复杂拥挤。

简单的二阶微分方程的一般形式

$$y''(t)+a_1y'(t)+a_0y(t)=x(t) \tag{4.6.4}$$

可以改写为

$$y''(t)=x(t)-a_1y'(t)-a_0y(t) \tag{4.6.5}$$

采用与简单一阶微分方程模拟方框图类似的方法,利用一个加分器、两个积分器、两个标量乘法器可以实现简单二阶微分方程的方框图模拟,如图 4.6.4 所示。

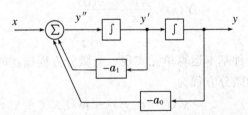

图 4.6.4　简单的二阶微分系统模拟方框图

对于一般的二阶连续系统,其微分方程中还可能包含输入函数 $x(t)$ 的微分,其方程为

$$y''(t)+a_1y'(t)+a_0y(t)=b_1x'(t)+b_0x(t) \tag{4.6.6}$$

对于这类系统可以用不同的方法来模拟,一种方法是引用一辅助函数 $q(t)$。可以将式(4.6.6)写成如下的等价形式:

$$\begin{cases} q''(t)+a_1q'(t)+a_0q(t)=x(t) \\ y(t)=b_1q'(t)+b_0q(t) \end{cases} \quad (4.6.7)$$

根据等价形式分两步画出二阶微分方程模拟方框图,先画出关于输入函数 $x(t)$ 部分的模拟方框图,需要两个延迟器、一个加法器、两个数乘器,如图 4.6.5 所示。

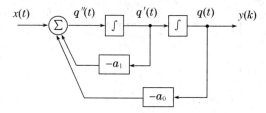

图 4.6.5　二阶微分方程模拟方框图部分

在此基础之上,再画上响应函数 $y(t)$ 部分,需要再加上两个数乘器、一个加法器,则得到整个二阶微分方程的模拟方框图,如图 4.6.6 所示。

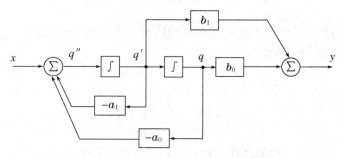

图 4.6.6　二阶微分方程模拟方框图

按照同样的处理方法,可以对一般的 n 阶连续系统进行模拟,其微分方程为

$$y^{(n)}+a_{n-1}y^{(n-1)}+\cdots+a_1y'+a_0y= \\ b_mx^{(m)}+b_{m-1}x^{(m-1)}+\cdots+b_1x'+b_0x \quad (4.6.8)$$

本书中讨论的是因果系统,所以现在的响应函数不能取决于未来的输入函数,因此输入函数的最高序号不能大于响应函数的最高序号,即一定有 $m \leqslant n$。

引用辅助函数 $q(t)$ 可将 n 阶微分方程写成如下的等价形式:

$$\begin{cases} q^{(n)}(t)+a_{n-1}q^{(n-1)}(t)+\cdots+a_0q(t)=x(t) \\ y(t)=b_mq^{(m)}(t)+b_{m-1}q^{(m-1)}(t)+\cdots+b_0q(t) \end{cases} \quad (4.6.9)$$

根据前文所述二阶连续系统微分方程模拟方框图作图法,作出 n 阶连续系统的模拟方框图如图 4.6.7 所示。

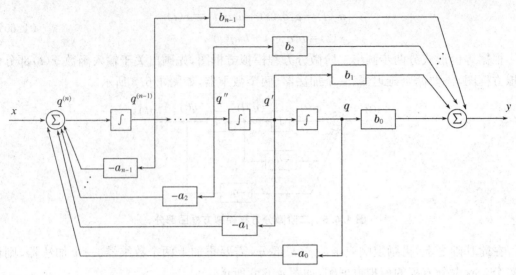

图 4.6.7　n 阶微分方程模拟方框图

以上讨论的由微分方程作出的系统模拟框图称为直接型模拟框图。

n 阶系统对应的系统函数为

$$H(s) = \frac{b_m s^m + b_{m-1} s^{m-1} + \cdots + b_1 s + b_0}{s^n + a_{n-1} s^{n-1} + \cdots + a_1 s + a_0}$$

$$= b_m \frac{(s-z_1)(s-z_2) \cdots (s-z_m)}{(s-p_1)(s-p_2) \cdots (s-p_n)} \tag{4.6.10}$$

式中,$z_1, z_2, \cdots, z_m$ 为 $H(s)$ 的零点;$p_1, p_2, \cdots, p_n$ 为 $H(s)$ 的极点。

总结画直接型模拟方框图的规律:

(1) 框图中积分器的数目与系统的阶数相同;

(2) 图中前向支路的系数就是微分方程右边的系数或系统函数分子多项式的系数;

(3) 图中反馈支路的系数就是微分方程左边的系数或系统函数分母多项式的系数取负;

(4) 复频域中的框图只要将时域框图中相应的变量换成复频域中的变量、积分器换成 $1/s$。

3. 并联、级联模拟框图

由式(4.6.10)可见,如果模拟系统中任一参数 a_i(或 b_i)发生变化,则系统函数的所有极点(或零点)在平面上的位置都将重新配置。因此有时用直接模拟框图来分析系统参数对系统功能的影响就很不方便。实际应用中常把一个大系统分解成由若干子系统连接的形式来构成模拟方框图,常有并联、级联(串联)两种连接方式。

(1) 系统可由若干个一阶或二阶子系统并联构成,如图 4.6.8 所示。

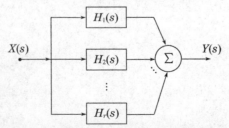

图 4.6.8　子系统的并联

并联连接时系统函数为各子系统的系统函数之和,即

$$H(s)=H_1(s)+H_2(s)+\cdots+H_r(s) \tag{4.6.11}$$

(2) 系统可由若干个一阶或二阶子系统级联(串联)构成,如图 4.6.9 所示。

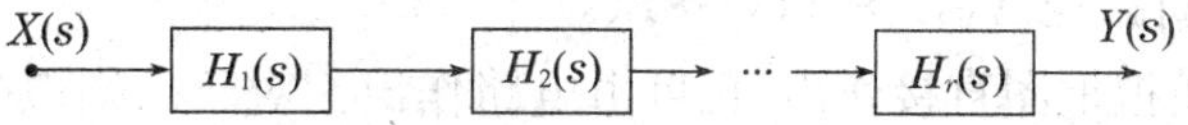

$$X(s) \rightarrow \boxed{H_1(s)} \rightarrow \boxed{H_2(s)} \rightarrow \cdots \rightarrow \boxed{H_r(s)} \rightarrow Y(s)$$

图 4.6.9 子系统的级联

级联连接时系统函数为各子系统的系统函数之积,即

$$H(s)=H_1(s) \cdot H_2(s) \cdot \cdots \cdot H_r(s) \tag{4.6.12}$$

上述两种连接,都是通过将系统函数分解,分解时注意,若零点和极点中有共轭复根、重根,则保留因式,作为一个整体。无论是在子系统并联还是级联情况下,调整某一个子系统的参数仅影响该子系统的极点或零点在 s 平面上的位置,而对其他子系统的零、极点不产生影响。

4.6.2 信号流图

信号流图用线图结构来描述线性方程组变量间的因果关系,因此也可看成一种模拟图。信号流图主要由结点、支路和环组成。例如用图 4.6.3(b)框图表示的一阶系统,用流图来描述则如图 4.6.10 所示。

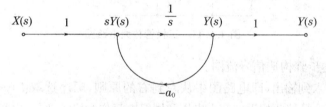

图 4.6.10 一阶系统的流图

信号流图中常用的一些术语如下所述。

结点:表示信号变量的点,如图 4.6.10 中的点 $X(s)$、$sY(s)$、$Y(s)$。

支路:表示信号变量间因果关系的有向线段。

支路传输值:支路因果变量间的转移函数。如图 4.6.10 中的 $X(s)$ 与 $sY(s)$ 变量间的支路传输值为 1。

入支路:流向结点的支路,如图 4.6.10 中的结点 $sY(s)$ 有两条入支路,传输值分别为 1 及 $-a_0$。

出支路:流出结点的支路,如图 4.6.10 中的点 $sY(s)$ 有一条出支路,传输值为 $\frac{1}{s}$。

源结点:仅有出支路的结点,通常源结点表示该信号为输入信号,如图 4.6.10 中的点 $X(s)$。

汇结点:仅有入支路的结点,通常汇结点表示输出响应信号。有时为了突出输出信号为汇结点,会加上一根传输值为 1 的有向线段,如图 4.6.10 中右侧所示。

闭环:信号流通的闭合路径称为闭环,如图 4.6.10 中的结点 $sY(s)$ 与 $Y(s)$ 间则为一闭

环。闭环亦常简称为环。

自环:仅包含有一支路的闭环。

前向路径:由源结点至汇结点不包含任何环路的信号流通路径,称为前向路径。如图 4.6.10 仅有一条前向路径 $X(s){\to}sY(s){\to}Y(s)$。

信号流图可由模拟框图直接作出,也可由电路作出。对于已知微分方程或系统函数的信号流图构筑方法与模拟框图类似。根据电路构筑信号流图,通常分为三个步骤:

(1) 确定输入变量、输出变量和中间变量(一般选回路电流和节点电压)。

(2) 找出各变量之间的传输值。

(3) 用小圆圈表示信号,用支路表示信号的流向和传输值,按信号的流向将它们连接起来。

下面通过例子来理解信号流图构造过程。

【例 4.6.1】 三极管放大电路如图 4.6.11 所示,根据电路图作信号流图。

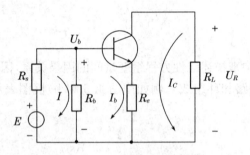

图 4.6.11 三极管放大电路图

【解】 按上述步骤构造信号流图。

(1) 按照从输入到输出,即电路图中从左到右的原则,顺序选取 $E(s){\to}I(s){\to}U_b(s){\to}I_b(s){\to}I_C(s){\to}U_R(s)$ 等彼此相近的节点电压和回路电流作为输入变量、中间变量和输出变量。

(2) 找出各变量之间的传输值,即用前后相近的变量写出各变量的计算表达式:

$$I(s)=\frac{E(s)-U_b(s)}{R_s}, U_b(s)=R_b[I(s)-I_b(s)]$$

$$I_b=\frac{U_b(s)-[I_C(s)+I_b(s)]R_e}{r_{be}}, I_C(s)=\beta \cdot I_b(s), U_R(s)=-I_C(s) \cdot R_L$$

(3) 用小圆圈表示信号,先按 $E(s){\to}I(s){\to}U_b(s){\to}I_b(s){\to}I_C(s){\to}U_R(s)$ 顺序画出前向路径;再按照(2)中给出计算式,用支路表示信号的流向和传输值,画出信号流图。

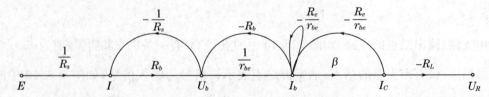

图 4.6.12 例 4.6.1 信号流图

信号流图可以按照一定的规则逐步简化,最终简化为激励与输出之间仅有一条支路的简化信号流图,此时支路上的传输值就是输入输出之间的传输值或转移函数。下面介绍信号流图的化简规则。

1. 支路级联情况

支路级联时有各支路首尾相接,如图4.6.13(a)所示,信号间关系如下:
$$x_1 = E \cdot H_1, x_2 = x_1 \cdot H_2, Y = x_2 \cdot H_3$$

所以激励信号E和响应信号Y之间有如下关系:
$$Y = E \cdot H_1 H_2 H_3$$

据此画出支路级联情况下的化简图,见图4.6.13(b)。

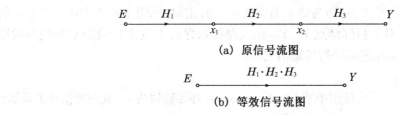

(a) 原信号流图

(b) 等效信号流图

图4.6.13 支路级联情况下的化简

2. 支路并联情况

支路并联时各支路始于同一结点,终于同一结点,如图4.6.14(a)所示。此时激励信号E和响应信号Y之间有如下关系:
$$Y = E \cdot H_1 + E \cdot H_2 + E \cdot H_3 = E \cdot (H_1 + H_2 + H_3)$$

据此画出支路级联情况下的化简图,见图4.6.14(b)。

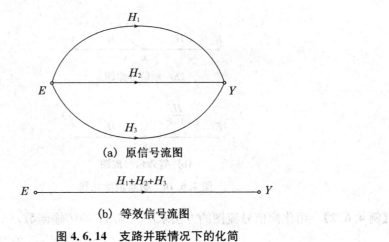

(a) 原信号流图

(b) 等效信号流图

图4.6.14 支路并联情况下的化简

3. 消除结点

如图4.6.15(a)所示,信号流图中有一结点x,此时各信号之间关系如下:
$$x = E_1 \cdot H_1 + E_2 \cdot H_2, Y_1 = x \cdot H_3, Y_2 = x \cdot H_4$$

所以两响应信号E_1、E_2分别与两激励信号Y_1、Y_2之间有如下关系:
$$\begin{cases} Y_1 = E_1 \cdot H_1 H_3 + E_2 \cdot H_2 H_3 \\ Y_2 = E_1 \cdot H_1 H_4 + E_2 \cdot H_2 H_4 \end{cases}$$

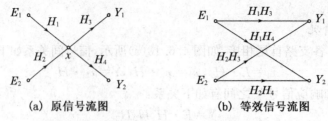

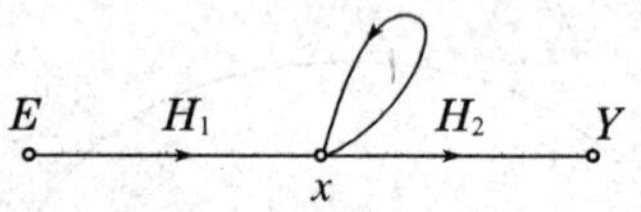

(a) 原信号流图　　　　　　(b) 等效信号流图

图 4.6.15　极点消除化简

据此关系式画出信号流图,即为消去结点情况下的化简,见图 4.6.15(b)。结点 x 的消除满足两点规律:(1) 对于目标结点 Y_1、Y_2,输入路径数保持不变;(2) 化简后响应与激励路径的传输值等于所原来经过路径的传输值之积。

4. 消除自环

如图 4.6.16(a)所示,信号流图中结点 x 有一自环,自环传输值为 k。此时各信号关系如下:
$$x = E \cdot H_1 + x \cdot k, Y = x \cdot H_2$$

关系式也可以改写为
$$x = E \cdot \frac{H_1}{1-k}, Y = x \cdot H_2$$

据此关系式画出信号流图,即为消去自环情况下的化简图,见图 4.6.16(b)。对存在自环的结点 x,自环消除满足两点规律:(1) x 的出支路不变,包括出支路的条数、出支路的传输值都保持不变;(2) x 剩下的入支路传输值除以 $1-k$,k 为自环的传输值。

```
        H₁       H₂
E ●────────●────────● Y
            x
```

(a) 原信号流图

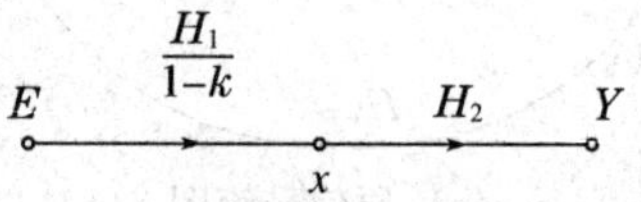

```
       H₁/(1-k)     H₂
E ●────────────●────────● Y
                x
```

(b) 等效信号流图

图 4.6.16　极点消除化简

【例 4.6.2】 用化简信号流图的方法求图 4.6.17 的传输函数。

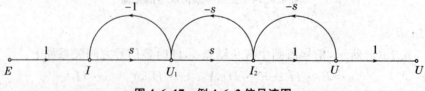

图 4.6.17　例 4.6.2 信号流图

【解】 (1) 消去结点 I,则目标结点 U_1 输入路径数不变,仍为两条。一条路径为从 E 出发到 U_1,传输值为 $1 \cdot s = s$;一条路径为从 U_1 自身出发到 U_1,传输值为 $(-1) \cdot s = -s$,这条简化后变为 U_1 的自环,如图 4.6.18 所示。

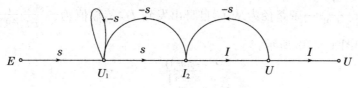

图 4.6.18 例 4.6.2 信号流图(1)

(2) 消去结点 U_1 上的自环,则结点 U_1 出支路不变,剩下的入支路即从 E 出发到 U_1 的支路传输值除以 $1-(-s)=1+s$,传输值变为 $\dfrac{s}{1+s}$,如图 4.6.19 所示。

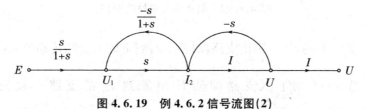

图 4.6.19 例 4.6.2 信号流图(2)

(3) 消去结点 U_1,则目标结点 I_2 输入路径数不变,仍为两条。一条路径为从 E 出发到 I_2,传输值为 $\dfrac{s}{1+s} \cdot s = \dfrac{s^2}{1+s}$;一条路径为从 I_2 自身出发到 I_2,传输值为 $\dfrac{-s}{1+s} \cdot s = \dfrac{-s^2}{1+s}$,这条简化后变为 I_2 的自环,如图 4.6.20 所示。

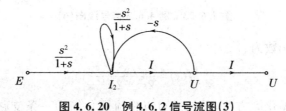

图 4.6.20 例 4.6.2 信号流图(3)

(4) 消去结点 I_2 上的自环,则出支路保持不变,剩下的入支路传输值除以 $1-\dfrac{-s^2}{1+s}=\dfrac{s^2+s+1}{1+s}$。结点 I_2 剩下两条入支路,一条从 E 出发到 I_2 的支路传输值变为 $\dfrac{s^2}{s^2+s+1}$,一条从 U 出发到 I_2 的支路传输值变为 $\dfrac{-s(s+1)}{s^2+s+1}$,如图 4.6.21 所示。

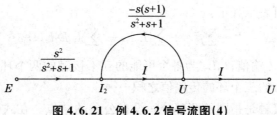

图 4.6.21 例 4.6.2 信号流图(4)

(5) 消去结点 I_2,则目标结点 U 输入路径数不变,仍为两条。一条路径为从 E 出发到

I_2,传输值为$\dfrac{s^2}{s^2+s+1}$;一条路径为从I_2自身出发到I_2,传输值为$\dfrac{-s(s+1)}{s^2+s+1}$,这条简化后变为I_2的自环,如图4.6.22所示。

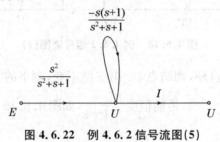

图 4.6.22　例 4.6.2 信号流图(5)

(6) 消去结点U上的自环,则出支路保持不变,剩下的入支路传输值除以$1-\dfrac{-s(s+1)}{s^2+s+1}$$=\dfrac{2s^2+2s+1}{s^2+s+1}$。结点$U$剩下入支路即从$E$出发到$I_2$的支路传输值变为$\dfrac{s^2}{s^2+s+1}$$\Big/\dfrac{2s^2+2s+1}{s^2+s+1}=\dfrac{s^2}{2s^2+2s+1}$,如图4.6.23所示。

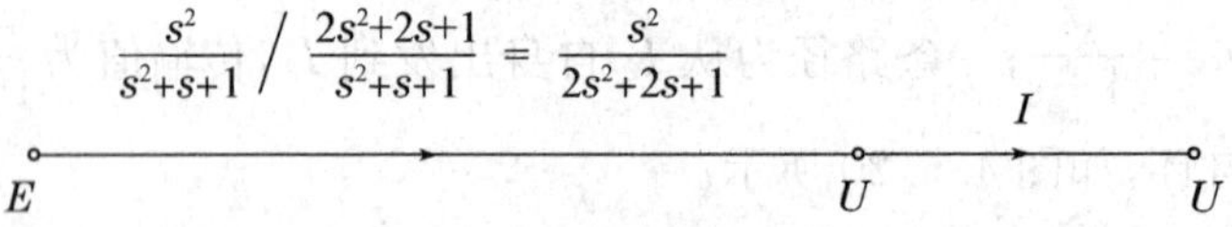

$$\dfrac{s^2}{s^2+s+1}\Big/\dfrac{2s^2+2s+1}{s^2+s+1}=\dfrac{s^2}{2s^2+2s+1}$$

E　　　　　　　　　U　　　　　　　　　U

图 4.6.23　例 4.6.2 信号流图(6)

所以系统的传输函数为

$$H(s)=\dfrac{s^2}{2s^2+2s+1}$$

用上面的信号流图化简方法,虽然总可以将流图化简为一条支路,最终求出总的传输值,但作图太过烦琐。梅森公式则可以根据信号流图直接计算任意两个结点之间的传输值。梅森公式可表示如下:

$$H=\dfrac{\sum_k G_k \cdot \Delta_k}{\Delta} \quad\quad\quad (4.6.13)$$

式中,H为总传输值。

梅森公式中分母Δ为信号流图所表示的方程组的系数矩阵行列式,通常称为图行列式。图行列式的计算可表示如下:

$$\Delta = 1 - \sum_i L_i + \sum_{i,j} L_i L_j - \sum_{i,j,k} L_i L_j L_k + \cdots \quad\quad\quad (4.6.14)$$

式中,L_i为第i个环的传输值;$L_i L_j$为各个可能的互不接触的两个环的传输值之积;$L_i L_j L_k$为各个可能的互不接触的三个环的传输值之积……

这里所说的互不接触是指图的两部分间没有公共的结点。在式(4.6.14)中,奇数个环系数取负号,偶数个环系数取正号。

梅森公式中分子中的G_k为正向传输路径的传输值,Δ_k为去除G_k后的Δ值,称第k种路径的路径因子。

利用梅森公式计算信号流图的传输值应抓住两个关键:(1) 信号流图中有几个环及这些环的相互关系,(2) 信号流图有几个正向传输路径。现通过例题来说明梅森公式的应用。

【例 4.6.3】 计算图 4.6.24 所示信号流图的传输值。

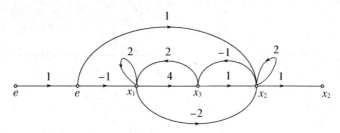

图 4.6.24 梅森公式计算传输值

【解】 图中有 5 个环,3 条前向路径,如图 4.6.25 所示。

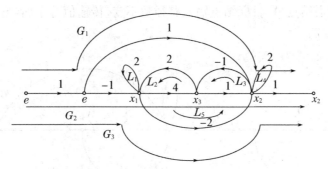

图 4.6.25 梅森公式计算传输值

(1) 求 Δ。

5 个环,$L_1=2, L_2=8, L_3=-1, L_4=2, L_5=4$,其中 L_1 与 L_3、L_4 互不接触,L_2 与 L_4 互不接触,没有三个相互间不接触的环。所以有

$$\Delta = 1 - \sum_i L_i + \sum_{i,j} L_i \cdot L_j = 1-(2+8-1+2+4)+(-2+4+16) = 4$$

(2) 求 G_k 和 Δ_k。

前向路径 $G_1=1$,去掉 G_1 包含的结点后,还剩两个环 $L_1=2, L_2=8$,这两个环相互间接触,故对应的 $\Delta_1=1-(L_1+L_2)=9$。

前向路径 $G_2=-4$,去掉 G_2 包含的结点后,所有结点都被去除,故对应的 $\Delta_2=1$。

前向路径 $G_3=2$,去掉 G_3 包含的结点后,没有环了,故对应的 $\Delta_3=1$。

所以有

$$\sum_k G_k \cdot \Delta_k = 1\times(-9)+(-4)\times 1+2\times 1 = -11$$

信号流图的传输值为

$$H = \frac{1}{\Delta}\sum_k G_k \cdot \Delta_k = -\frac{11}{4}$$

在实际应用中可将信号流图的简化和梅森公式相结合。先用信号流图简化的办法消去部分结点和环使得前向路径和环的关系清晰明了,然后再用梅森公式求传输值。

【例 4.6.4】 计算图 4.6.26 所示信号流图的传输值。

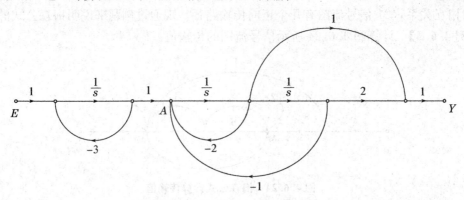

图 4.6.26　例 4.6.4 信号流图

【解】（1）消去结点 A，目标结点输入路径数不变，传输值等于所经过路径的传输值之积，于是有图 4.6.27。

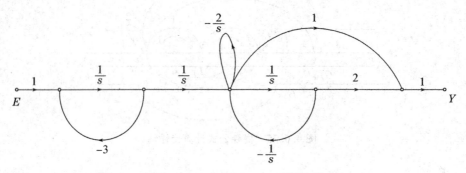

图 4.6.27　化简例 4.6.4 的图(1)

（2）消去自环，出支路不变，入支路除以 $1-\left(-\dfrac{2}{s}\right)=\dfrac{s+2}{s}$，于是有图 4.6.28。

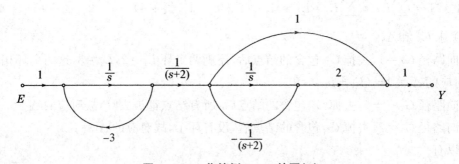

图 4.6.28　化简例 4.6.4 的图(2)

（3）使用梅森公式进行计算传输值。

此时图 4.6.22(b)所示流图中有两个环，传输值分别为 $-\dfrac{3}{s}$ 和 $-\dfrac{1}{s(s+2)}$，且两者之间相互不接触，故

$$\Delta = 1 - \left[-\frac{3}{s} - \frac{1}{s(s+2)}\right] + \left(-\frac{3}{s}\right) \cdot \left(-\frac{1}{s(s+2)}\right) = \frac{s^3 + 5s^2 + 7s + 3}{s^2(s+2)}$$

图 4.6.22(b)所示流图中有两条前向路径,G_1 对应路径为水平线方向,有 $G_1 = \frac{1}{s(s+2)}$,去掉该前向路径包含的结点后,所有结点都被去除,故对应的 $\Delta_1 = 1$;另外一条前向路径 G_2,有 $G_2 = \frac{2}{s^2(s+2)}$,去掉该前向路径包含的结点后,没有环存在,故对应的 $\Delta_2 = 1$。

所以信号流图的传输值为

$$H(s) = \frac{\sum_{k=1}^{2} G_k \cdot \Delta_k}{\Delta} = \frac{s^2(s+2)}{s^3 + 5s^2 + 7s + 3}\left(\frac{1}{s(s+2)} + \frac{2}{s^2(s+2)}\right)$$
$$= \frac{s+2}{s^3 + 5s^2 + 7s + 3}$$

4.7 系统稳定性判断

系统的稳定性是指当激励是有限信号时,系统响应亦为有限的,不随时间无限增长。本节先介绍根据极点在 s 平面的位置来判断系统稳定性;再介绍罗斯-霍维茨(Routh-Hurwitz)判据,即根据系统特征方程系数得到罗斯阵列,判断极点在 s 平面的位置,从而判断系统的稳定性。

4.7.1 系统稳定

所谓系统稳定是指有限(有界)的激励只能产生有限(有界)的响应的系统。有限的激励也包括激励为零的情况。

零输入响应系统稳定的充分必要条件为冲激响应 $h(t)$ 满足绝对可积的条件,即

$$\int_{-\infty}^{\infty} |h(t)| \, dt < \infty \tag{4.7.1}$$

如图 4.7.1 中所示的冲激响应 $h(t)$ 有 $\int_{-\infty}^{\infty} |h(t)| \, dt \to \infty$,不满足绝对可积的条件,由于它是等幅振荡的,所以对应的系统响应可能稳定也可能不稳定。

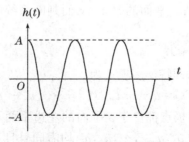

图 4.7.1 不满足绝对可积

判断系统是否稳定,可以在时域中进行,也可以在 s 域中进行。本节将研究从 s 域判定系统稳定性的方法。

4.7.2 根据极点在 s 平面的位置判断系统稳定性

图 4.7.2 给出了系统函数 $H(s)$ 的极点与冲激响应 $h(t)$ 的对应关系。由图 4.7.2 可见,若系统函数所有的极点都位于 s 平面的左半平面,冲激响应 $h(t)$ 最终趋向于 0,当输入有界激励时,则系统响应一定趋向于有限值,系统是稳定的;若系统有极点位于 s 平面的右半平面,冲激响应 $h(t)$ 不收敛,随时间趋向于无穷大,则输入有界激励时系统响应不收敛,系统不稳定;若系统有极点位于虚轴上,且此极点是一阶的,此时系统响应将受有界激励极点的响应,这种情况下称系统是临界稳定的,如果虚轴上的极点是多阶的,则系统是不稳定的。

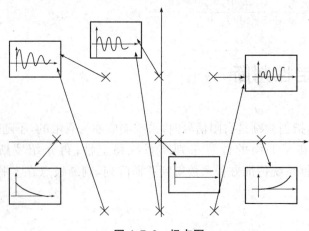

图 4.7.2 极点图

综上,可以根据 $H(s)$ 极点的分布情况来判定系统稳定。

系统稳定:全部极点均位于 s 平面的左半平面上;

系统不稳定:至少有一个极点位于 s 平面的右半平面上或在 $j\omega$ 轴上有重极点;

系统临界稳定:在 $j\omega$ 轴上有单极点,其他极点均位于 s 平面的左半平面上。

4.7.3 罗斯-霍维茨判据

系统阶数较高时,求系统函数极点的具体值就没那么容易,此时可根据罗斯-霍维茨判据判断系统函数 $H(s)$ 的极点在 s 平面的分布,从而判断系统的稳定性。罗斯-霍维茨判据的使用有一定的前提。

1. 罗斯-霍维茨判据使用前提

设系统函数 $H(s)$ 的分母,即特征多项式为

$$D(s) = a_n s^n + a_{n-1} s^{n-1} + \cdots + a_1 s + a_0$$

由前文系统稳定要求所有极点都位于 s 平面的左边平面,即要求所有特征根的实部为负,则特征多项式 $D(s)$ 各系数 $a_n, a_{n-1}, \cdots, a_1, a_0$ 均需同号且不缺项。当特征多项式 $D(s)$ 系数中有不同号或有为零的值,立即可判定它有实部为非负的根,因而系统不稳定或临界稳定。

特别地,若 $a_0=0$ 而其他系数均不为零,则有一个根为零,系统为临界稳定。若全部偶次项或奇次项系数为零,则所有根实部为零,说明所有根在虚轴上,此情况下如果在虚轴上的根是单阶根,系统为临界稳定,否则系统不稳定。

【例 4.7.1】 根据 $H(s)$ 分母系数特点来判断下列系统的稳定情况。

(1) $H(s)=\dfrac{s-4}{s^2(s+1)}$;　　　(2) $H(s)=\dfrac{s^3}{s^2+4s+5}$;

(3) $H(s)=\dfrac{s-1}{s^2+4s-5}$;　　　(4) $H(s)=\dfrac{s-1}{s^6+s^5-s^3+4s-5}$。

【解】 (1) $H(s)=\dfrac{s-4}{s^2(s+1)}$,缺一阶,不稳定。

(2) $H(s)=\dfrac{s^3}{s^2+4s+5}$,同号且不缺项,满足前提条件,需要继续使用罗斯判据。

(3) $H(s)=\dfrac{s-1}{s^2+4s-5}$,符号不一致,不稳定。

(4) $H(s)=\dfrac{s-1}{s^6+s^5-s^3+4s-5}$,符号不一致,缺项,不稳定。

【例 4.7.2】 已知连续系统的特征方程为 $2s^3+s^2+s+6=0$,判断该系统的稳定性。

【解】 特征方程系数同号且没有缺项,但其根为 $-\dfrac{3}{2},\dfrac{1}{2}\pm j\dfrac{\sqrt{7}}{2}$,所以该系统不稳定。

例 4.7.2 说明仅仅依靠系统特征方程系数去判断系统稳定性不够全面,特征方程系数同号且没有缺项为判断系统稳定的必要非充分条件。

2. 罗斯-霍维茨判据

由 n 阶系统的特征多项式:
$$D(s)=a_n s^n+a_{n-1}s^{n-1}+\cdots+a_1 s+a_0$$

可排出如下罗斯阵列:

s^n	:	a_n	a_{n-2}	a_{n-4}	$\cdots$
s^{n-1}	:	a_{n-1}	a_{n-3}	a_{n-5}	$\cdots$
s^{n-2}	:	b_{n-1}	b_{n-3}	b_{n-5}	$\cdots$
s^{n-3}	:	c_{n-1}	c_{n-3}	c_{n-5}	$\cdots$
$\vdots$	:	$\vdots$	$\vdots$	$\vdots$	
s^1	:	$\cdots$	$\cdots$	$\cdots$	
s^0	:	$\cdots$	$\cdots$	$\cdots$	

第 1、2 行各元素为特征多项式的各阶系数按顺序排列,第 3 行及以后各行的元素需要计算得到。计算过程如下:

$$b_{n-1}=\dfrac{\begin{vmatrix} a_n & a_{n-2} \\ a_{n-1} & a_{n-3} \end{vmatrix}}{-a_{n-1}},\ b_{n-3}=\dfrac{\begin{vmatrix} a_n & a_{n-4} \\ a_{n-1} & a_{n-5} \end{vmatrix}}{-a_{n-1}},\ b_{n-5}=\dfrac{\begin{vmatrix} a_n & a_{n-6} \\ a_{n-1} & a_{n-7} \end{vmatrix}}{-a_{n-1}},\cdots$$

$$c_{n-1}=\dfrac{\begin{vmatrix} a_{n-1} & a_{n-3} \\ b_{n-1} & b_{n-3} \end{vmatrix}}{-b_{n-1}},\ c_{n-3}=\dfrac{\begin{vmatrix} a_{n-1} & a_{n-5} \\ b_{n-1} & b_{n-5} \end{vmatrix}}{-b_{n-1}},\cdots$$

根据罗斯阵列可判断知系统极点的分布情况,从而判断系统是否稳定:

(1) 若第一列的 $n+1$ 个元素符号不变,则系统是稳定的,此时极点全部位于 s 平面的左半平面上;

(2) 若第一列的 $n+1$ 个数字符号有改变,则系统是不稳定的,此时符号改变的次数等于 s 平面右半平面中极点的个数。

【例 4.7.3】 $2s^3+s^2+s+6=0$,判别实部为正的根的数目。

【解】 多项式无缺项,且各项系数均为正数,满足系统稳定的必要条件,进一步排出如下罗斯阵列并计算,得

s^3	2	1	0
s^2	1	6	0
s^1	-11	0	
s^0	6	0	

发现第一列数字符号改变 2 次,则 s 平面右半平面中极点有两个,因此,有两个实部为正的根。

【例 4.7.4】 $s^4+s^3+2s^2+2s+3=0$,判别实部为正的根的数目。

【解】 多项式无缺项,且各项系数均为正数,满足系统稳定的必要条件,进一步排出如下罗斯阵列并计算,发现在第一列出现了数字为"0"的元素,由于分母不能为"0",为了继续列出罗斯阵列,用一个无穷小量 ε(ε 是正数或负数都可以)来代替该"0"元素,这不影响所得结论的正确性。

s^4	1	2	3
s^3	1	2	0
s^2	$0(\varepsilon)$	3	0
s^1	$2-3/\varepsilon$	0	
s^0	3	0	

最终结果中由于第一列数的符号发生了两次变换,所以有两个实部为正的根。

【例 4.7.5】 $s^5+s^4+3s^3+3s^2+2s+2=0$,判别实部为正的根的数目。

【解】 多项式无缺项,且各项系数均为正数,满足系统稳定的必要条件,进一步排出如下罗斯阵列并计算,发现罗斯阵列的第三行元素全部为零,这是因为多项式的根中存在共轭虚根的情况。

s^5	1	3	2
s^4	1	3	2
s^3	0	0	0
s^2			

在罗斯阵列中出现了全零行的这种情况,处理方法是利用前一行的数字构成一个辅助 s 多项式 $P(s)$,即

$$P(s)=s^4+3s^2+2$$

然后将 $P(s)$ 对 s 求导一次,得

$$\frac{\mathrm{d}P(s)}{\mathrm{d}s}4=s^3+6s$$

以 $\frac{\mathrm{d}P(s)}{\mathrm{d}s}$ 中的系数 4、6 代替全零的行进行计算,得

s^5	1	3	2
s^4	1	3	2
s^3	4	6	0
s^2	3/2	2	
s^1	2/3	0	
s^0	2	0	

发现罗斯阵列的第一列中无符号变化,说明没有实部为正的根,但是

$$P(s)=s^4+3s^2+2=(s^2+2)(s^2+1)$$

说明系统在虚轴上有 $\pm\sqrt{2}\mathrm{j}$、$\pm\mathrm{j}$ 的 4 个单极点,所以该系统是临界稳定的。

【例 4.7.6】 系统的特征方程为 $s^3+5s^2+4s+K=0$,问 K 为何值时系统稳定。

【解】 列出罗斯阵列

s^3	1	4	0
s^2	5	K	0
s^1	$(20-k)/5$	0	0
s^0	K	0	

从而可以推导出要使系统稳定,则需满足

$$\begin{cases}\dfrac{20-K}{5}>0\\k>0\end{cases}$$

即 $0<K<20$ 时系统稳定。

用罗斯准则判断系统的稳定性非常简单,但要求系统函数 $H(s)$ 必须是 s 的有理函数。若 $H(s)$ 不是 s 的有理函数,可以用奈奎斯特准则或画波特图来判断。关于此部分内容,本书不再讨论。

4.8 MATLAB 仿真实例

【例 4.8.1】 利用 MATLAB 计算下列信号的拉普拉斯变换。

(1) $e^{-10t}\varepsilon(t)$；　(2) $\sin(t-1)\varepsilon(t-1)$；

(3) $te^{-4t}\varepsilon(t)$；　(4) $(1-t)[\varepsilon(t)-\varepsilon(t-1)]$。

【解】 MATLAB 仿真程序如下：

(1)

```
syms t s;
xt=heaviside(t);
xs=laplace(xt,t,s);
subplot(2,2,1);
ezplot('heaviside(t)',[0,5,0,1.5]);
title('原函数');


syms t s;
xt=exp(-10*t)*heaviside(t);
xs=laplace(xt,t,s);
subplot(2,2,2);
ezplot(xt,[0,5]);
title('原函数');


syms t s;
xt=heaviside(t);
xs=laplace(xt,t,s);
subplot(2,2,3);
ezplot(xs,[-10,6]);
title('s 函数');


syms t s;
xt=exp(-10*t)*heaviside(t);
xs=laplace(xt,t,s);
subplot(2,2,4);
ezplot(xs,[-10,6]);
title('s 函数');
```

程序的运行结果如图 4.8.1 所示。

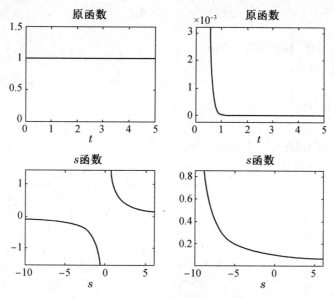

图 4.8.1 信号(1)的拉普拉斯变换图

(2)
```
syms t s;
w0=1;
xt=sin(w0*t)*heaviside(t);
xs=laplace(xt,t,s);
subplot(2,2,1);
ezplot(xt,[0,15]);
title('原函数');

syms t s;
w0=1;
xt=sin(w0*(t-1))*heaviside(t-1);
xs=laplace(xt,t,s);
subplot(2,2,2);
ezplot(xt,[0,15]);
title('原函数');

syms t s;
w0=1;
xt=sin(w0*t)*heaviside(t);
xs=laplace(xt,t,s);
subplot(2,2,3);
ezplot(xs,[-1,10]);
title('s函数');
```

```
syms t s;
w0=1;
xt=sin(w0*(t-1))*heaviside(t-1);
xs=laplace(xt,t,s);
subplot(2,2,4);
ezplot(xs,[-1,10]);
title('s 函数');
```

程序的运行结果如图 4.8.2 所示。

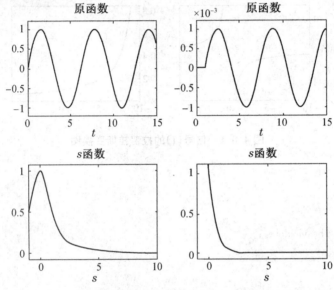

图 4.8.2　信号(2)的拉普拉斯变换图

(3)
```
syms t s;
xt=exp(-4*t)*heaviside(t);
xs=laplace(xt,t,s);
subplot(2,2,1);
ezplot(xt,[0,5]);
title('原函数');

syms t s;
xt=t*exp(-4*t)*heaviside(t);
xs=laplace(xt,t,s);
subplot(2,2,2);
ezplot(xt,[0,5]);
title('原函数');

syms t s;
xt=exp(-4*t)*heaviside(t);
```

```
xs=laplace(xt,t,s);
subplot(2,2,3);
ezplot(xs,[-4,5]);
title('s 函数');
syms t s;
xt=t*exp(-4*t)*heaviside(t);
xs=laplace(xt,t,s);
subplot(2,2,4);
ezplot(xs,[0,5]);
title('s 函数');
```

程序的运行结果如图 4.8.3 所示。

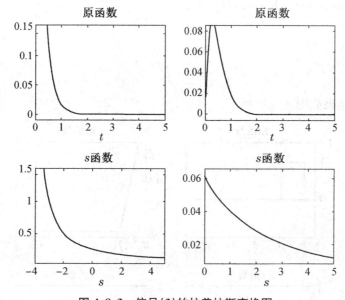

图 4.8.3　信号(3)的拉普拉斯变换图

(4)
```
syms t s;
xt=heaviside(t)-heaviside(t-1)+dirac(t);
xs=laplace(xt,t,s);
subplot(2,2,1);
ezplot(xt,[-0.5,5]);
title('原函数');
hold on;
t=-5:0.005:5;
y=0*(t>=-5&t<0)+1*(t==0)+0*(t>0&t<=5);
plot(t,y);
axis([-0.5,5,-1,1.5]);
syms t s;
xt=(1-t)*(heaviside(t)-heaviside(t-1));
```

```
xs=laplace(xt,t,s);
subplot(2,2,2);
ezplot(xt,[0,5]);
title('原函数');
syms t s;
xt=heaviside(t)-heaviside(t-1)+dirac(t);
xs=laplace(xt,t,s);
subplot(2,2,3);
ezplot(xs,[0,4]);
title('s 函数');
syms t s;
xt=(1-t)*(heaviside(t)-heaviside(t-1));
xs=laplace(xt,t,s);
subplot(2,2,4);
ezplot(xs,[0,4]);
title('s 函数');
```

程序的运行结果如图 4.8.4 所示。

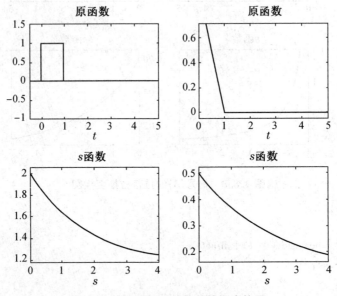

图 4.8.4 信号(4)的拉普拉斯变换图

【例 4.8.2】 求下列信号的拉普拉斯反变换。

(1) $\dfrac{s+2}{s^2+7s+12}$； (2) $\dfrac{\mathrm{e}^{-s}}{s^2+s+1}$。

【解】 MATLAB 仿真程序如下：

(1)
```
syms t s;
xs=(s+2)/(s^2+7*s+12);
xt=ilaplace(xs,s,t);
```

```
subplot(2,1,1);
ezplot(xs,[-10,10]);
title('s 函数');
subplot(2,1,2);
ezplot(xt,[-10,10]);
title('原函数');
```
程序的运行结果如图 4.8.5 所示。

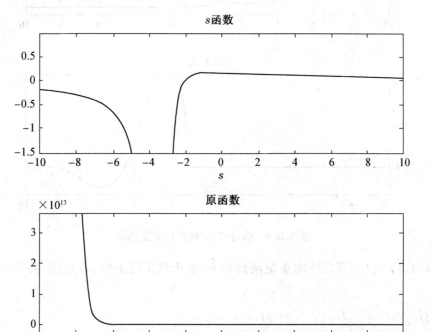

图 4.8.5　信号(1)的拉普拉斯变换图

(2)
```
syms t s;
xs=exp(-s)/(s^2+s+1);
xt=ilaplace(xs,s,t);
subplot(2,1,1);
ezplot(xs,[-10,10]);
title('s 函数');
subplot(2,1,2);
ezplot(xt,[-10,10]);
title('原函数');
```
程序的运行结果如图 4.8.6 所示。

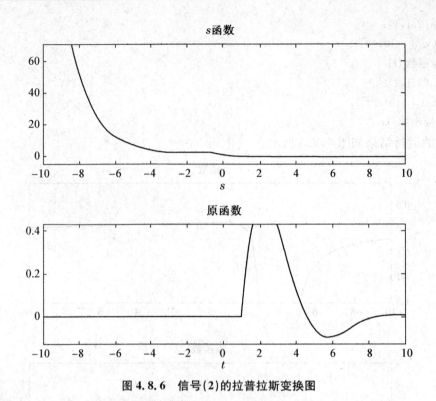

图 4.8.6 信号(2)的拉普拉斯变换图

【例 4.8.3】 已知某系统的系统函数如下,画出该系统的极、零点图,并判断系统的稳定性。

(1) $H(s)=\dfrac{s-1}{2s^2+2s+2}$; (2) $H(s)=\dfrac{1}{s^3+2s^2+2s+1}$。

【解】 MATLAB仿真程序如下:

(1)
a=[1 2 2]; %分母系数
r = roots(a); %算极点
b=[1,−1]; %分子系数
a=[1,2,2]; %分母系数
sys=tf(b,a);
pzmap(sys); %画出该系统的极、零点图
axis([−1.4,0.5,−1,1]);

系统的极-零点图如图 4.8.7 所示。

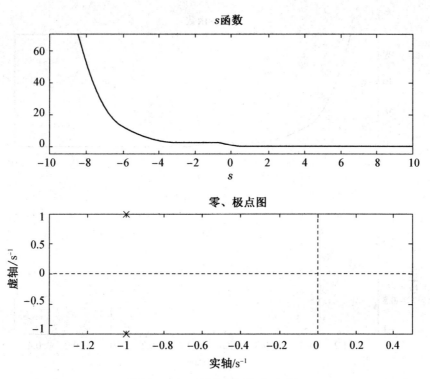

图 4.8.7 系统(1)的零、极点图

(2)
a=[1 2 2 1]; %分母系数
r = roots(a)　%算极点
b=[1]; %分子系数
a=[1,2,2,1]; %分母系数
sys=tf(b,a);
pzmap(sys)　%画出该系统的极、零点图
axis([-1.4,0.5,-1,1]);

系统的零、极点图如图 4.8.8 所示。

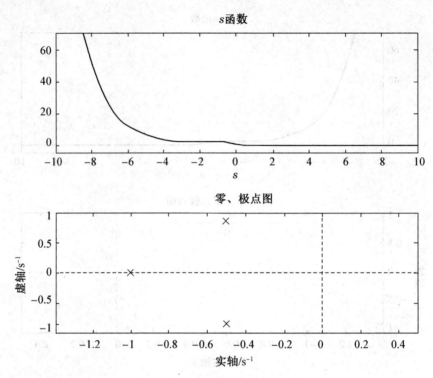

图 4.8.8 系统(2)的零、极点图

【例 4.7.4】 已知一个连续时间系统,其微分方程为

(1) $\dfrac{d^2 y(t)}{dt^2}+2\dfrac{dy(t)}{dt}+5y(t)=\dfrac{dx(t)}{dt}$;

(2) $\dfrac{d^2 y(t)}{dt^2}+2\dfrac{dy(t)}{dt}+3y(t)=\dfrac{dx(t)}{dt}+x(t-2)$。

(1) 求冲激响应;

(2) 求阶跃响应。

【解】 MATLAB 仿真程序如下:
(1)
```
syms t s;
HS=s/(s^2+2*s+5);   %
ht=ilaplace(HS,s,t)  %
XS=1/s;   %输入
YS=XS*HS;
ys=ilaplace(YS,s,t)   %输出
subplot(2,1,1);
ezplot(ht,[0 10]);
title('h(t)');
subplot(2,1,2);
ezplot(ys,[0 10]);
title('y(t)');
```

程序的运行结果如图 4.8.9 所示。

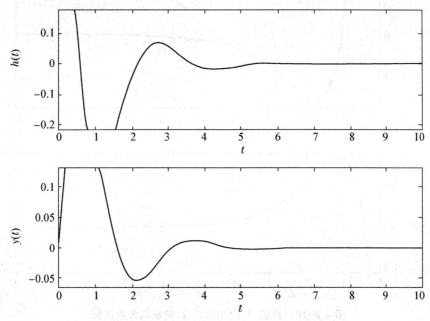

图 4.8.9 系统(1)的冲激响应、阶跃响应响应图

(2)
```
syms t s;
HS=(2*s+1)/(s^2+3*s+2);  %
ht=ilaplace(HS,s,t)   %
XS=1/s;   %输入
YS=XS*HS;
ys=ilaplace(YS,s,t)   %输出
subplot(2,1,1);
ezplot(ht,[0 10]);
title('h(t)');
subplot(2,1,2);
ezplot(ys,[0 10]);
title('y(t)');
```
程序的运行结果如图 4.8.10 所示。

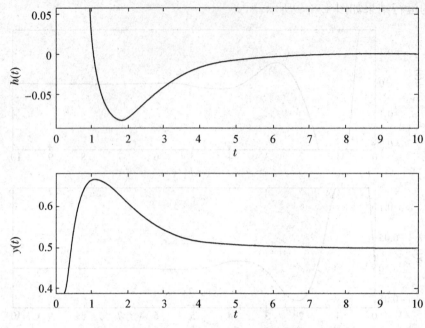

图 4.8.10 系统(2)的冲激响应、阶跃响应响应图

【例 4.8.5】 已知一个连续时间系统,其微分方程为
$$\frac{d^2 y(t)}{dt^2}+4\frac{dy(t)}{dt}+3y(t)=4\frac{dx(t)}{dt}+x(t)$$
求其对信号 $y(0_-)=-2, y'(0_-)=1, x(t)=\varepsilon(t)$ 计算时的响应。

【解】 MATLAB 仿真程序如下:

```
syms y(t) x(t) s t;
laplace(diff(y,2)+4*diff(y)+3*y==4*diff(x)+x,t,s);
YS=((4*s+1)/s-2*s-7)/(s^2+4*s+3);
yt=ilaplace(YS,s,t);
subplot(2,1,1);
ezplot(YS,[0 10]);
title('Y(s)');
subplot(2,1,2);
ezplot(yt,[0 10]);
title('y(t)');
```

程序的运行结果如图 4.8.11 所示。

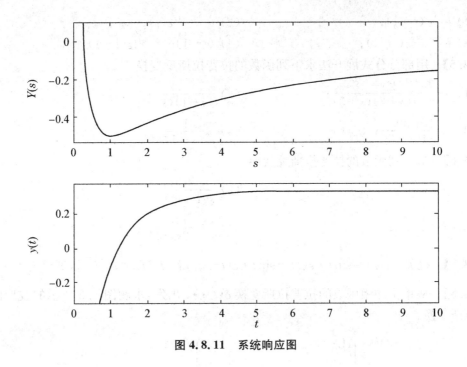

图 4.8.11 系统响应图

习 题

【4.1】 求下列函数的拉普拉斯变换并注明收敛区。

(1) $\dfrac{1}{\alpha}(1-e^{\alpha t})\varepsilon(t)$；

(2) $\dfrac{1}{s_2-s_1}(e^{s_1 t}-e^{s_2 t})\varepsilon(t)$；

(3) $(t^3-2t^2+1)\varepsilon(t)$；

(4) $e^{\alpha t}\cos(\omega t+\theta)\varepsilon(t)$。

【4.2】 用拉普拉斯变换的性质求题图 4.1 所示波形函数的拉普拉斯变换。

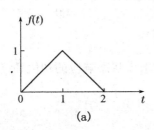
(a)

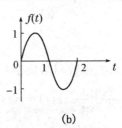
(b)

题图 4.1

【4.3】 用尺度变换性质求下列函数的拉普拉斯变换。

(1) $2te^{-4t}\varepsilon(t)$；

(2) $\cos(2t)\varepsilon(t)$；

(3) $e^{-4t}\cos(2\omega t)\varepsilon(t)$；

(4) $(2t)^2\varepsilon(t)$。

【4.4】 求下列时间函数的拉普拉斯变换。

(1) $e^{-2t}\varepsilon(t-1)$;   (2) $e^{-2(t-1)}\varepsilon(t)$;

(3) $e^{-2(t-1)}\varepsilon(t-1)$;   (4) $(t-1)e^{-2(t-1)}\varepsilon(t-1)$。

【4.5】 用部分分式展开法求下列函数的拉普拉斯反变换。

(1) $\dfrac{6s^2+22s+18}{(s+1)(s+2)(s+3)}$;   (2) $\dfrac{2}{(s+1)(s^2+1)}$;

(3) $\dfrac{2s+30}{s^2+10s+50}$;   (4) $\dfrac{1}{s^2(s+1)^3}$。

【4.6】 求下列函数的拉普拉斯反变换。

(1) $\dfrac{s+1}{s^2+2s+5}$;   (2) $\dfrac{1}{s(1-e^s)}$;

(3) $\dfrac{2+e^{(s-1)}}{s^2-2s+5}$;   (4) $\dfrac{(s+1)e^{-s}}{s^2+2s+2}$。

【4.7】 已知 $f_1(t)=\sin t\cdot\varepsilon(t)-\sin t\cdot\varepsilon(t-\pi)$，若 $f_2(t)=f_1\left(\dfrac{t\pi}{T}\right)$，试求 $F_2(s)$ 的值。

【4.8】 从单位冲激函数的拉普拉斯变换 $\delta(t)\leftrightarrow 1$ 出发，求题图 4.2 所示的波形函数的拉普拉斯变换。

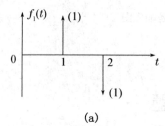
(a)

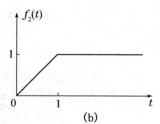
(b)

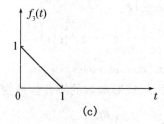
(c)

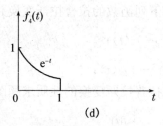
(d)

题图 4.2

【4.9】 已知系统函数与激励信号分别如下，求零状态响应的初值和终值。

(1) $H(s)=\dfrac{2s+3}{s^2+3s+5}$, $e(t)=\varepsilon(t)$;

(2) $H(s)=\dfrac{s+4}{s(s^2+3s+5)}$, $e(t)=e^{-t}\varepsilon(t)$;

(3) $H(s)=\dfrac{s^2+8s+10}{s^2+5s+4}$, $e(t)=\delta(t)$。

【4.10】 求微分方程为 $\dfrac{dr(t)}{dt}+2r(t)=\dfrac{de(t)}{dt}+e(t)$ 的系统在如下激励信号时的零状态响应：

(1) $e(t)=\delta(t)$; (2) $e(t)=\varepsilon(t)$;
(3) $e(t)=e^{-2t}\varepsilon(t)$; (4) $e(t)=5\cos t\varepsilon(t)$。

【4.11】 已知题图 4.3 所示电路的参数为 $R_1=1\ \Omega, R_2=2\ \Omega, L_1=1\ \text{H}, L_2=2\ \text{H}, V=\frac{1}{2}\ \text{F}$，激励为 2 V 直流，设开关 S 在 $t=0$ 时断开，断开前电路已达稳态，求响应电压 $u(t)$，并指出其零输入响应与零状态响应、受迫响应与自然响应、瞬态响应与稳态响应。

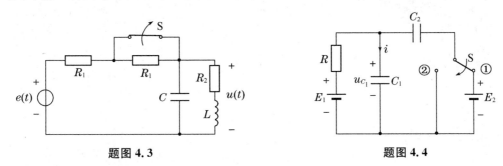

题图 4.3 题图 4.4

【4.12】 在题图 4.4 所示的电路中，已知电路参数 $R=1\ \Omega, C_1=C_2=2\ \text{F}, E_1=E=1\ \text{V}$。设开关 S 在 $t=0$ 时由①倒向②，求电容 C_1 上的电压 $u_{C_1}(t)$ 及电流 $i(t)$。

【4.13】 试由题图 4.5 所示系统模拟方框图作信号流图，用流图化简规则或用梅森公式求系统函数 $H(s)$。

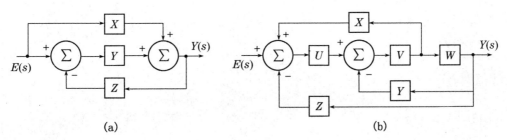

(a) (b)

题图 4.5

【4.14】 信号流图的转置流图，是指将所有支路传输方向倒置，同时将输入结点与输出结点相互调换后所构成的流图。转置流图与原流图具有同一系统函数。试作出题图 4.6 的转置流图，并求系统函数用以检验上述结论。

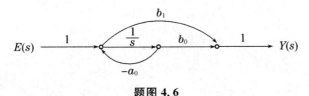

题图 4.6

【4.15】 系统特征方程如下，试判断该系统是否稳定，并确定具有正实部的特征根及负实部的特征根的个数。
(1) $s^4+5s^3+2s+10=0$;
(2) $s^4+2s^3+3s^2+10s+10=0$;

(3) $s^5+2s^4+2s^3+4s^2+11s+10=0$。

【4.16】 系统的特征方程如下，求系统稳定的 K 值范围。

(1) $s^3+s^2+4s+K=0$；

(2) $s^3+5s^2+(K+8)s+10=0$。

第五章 离散时间信号与系统的时域分析

本章配套

仅在离散时刻上有定义的信号称为离散时间信号,激励与响应均为离散信号的系统称为离散时间系统。本章主要描述离散时间信号与系统的时域特性,尤其是线性移不变离散时间系统全响应的求解。首先描述了离散时间信号的常用形式和连续信号的抽样;然后是离散时间系统的描述——常系数差分方程与方框图模拟;线性时不变离散时间系统的全响应通过零输入响应和零状态响应分别求解,零输入响应求解由特征值写出通解形式、由初始条件求解待定系数,零状态响应求解通过激励与单位函数响应作离散卷积。

【学习要求】

掌握离散时间信号与系统的定义;掌握抽样定理;掌握离散系统的差分方程描述法;掌握离散卷积;掌握线性移不变系统的冲激响应及转移算子的求解;会计算线性移不变系统的输出响应。

5.1 离散时间信号

随着数字信号处理技术的迅速发展,离散时间信号的应用已非常广泛。离散时间信号是指信号在一系列分离的时间点上有确定的数值,而在其他时间点上没有定义,简称为离散信号。本节介绍离散时间信号的表示和常用离散时间信号。

5.1.1 离散时间信号的表示

离散时间信号可以由连续时间信号进行抽样得到,选取的抽样时间间隔可以是均匀的,也可以是非均匀的。本章讨论基本的均匀时间间隔的情况,则离散时间信号表示为 $f(kT)$,其中 $k=0,\pm 1,\pm 2,\cdots$,T 是离散间隔。这种按一定规则有秩序排列的一系列数值 $f(kT)$ 称为序列,简记为 $f(k)(-\infty \leqslant k \leqslant \infty)$。$f(k)$ 有双重意义,既表示一个序列,又表示序列中第 k 个数值。

离散时间信号常用的表示方法有图示法、公式法等。如图 5.1.1 所示,用图形表示序列 $f(k)$。

为醒目起见,离散的函数值画成一条条的垂直线,其中每条垂直线的端点才是实际的函数值。$f(k)$ 仅仅在 k 取整数时才有定义,当 k 不为整数时,$f(k)$ 未必一定是零,只是不作定义。图 5.1.1 所示的信号用公式法可表示成

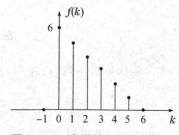

图 5.1.1 离散信号的图形表示

$$f(k) = \begin{cases} 6-k & (0 \leqslant k \leqslant 5) \\ 0 & (k<0) \end{cases} \tag{5.1.1}$$

【注意】 离散时间信号的产生不一定是通过连续时间信号抽样离散化而来的,也可以由事先记录好的数据根据需要调用,这个调用不一定按照时间顺序来进行。因此 $f(k)$ 中的 k 不一定表示具体的时刻,而只表示离散时间信号数据的前后顺序。

5.1.2 常用基本序列

1. 单位函数

$$\delta(k) = \begin{cases} 0 & (k \neq 0) \\ 1 & (k=0) \end{cases} \tag{5.1.2}$$

如图 5.1.2 所示,单位函数 $\delta(k)$ 仅在 $k=0$ 处取单位值,其余点均为零值。单位函数 $\delta(k)$ 是最常用的基本序列,作用类似于连续时间信号中的单位冲激函数 $\delta(t)$。不同之处在于单位函数 $\delta(k)$ 是可以实现的,而单位冲激函数 $\delta(t)$ 却是物理无法实现的(时间无限窄,幅度无限高)。

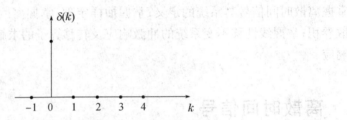

图 5.1.2 单位取样序列的图形表示

2. 单位阶跃序列

$$\varepsilon(k) = \begin{cases} 1 & (k \geqslant 0) \\ 0 & (k<0) \end{cases} \tag{5.1.3}$$

如图 5.1.3 所示,单位阶跃序列 $\varepsilon(k)$ 类似于连续时间信号中的单位阶跃信号 $\varepsilon(t)$。不同之处是单位阶跃序列 $\varepsilon(k)$ 在 $k=0$ 处明确规定取为单位值 1;而单位阶跃信号 $\varepsilon(t)$ 在 $t=0$ 处发生跃变,往往不予定义。

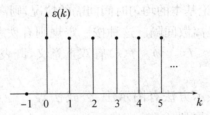

图 5.1.3 单位阶跃序列的图形表示

3. 单位矩形序列(门序列)

$$G_N(k) = \begin{cases} 1 & (0 \leqslant k \leqslant N-1) \\ 0 & (其他) \end{cases} \tag{5.1.4}$$

如图 5.1.4 所示,单位矩形序列对应连续时间系统中的单位门函数。以上三种序列之间有如下关系：

$$\varepsilon(k) = \sum_{n=0}^{\infty} \delta(k-n) \tag{5.1.5}$$

$$\delta(k) = \varepsilon(k) - \varepsilon(k-1) \tag{5.1.6}$$

$$G_N(k) = \varepsilon(k) - \varepsilon(k-N) \tag{5.1.7}$$

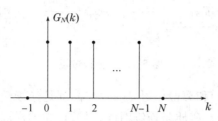

图 5.1.4 矩形序列的图形表示

4. 指数序列

$$f(k) = a^k \quad (-\infty < k < +\infty) \tag{5.1.8}$$

式中，a 为常数。如果 a 为实数，$0 < a < 1$，则序列为实指数序列，如图 5.1.5 所示。如果 a 为复数，则序列为复指数序列。

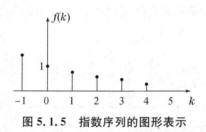

图 5.1.5 指数序列的图形表示

【注意】 当 $a > 1$、$-1 < a < 0$ 和 $a < -1$ 时，序列的形状不同。

5.2 连续信号的抽样

在实际应用中遇到的信号往往都是连续信号，由于诸多因素的限制，对连续信号进行处理的效果一般不好。将连续信号转变成离散信号进行处理，可以充分利用离散信号的种种优势，达到直接处理连续信号无法达到的目标。本节讨论连续信号的抽样，以及在何种条件下抽样信号能够保留原连续信号中的信息量而不受损失。

对连续时间信号 $f_a(t)$ 进行抽样，抽样周期为 T，得到离散时间信号 $f(k)$，表示为

$$f(k) = f_a(kT) \quad (-\infty < k < \infty) \tag{5.2.1}$$

抽样周期 T 的倒数 $f_s = 1/T$ 称为抽样频率，频率为 Hz；也可用模拟角频率 $\Omega_s = 2\pi f_s$ 表示抽样（角）频率，单位为 rad/s。对同一个连续时间信号，采用不同的抽样周期会得到不同的序列。

5.2.1 抽样信号

对模拟信号 $f(t)$ 进行抽样得到抽样信号 $f_s(t)$，可以看作模拟信号 $f(t)$ 和一开关函数 $s(t)$ 的乘积，如图 5.2.1 所示。

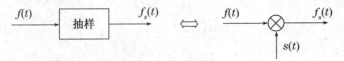

图 5.2.1 抽样过程

注意区分抽样信号 $f_s(t)$ 和离散信号 $f(k)$，它们都是连续信号 $f(t)$ 抽样后的离散序列表示。不同点：抽样信号 $f_s(t)$ 实质是连续时间信号，仅在抽样周期的整数倍时刻取非零值，其余时刻都为零，而 $f(k)$ 为离散时间信号，只依赖于变量 k，不包含任何有关采样周期或采样频率的信息。

抽样过程可以用数学式描述为

$$f_s(t) = f(t) \cdot s(t) \tag{5.2.2}$$

其中开关函数 $s(t)$ 也称为抽样序列，是幅度为 1、脉宽为 τ、周期为 T 的矩形脉冲周期信号；T 即为抽样周期。式(5.2.2)所示的具体采样过程可以如图 5.2.2 所示。

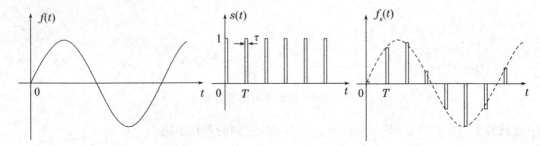

图 5.2.2 抽样过程

当开关函数脉宽 τ 相对于抽样周期 T 小得多时，即 $\tau \to 0$ 时，此时称为理想抽样。理想抽样即用周期冲激函数序列作为抽样序列 $s(t)$，此时抽样信号为

$$f_s(t) = f(t) \cdot \delta_T(t) = \sum_{k=-\infty}^{\infty} f(kT) \cdot \delta(t - kT) \tag{5.2.3}$$

图 5.2.2 对应的理想抽样如图 5.2.3 所示。

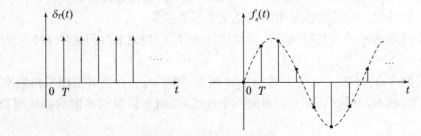

图 5.2.3 理想抽样过程

5.2.2 抽样定理

研究在什么条件下可由抽样信号去重建原信号,需要考察抽样信号频谱与原信号频谱之间的关系。利用第三章介绍的卷积定理,对式(5.2.3)作傅里叶变换,则

$$F_s(j\omega) = \frac{1}{2\pi} F(j\omega) * S_\delta(j\omega) \tag{5.2.4}$$

式中,$F_s(j\omega)$、$F(j\omega)$ 和 $S_\delta(j\omega)$ 分别为 $f_s(t)$、$f(t)$ 和 $s(t) = \delta_T(t)$ 的频谱函数。由第三章式(3.4.14)可知,冲激序列的频谱函数亦是一冲激序列,周期、冲激强度均为 $\Omega_s = \frac{2\pi}{T}$,即

$$S_\delta(j\omega) = \sum_{n=-\infty}^{\infty} \Omega_s \delta(\omega - n\Omega_s) \tag{5.2.5}$$

以前学过的任意函数与冲激函数相卷积的性质在频域中同样成立,所以理想抽样信号频谱为

$$\begin{aligned} F_s(j\omega) &= \frac{1}{2\pi} F(j\omega) * \sum_{n=-\infty}^{\infty} \Omega_s \delta(\omega - n\Omega_s) \\ &= \frac{1}{T} \sum_{n=-\infty}^{\infty} F[j(\omega - n\Omega_s)] \end{aligned} \tag{5.2.6}$$

可知抽样信号 $f_s(t)$ 的频谱函数 $F_s(j\omega)$ 是原信号频谱函数 $F(j\omega)$ 的周期性延拓,每隔 $\Omega_s = \frac{2\pi}{T}$ 重复出现一次。因此抽样信号 $f_s(t)$ 中含有原信号 $f(t)$ 的全部信息,有可能从 $f_s(t)$ 恢复出原信号 $f(t)$。

设 $f_a(t)$ 为图 5.2.4 所示的带限信号,最高频率分量为 Ω_h,即

$$F_a(j\omega) = \begin{cases} F_a(j\omega) & (|\omega| \leqslant \Omega_h) \\ 0 & (|\omega| > \Omega_h) \end{cases} \tag{5.2.7}$$

根据 Ω_h 与抽样角频率 Ω_s 的大小关系,分别得到抽样信号 $f_s(t)$ 的频谱,如图 5.2.4(a)所示的频谱图($\Omega_s \geqslant 2\Omega_h$)和图 5.2.4(b)所示的频谱图($\Omega_s < 2\Omega_h$)。

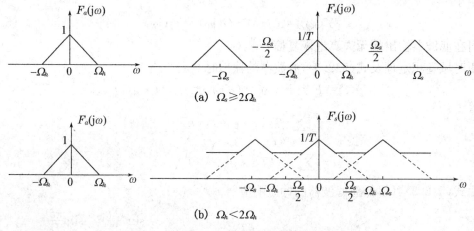

图 5.2.4 抽样信号的频谱

由上述抽样信号的频谱图可知,当采样频率 $\Omega_s \geqslant 2\Omega_h$ 时,$F_s(j\omega)$ 频谱无混叠失真,可以

由 $f_s(t)$ 无失真地恢复带限信号 $f_a(t)$；反之，若 $\Omega_s < 2\Omega_h$，则 $F_s(j\omega)$ 频谱有混叠失真，无法由 $f_s(t)$ 无失真地恢复带限信号 $f_a(t)$。

由此得出一个很有用的结论：如果抽样（角）频率 $\Omega_s = \dfrac{2\pi}{T}$ 大于或等于有限带宽信号的最高频率 Ω_h 的两倍，可以由抽样后所得到的抽样信号恢复原信号。这就是时域抽样定理或奈奎斯特(Nyquist)抽样定理。一般把临界的抽样频率 $2\Omega_h$ 称为信号 $f_a(t)$ 的奈奎斯特抽样频率。

由理论可以知道，对于非带限信号，不管采样频率有多高，都难以避免频谱混叠现象。因此，采样前必须先对连续信号进行一次预滤波以限制带宽，以保证连续信号为带限信号。这种滤波器称为抗混叠干扰滤波器。

5.2.3 抽样信号的恢复

由前所述，满足时域抽样定理时，抽样信号的频谱是原信号频谱函数 $F_a(j\omega)$ 的周期性延拓，且不会发生混叠（图 5.2.4(a)所示）。当这样的抽样信号通过一个频率响应如图 5.2.5 所示的理想低通滤波器后，可提取出基带频谱，即原信号频谱，从而达到恢复信号的目的。

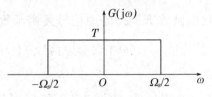

图 5.2.5 理想低通滤波器

该低通滤波器系统函数满足

$$G(j\omega) = \begin{cases} T, & (|\omega| \leqslant \Omega_s/2) \\ 0, & (|\omega| > \Omega_s/2) \end{cases} \quad (5.2.8)$$

由于

$$Y(j\omega) = F_s(j\omega) \cdot G(j\omega) = F_a(j\omega) \quad (5.2.9)$$

所以可在滤波器输出端无失真地恢复信号 $f_a(t)$。

由时域卷积定理及式(5.2.3)，滤波器的输出时域表达式为

$$\begin{aligned} y(t) &= \mathcal{F}^{-1}[F_s(j\omega) \cdot G(j\omega)] = f_s(t) * g(t) \\ &= \Big[\sum_{k=-\infty}^{\infty} f_s(kT) \cdot \delta(t-kT)\Big] * g(t) \\ &= \sum_{k=-\infty}^{\infty} f_s(kT) \cdot g(t-kT) \end{aligned} \quad (5.2.10)$$

由式(5.2.8)可得低通滤波器的冲激响应

$$g(t) = \frac{1}{2\pi}\int_{-\infty}^{\infty} H(j\Omega) e^{j\Omega t} d\Omega = \frac{T}{2\pi}\int_{-\Omega_s/2}^{\Omega_s/2} e^{j\Omega t} d\Omega = \frac{\sin\dfrac{\Omega_s t}{2}}{\dfrac{\Omega_s t}{2}} = \frac{\sin\dfrac{\pi t}{T}}{\dfrac{\pi t}{T}} \quad (5.2.11)$$

代入式(5.2.10)得

$$y(t) = \sum_{k=-\infty}^{\infty} f_s(kT) \cdot \frac{\sin\frac{\pi(t-nT)}{T}}{\frac{\pi(t-nT)}{T}} \qquad (5.2.12)$$

记

$$\phi_n(t) = \frac{\sin\frac{\pi(t-nT)}{T}}{\frac{\pi(t-nT)}{T}} \qquad (5.2.13)$$

称其为内插函数,则有

$$y(t) = \sum_{k=-\infty}^{\infty} f_s(kT) \cdot \frac{\sin\frac{\pi(t-nT)}{T}}{\frac{\pi(t-nT)}{T}} = \sum_{k=-\infty}^{\infty} f_s(kT) \cdot \phi_n(t) \qquad (5.2.14)$$

【**注意**】 内插函数 $\phi_n(t)$ 在抽样点 $t=nT$ 上的值为 1,而在其余抽样点为 0,因此 $y(nT) = f_a(nT)$,即各抽样点的恢复值为信号原值,而抽样点之间的恢复值则由各内插函数的波形延伸叠加而成,当满足抽样定理时,这种叠加的结果可以不失真地恢复出原信号。

从内插公式的推导过程中也可以看出,只要抽样频率高于两倍信号最高频率,连续信号就可以用它的抽样信号完全代表而不损失频域信息。

5.3 离散系统的描述与模拟

5.3.1 离散系统的描述——差分方程

系统的输入和输出信号都是离散时间的函数,称系统为离散时间系统,简称离散系统。与连续系统类似,离散系统可分为线性系统和非线性系统、时变系统和时不变系统,本书的讨论对象为线性时不变离散系统。区别于连续系统,离散系统采用常系数差分方程描述。通过一个例子来说明差分方程的概念。

【**例 5.3.1**】 一个离散系统第 n 项的输出 $y(n)$ 等于 $n,n-1,\cdots,n-N$ 等 $N+1$ 项输入信号 $f(n)$ 的平均值,试写出该系统的差分方程。

【**解**】 根据题意,写系统差分方程如下:

$$y(n) = \frac{1}{N+1}[f(n) + f(n-1) + \cdots + f(n-N)] \quad (n \geq 0)$$

N 阶离散系统输入-输出关系的数学模型,通常由 N 阶差分方程表示,其一般形式为

$$y(k+n) + a_{n-1}y(k+n-1) + \cdots + a_0 y(k)$$
$$= b_m e(k+m) + b_{m-1}e(k+m-1) + \cdots + b_0 e(k) \qquad (5.3.1)$$

或简写为

$$\sum_{i=0}^{n} a_i y(k+i) = \sum_{j=0}^{m} b_j x(k+j) \qquad (5.3.2)$$

上述式子描述的方程称为前向差分方程,也可通过自变量置换转换为下面的情况:

$$y(k)+a_{n-1}y(k-1)+\cdots+a_0 y(k-n)$$
$$=b_m e(k)+b_{m-1}e(k-1)+\cdots+b_0 e(k-m) \tag{5.3.3}$$

式(5.3.3)描述的方程称为后向差分方程。同一个离散系统既可以用前向差分方程描述,也可以用后向差分方程描述。由于它们具有相互转换的可能性,本书主要以前向差分方程来描述离散系统。

5.3.2 离散系统的算子方程

在第二章连续系统中通过定义微分算子简化表达常系数微分方程,本章也用类似的处理方法来简化表达离散系统的数学模型——常系数差分方程。定义移位算子 E:
$$Ef(k)=f(k+1), E^2 f(k)=f(k+2),\cdots,E^n f(k)=f(k+n)$$
则式(5.3.1) n 阶离散系统输入-输出关系的差分方程可以写为
$$\underbrace{(E^n+a_{n-1}E^{n-1}+\cdots+a_1 E+a_0)}_{D(E)}y(k)$$
$$=\underbrace{(b_m E^m+b_{m-1}E^{m-1}+\cdots+b_1 E+b_0)}_{N(E)}e(k) \tag{5.3.4}$$

定义转移算子 $H(E)$:
$$H(E)=\frac{N(E)}{D(E)}=\frac{b_m E^m+b_{m-1}E^{m-1}+\cdots+b_1 E+b_0}{E^n+a_{n-1}E^{n-1}+\cdots+a_1 E+a_0} \tag{5.3.5}$$

式(5.3.4)可以简写为
$$y(k)=H(E)e(k) \tag{5.3.6}$$

转移算子 $H(E)$ 表征了系统的特性,实质上它是描述离散系统差分方程的另一种表示形式,如下式:
$$H(E)=\frac{y(k)}{e(k)} \tag{5.3.7}$$

5.3.3 离散系统的模拟框图

和连续系统类似,离散系统也可用框图来表示激励与响应之间的数学运算关系。一个复杂的离散系统可以由若干个基本单元连接而成。表示离散系统功能的常用基本单元有加法器、标量乘法器(数乘器)、延迟器。

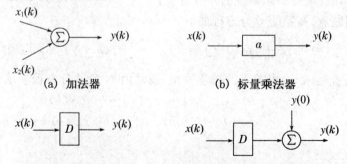

图 5.3.1 离散系统的基本单元

由这些基本单元就可以构成任意阶的离散时间系统。例如一阶离散系统,差分方程可写为

$$y(k+1)+a_0y(k)=e(k) \tag{5.3.8}$$

也可以改写为

$$y(k+1)=e(k)-a_0y(k) \tag{5.3.9}$$

由式(5.3.8)可知,实现一阶离散系统需要一个加法器:由 $e(k)$、$-a_0y(k)$ 得到 $y(k+1)$;一个延迟器:由 $y(k+1)$ 得到 $y(k)$;一个标量乘法器:由 $y(k)$ 得到 $-a_0y(k)$。画出一阶离散系统的模拟图如图 5.3.2 所示:

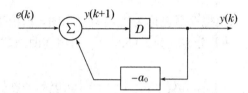

图 5.3.2　一阶离散系统模拟框图

对于二阶离散系统,其差分方程的一般形式为

$$y(k+2)+a_1y(k+1)+a_0y(k)=b_1e(k+1)+b_0e(k) \tag{5.3.10}$$

式(5.3.10)中不仅包含激励函数 $e(k)$,还包含了它经移序后的函数 $e(k+1)$,所以在模拟框图中,也与连续时间系统模拟一样,引用辅助函数 $q(k)$,则可写成如下等价形式:

$$\begin{cases} q(k+2)+a_1q(k+1)+a_0q(k)=e(k) \\ y(k)=b_1q(k+1)+b_0q(k) \end{cases} \tag{5.3.11}$$

根据等价形式分两步画出二阶离散系统的模拟框图,先画出关于激励函数 $e(k)$ 部分的模拟框图,需要两个延迟器、一个加法器、两个数乘器,如图 5.3.3 所示。

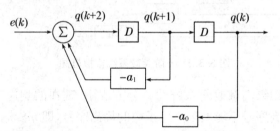

图 5.3.3　二阶离散系统模拟框图部分

在此基础之上,再画上响应函数 $y(k)$ 部分,需要加上两个数乘器、一个加法器,则得到整个二阶离散系统的模拟框图,如图 5.3.4 所示。

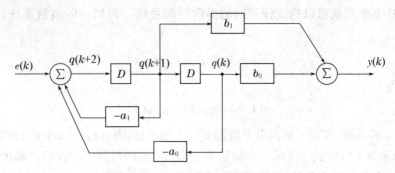

图 5.3.4 二阶离散系统模拟框图

这种由差分方程画出的模拟框图也称为直接型模拟图,作图的规律与连续时间系统是一样的。对 n 阶离散系统,其差分方程为式(5.3.1),引用辅助函数 $q(k)$ 则可写成如下等价形式:

$$\begin{cases} q(k+n)+a_{n-1}q(k+n-1)+\cdots+a_0q(k)=e(k) \\ y(k)=b_mq(k+m)+b_{m-1}q(k+m-1)+\cdots+b_0q(k) \end{cases} \quad (5.3.12)$$

根据前文所述二阶离散系统模拟框图作图法,不难作出如图 5.3.5 所示的 n 阶离散系统的模拟图:

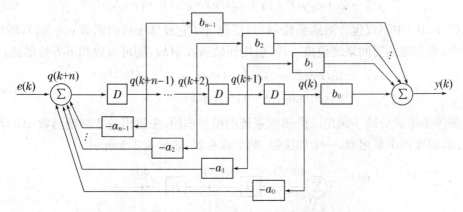

图 5.3.5 n 阶离散系统模拟框图

需要注意,在描述因果离散时间系统的差分方程中,现在的响应不能取决于未来的激励,因此激励函数的最高序号不能大于响应函数的最高序号,即 $m \leqslant n$。

【例 5.3.2】 一离散时间系统框图如图 5.3.6 所示,写出描述系统输入-输出关系的差分方程。

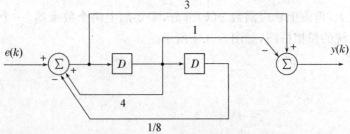

图 5.3.6 某离散系统框图

【解】 利用辅助函数 $q(k)$，设图中右边的延迟单元 D 的输出为 $q(k)$，则这个延迟单元的输入为 $q(k+1)$，图中左边的延迟单元 D 的输入即加法器的输出为 $q(k+2)$。利用延迟单元列出差分方程的等价形式：

$$\begin{cases} q(k+2)-4q(k+1)+\dfrac{1}{8}q(k)=e(k) \\ y(k)=3q(k+2)-q(k+1) \end{cases}$$

消去辅助函数，则描述系统输入-输出关系的差分方程为

$$y(k+2)-4y(k+1)+\dfrac{1}{8}y(k)=3e(k+2)-e(k+1)$$

5.4 离散系统的零输入响应

线性时不变连续时间系统的时域分析中，利用线性系统的定义从描述系统的微分方程或转移算子 $H(p)$ 出发，分别求出系统的零输入响应和零状态响应，相加得到系统的全响应。对于线性时不变离散系统，这种方法同样适用，只是讨论问题的出发点为描述系统的差分方程或转移算子 $H(E)$。另外，求解离散系统的零状态响应时，与连续系统的卷积积分相对应，需要进行离散时间信号的卷积和计算。

5.4.1 一阶离散系统的零输入响应

考察一个一阶离散系统，描述其输入-输出关系的差分方程为

$$y(k+1)+a_0 y(k)=b_0 e(k) \tag{5.4.1}$$

为求零输入响应，令 $e(k)=0$，则

$$y(k+1)=-a_0 y(k) \tag{5.4.2}$$

这是一个递推方程，可以推导出以下一系列式子：

$$y(1)=y(0)(-a_0)$$
$$y(2)=y(1)(-a_0)=y(0)(-a_0)^2$$
$$y(3)=y(2)(-a_0)=y(0)(-a_0)^3$$
$$\vdots$$
$$y(k)=y(0)(-a_0)^k$$

因此可以得到一阶离散系统的零输入响应：

$$y(k)=y(0)(-a_0)^k \tag{5.4.3}$$

若初值 $y(0)$ 已知，零输入响应可求。需要注意 $-a_0$ 的不同取值决定了零输入响应的不同形式。例如当 $-a_0$ 分别取 ± 0.9、± 1、± 1.1，一阶系统的零输入如图 5.4.1 所示。

由图 5.4.1 不难看出：当 $-a_0>0$ 时响应 $y(k)$ 数值变化为单调型；当 $-a_0<0$ 时响应 $y(k)$ 数值变化为交替型；当 $|-a_0|<1$ 时响应 $y(k)$ 为衰减型；当 $|-a_0|=1$ 时响应 $y(k)$ 为等幅型；当 $|-a_0|>1$ 时响应 $y(k)$ 为增长型。$-a_0$ 的不同取值决定了一阶离散系统零输入响应的不同形式。

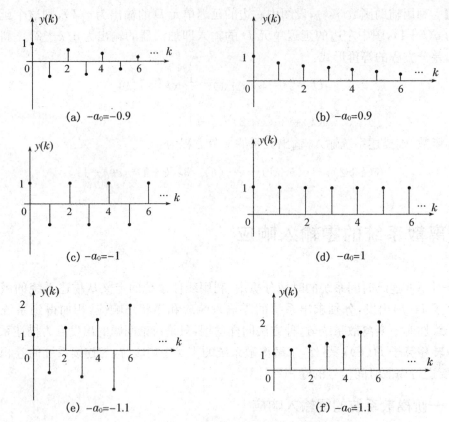

图 5.4.1 一阶离散系统的零输入响应

5.4.2 n 阶离散系统的零输入响应

求解一阶离散系统零输入使用的方法为迭代法,是一种原始的方法。对于任意阶离散系统,仍然从差分方程入手,求 n 阶离散系统的零输入响应即求齐次差分方程的解。

$$(E^n + a_{n-1}E^{n-1} + \cdots + a_1 E + a_0)y(k) = 0 \tag{5.4.4}$$

设特征方程 $E^n + a_{n-1}E^{n-1} + \cdots + a_1 E + a_0 = 0$ 有 n 个根 ν_r,分别为全异实根、共轭复根、重根三种情况。

1. 特征根全为异实根

利用差分算子,齐次差分方程可以改写为

$$(E-\nu_1)(E-\nu_2)\cdots(E-\nu_n)y(k) = 0 \tag{5.4.5}$$

其中,$(E-\nu_r)y(k)=0(r=1,2,\cdots,n)$ 的解都是原方程的解,彼此间是"或"的关系。由前文求解的一阶差分方程的解(式(5.4.3)),n 阶离散系统的零输入响应即式(5.4.5)的解为

$$y_{zi}(k) = c_1 \nu_1^k + c_2 \nu_2^k + \cdots + c_n \nu_n^k \tag{5.4.6}$$

式中,常数 $c_1, c_2, \cdots, c_n$ 由初始条件 $y(0), y(1), \cdots, y(n-1)$ 确定。

2. 特征根为共轭复根

当特征方程有复根 $\nu = |\nu| \cdot e^{j\varphi_\nu}$ 时,必然有其共轭复根 $\nu^* = |\nu| \cdot e^{-j\varphi_\nu}$。这对共轭复根对零输入响应提供的分量为 $A_1 \nu^k + A_2 \nu^{*k}$ (A_1、A_2 是一对共轭复数),利用欧拉公式作变换:

$$A_1\nu^k + A_2\nu^{*k} = A_1|\nu|^k \cdot e^{jk\varphi_\nu} + A_2|\nu|^k \cdot e^{-jk\varphi_\nu}$$
$$= |\nu|^k [c_1\cos(k\varphi_\nu) + c_2\sin(k\varphi_\nu)] \tag{5.4.7}$$

式中，c_1、c_2 为实数。对应 n 阶离散系统的零输入响应可写为

$$y_{zi}(k) = |\nu|^k [c_1\cos(k\varphi_\nu) + c_2\sin(k\varphi_\nu)] + c_3\nu_3^k + \cdots + c_n\nu_n^k \tag{5.4.8}$$

式中，常数 $c_1, c_2, \cdots, c_n$ 由初始条件确定。

3. 特征根为重根

假如有 p 阶重根，齐次差分方程(式(5.4.4))可以写成如下形式：

$$(E-\nu_1)^p (E-\nu_{p+1}) \cdots (E-\nu_n) y(k) = 0$$

对应零输入响应的解为

$$y_{zi}(k) = (c_1 + c_2 k + c_3 k^2 + \cdots + c_p k^{p-1})\nu_1^k + c_{p+1}\nu_{p+1}^k + \cdots + c_n\nu_n^k \tag{5.4.9}$$

式中，常数 $c_1, c_2, \cdots, c_n$ 由初始条件确定。

【**例 5.4.1**】 已知一离散系统转移算子 $H(E) = \dfrac{E-4}{(E^2+0.25)(E-0.3)(E-0.2)}$，初始条件为 $y_{zi}(0) = 12, y_{zi}(1) = 2.9, y_{zi}(2) = -0.53, y_{zi}(3) = -0.129$，求该系统的零输入响应。

【**解**】 由传输算子 $H(E)$ 分母知离散系统特征根为 $0.5j, -0.5j, 0.3, 0.2$，其中有一对共轭复根。根据式(5.4.8)写出系统的零输入响应：

$$y_{zi}(k) = 0.5^k \left(c_1\cos\frac{k\pi}{2} + c_2\sin\frac{k\pi}{2}\right) + c_3 0.3^k + c_4 0.2^k$$

上式中令 $k=0,1,2,3$，并代入初始条件

$$y_{zi}(0) = c_1 + c_3 + c_4 = 12$$
$$y_{zi}(1) = 0.5 c_2 + 0.3 c_3 + 0.2 c_4 = 2.9$$
$$y_{zi}(2) = -0.25 c_1 + 0.09 c_3 + 0.04 c_4 = -0.53$$
$$y_{zi}(3) = -0.125 c_2 + 0.027 c_3 + 0.008 c_4 = -0.129$$

联立上述方程，求解得到 $c_1=4, c_2=2, c_3=3, c_4=5$，则系统的零输入响应为

$$y_{zi}(k) = \left(4\cos\frac{k\pi}{2} + 2\sin\frac{k\pi}{2}\right)0.5^k + 3 \cdot 0.3^k + 5 \cdot 0.2^k \quad (k \geqslant 0)$$

【**例 5.4.2**】 一离散系统的差分方程为

$$y(k+3) + 6y(k+2) + 12y(k+1) + 8y(k) = e(k)$$

激励 $e(k) = \varepsilon(k)$，初始条件为 $y(1)=1, y(2)=2, y(3)=-23$，求零输入响应。

【**解**】 由系统差分方程写出特征方程

$$E^3 + 6E^2 + 12E + 8 = (E+2)^3 = 0$$

特征根为 -2，三重根。根据式(5.4.9)，系统零输入响应为

$$y_{zi}(k) = (c_1 + c_2 k + c_3 k^2)(-2)^k \tag{5.4.10}$$

显然需要三个初始条件来确定系数 $c_1、c_2、c_3$。注意题目中给的初始条件可能由初始储能和激励共同引起，而零输入响应的待定系数必须仅仅是由初始储能引起的零输入初始条件。在差分方程中令 $k=-1$，可得

$$y(2) + 6y(1) + 12y(0) + 8y(-1) = e(-1) = \varepsilon(-1) = 0$$

由上式可见 $y(2)、y(1)、y(0)、y(-1)$ 与激励无关，仅由初始储能引起，则

$$y_{zi}(2) = y(2) = 2, \ y_{zi}(1) = y(1) = 1, \ y_{zi}(0) = y(0)$$

在差分方程中令 $k=0$,可得
$$y(3)+6y(2)+12y(1)+8y(0)=e(0)=\varepsilon(0)=1$$
由上式可见 $y(3)$ 与激励有关,是由激励和初始储能共同引起的。将已知初始条件代入得
$$-23+6\times 2+12\times 1+8y(0)=1$$
则有
$$y_{zi}(0)=y(0)=0$$
将求得的零输入初始条件 $y_{zi}(2)$、$y_{zi}(1)$、$y_{zi}(0)$ 代入式(5.4.10)得
$$y_{zi}(0)=c_1=0$$
$$y_{zi}(1)=-2c_1-2c_2-2c_3=1$$
$$y_{zi}(2)=4c_1+8c_2+16c_3=2$$
解得
$$c_1=0, c_2=-\frac{5}{4}, c_3=\frac{3}{4}$$
故零输入响应为
$$y_{zi}(k)=\left(-\frac{5}{4}k+\frac{3}{4}k^2\right)(-2)^k \quad (k\geqslant 0)$$

从以上求解齐次差分方程的过程来看,差分方程和微分方程的求解有很多类似的地方,所不同的是微分方程齐次解具有 $e^{s_i t}$ 的形式,而差分方程的齐次解具有 v_r^k 的形式(s_i 是微分方程的特征根,v_r 是差分方程的特征根)。需要注意的是差分方程和微分方程在初始条件描述方面的不同,计算差分方程的零输入响应时,必须判断已知初始条件哪些是仅由初始储能引起的,并递推出所需的零输入响应初始条件。

5.4.3 离散系统的特征根的物理意义

连续时间系统中,通过观察各特征根是否全部位于 s 平面的左半平面可以判断系统是否稳定,离散系统也有类似方法。离散系统的特征根 v 也可以用一个二维复平面内的点来表示,这个平面称为 z 平面。下面分实根和复根情况讨论。

1. 实根

如果在离散系统中有某一特征根 v,自然响应中就有相应的项 cv^k。当 v 为实数时,按照绝对值 $|v|$ 小于或大于 1,自然响应幅度分别随 k 值减小或增长,可相应地确定系统是否稳定,如图 5.4.1 所示(系统的零输入响应是系统无外激励时的自然响应)。

2. 复根

特征根 v 为复根时情况就更复杂些。设 $v=|v|e^{j\varphi_v}$,为便于讨论,令 $|v|=e^{\alpha T}$,$\varphi_v=\beta T$,则
$$v^k=|v|^k e^{jk\varphi_v}=e^{\alpha kT}e^{j\beta kT} \tag{5.4.11}$$

上式所示自然响应的振荡幅度随 k 值为减或为增,即系统是否稳定,就看由 v 确定的 z 平面中的点是否在该平面中以原点为圆心、半径为 1 的圆(称为单位圆)之内。若在圆内,即 $|v|<1$,α 为负,自然响应即为减幅,系统稳定;反之,表示自然响应是增幅的,系统不稳定。

若 ν 点在单位圆上，代表自然响应是等幅振荡，这是稳定和不稳定间的临界状况。

图 5.4.2 给出了离散系统的特征根在 z 平面中各不同位置所对应的不同自然响应，也可以看出特征根位于单位圆内，对应的自然响应随变量 k 增加而收敛；特征根位于单位圆上，对应的自然响应等幅振荡；特征根位于单位圆外，对应的自然响应随变量 k 增加而增幅。

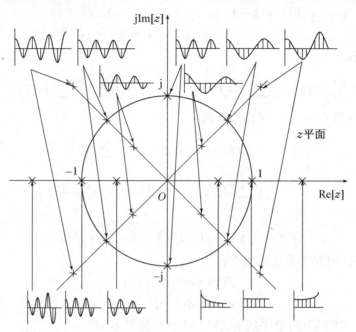

图 5.4.2　特征根 ν 在 z 平面中不同位置所对应的不同自然响应

5.5　离散系统的零状态响应

离散系统的零状态响应求解方式与连续系统类似，都是通过卷积计算来实现的，只不过进行的不是卷积积分而是离散卷积。本节先介绍离散卷积，再介绍如何求解单位函数响应，利用激励与单位函数响应进行离散卷积从而求得离散系统的零状态响应。

5.5.1　离散卷积

离散卷积又叫卷积和，其从定义到计算步骤到性质都与连续卷积有很多类似的地方。

1. 离散卷积的定义

$$y(k) = f_1(k) * f_2(k) = \sum_{j=-\infty}^{\infty} f_1(j) f_2(k-j) \quad (k \geqslant 0) \tag{5.5.1}$$

具体计算步骤：

(1) 将 $f_1(k)$ 和 $f_2(k)$ 两个函数的变量由 k 换成 j；

(2) 将其中一个序列反折并移动；

(3) 将两序列对应点相乘并求和。

2. 离散卷积的性质

离散卷积与连续卷积具有类似的性质,比如也满足交换律、分配律和结合律,除此之外还有以下几点性质。

卷积的差分:
$$y(k) - y(k-1) = [f_1(k) - f_1(k-1)] * f_2(k)$$
$$= f_1(k) * [f_2(k) - f_2(k-1)] \tag{5.5.2}$$

卷积的求和:
$$\sum_{j=-\infty}^{k} y(j) = \Big[\sum_{j=-\infty}^{k} f_1(j)\Big] * f_2(k) = f_1(k) * \Big[\sum_{j=-\infty}^{k} f_2(j)\Big] \tag{5.5.3}$$

由式(5.5.3)和式(5.5.4)可以推导出
$$y(k) = [f_1(k) - f_1(k-1)] * \Big[\sum_{j=-\infty}^{k} f_2(j)\Big]$$
$$= \Big[\sum_{j=-\infty}^{k} f_1(j)\Big] * [f_2(k) - f_2(k-1)] \tag{5.5.4}$$

卷积的移位:
$$f_1(k-l_1) * f_2(k-l_2) = y[k-(l_1+l_2)] \tag{5.5.5}$$

可以很容易证明如下关系式成立:
$$f(k) * \delta(k) = f(k)$$
$$f(k) * \delta(k-l) = f(k-l)$$

【例 5.5.1】 求以下两个序列 $x(k)$ 与 $h(k)$ 的卷积和 $y(k)$:
$$x(k) = \frac{1}{2}[\varepsilon(k) - \varepsilon(k-3)], h(k) = (3-k)[\varepsilon(k) - \varepsilon(k-3)]$$

【解】 采用图解法,分段考虑。

先画出变参量后的序列 $x(j)$ 与 $h(j)$;根据 $h(j)$ 序列得到它的反转移位序列 $h(k-j)$;将 $h(k-j)$ 与 $x(j)$ 对应的序列值相乘得到 $x(j)h(k-j)$;将所有乘积值相加得到 $\sum_{j=-\infty}^{\infty} x(j)h(k-j)$。对于 $-\infty \leqslant k \leqslant +\infty$,重复以上两个步骤,即可得到两个序列卷积的全部样本值。

图 5.5.1 给出了详细的图解说明。

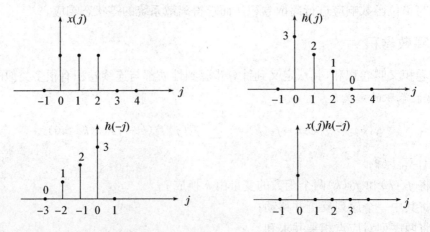

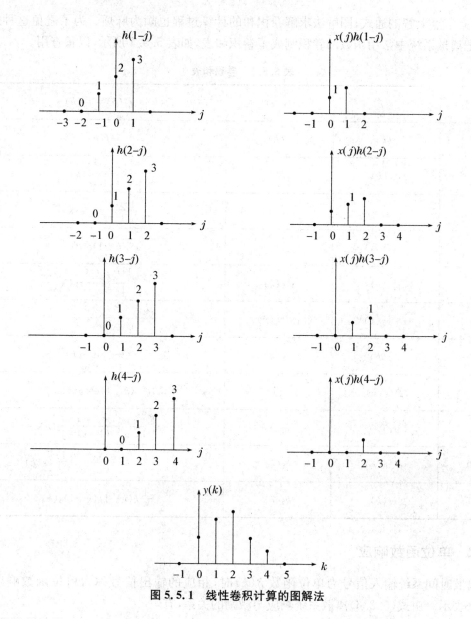

图 5.5.1 线性卷积计算的图解法

最终离散卷积结果为

$$y(k)=\begin{cases}3/2 & (k=0)\\ 5/2 & (k=1)\\ 3 & (k=2)\\ 3/2 & (k=3)\\ 1/2 & (k=4)\\ 0 & (k<0 \text{ 和 } k\geqslant 5)\end{cases}$$

本例中,$x(k)$的非零区间为$[0,2]$,$h(k)$的非零区间为$[0,2]$,序列卷积值的非零区间为$[0,4]$,在$k<0$和$k\geqslant 5$时,卷积的所有值都为零。

由以上例子可看出,图解算法在计算有限个时间点上的卷积结果没有问题,但是它不能给出所有节点上解的通式;图解法求解卷积和的计算过程也颇为麻烦。为了避免这种运算困难,把离散系统中常用函数的卷积制成了卷积和表,如表 5.5.1 所示,以备查用。

表 5.5.1 卷积和表

编号	$f_1(k)$	$f_2(k)$	$f_1(k)*f_2(k)=f_2(k)*f_1(k)$
1	$\delta(k)$	$f(k)$	$f(k)$
2	$\nu^k\varepsilon(k)$	$\varepsilon(k)$	$\dfrac{1-\nu^{k+1}}{1-\nu}\varepsilon(k)$
3	$\nu^{kT}\varepsilon(k)$	$\varepsilon(k)$	$\dfrac{1-e^{\lambda(k+1)T}}{1-e^{\lambda T}}\varepsilon(k)$
4	$\varepsilon(k)$	$\varepsilon(k)$	$(k+1)\varepsilon(k)$
5	$\nu_1^k\varepsilon(k)$	$\nu_2^k\varepsilon(k)$	$\dfrac{\nu_1^{k+1}-\nu_2^{k+1}}{\nu_1-\nu_2}\varepsilon(k)$
6	$\nu^{\lambda_1 kT}\varepsilon(k)$	$\nu^{\lambda_2 kT}\varepsilon(k)$	$\dfrac{e^{\lambda_1(k+1)T}-e^{\lambda_2(k+1)T}}{e^{\lambda_1 T}-e^{\lambda_2 T}}\varepsilon(k)$
7	$\nu^k\varepsilon(k)$	$\nu^k\varepsilon(k)$	$(k+1)\nu^k\varepsilon(k)$
8	$\nu^{kT}\varepsilon(k)$	$\nu^{kT}\varepsilon(k)$	$(k+1)e^{\lambda kT}\varepsilon(k)$
9	$\nu^k\varepsilon(k)$	$k\varepsilon(k)$	$\left[\dfrac{k}{1-\nu}+\dfrac{\nu(\nu^k-1)}{(1-\nu)^2}\right]\varepsilon(k)$
10	$\nu^{kT}\varepsilon(k)$	$k\varepsilon(k)$	$\left[\dfrac{k}{1-e^{\lambda T}}+\dfrac{e^{\lambda T}(e^{\lambda kT}-1)}{(1-e^{\lambda T})^2}\right]\varepsilon(k)$
11	$k\varepsilon(k)$	$k\varepsilon(k)$	$\dfrac{1}{6}k(k-1)(k+1)\varepsilon(k)$

5.5.2 单位函数响应

离散时间系统输入信号为单位函数 $\delta(k)$ 时,相应的输出信号称为单位函数响应,用 $h(k)$ 来表示。由式(5.3.6)离散系统响应与激励的关系,有

$$h(k)=H(E)\delta(k) \tag{5.5.6}$$

离散系统的单位函数响应 $h(k)$ 相当于连续系统的单位冲激响应 $h(t)$,两者的求解方法也颇为相似。求解连续时间系统单位冲激响应 $h(t)$,先对转移算子 $H(p)$ 进行部分分式分解,根据特征根的不同情况写出对应的 $h(t)$。求解离散时间系统的单位函数响应 $h(k)$ 也从转移算子 $H(E)$ 入手。

离散系统转移算子 $H(E)$ 为

$$H(E)=\dfrac{N(E)}{D(E)}=\dfrac{b_m E^m+b_{m-1}E^{m-1}+\cdots+b_1 E+b_0}{E^n+a_{n-1}E^{n-1}+\cdots+a_1 E+a_0} \tag{5.5.7}$$

设特征方程 $D(E)=0$ 有 n 个单根,记为 $\nu_1,\nu_2,\cdots,\nu_n$,且 $n>m$,则 $H(E)$ 可分解为部分分式:

$$H(E) = \frac{A_1}{E-\nu_1} + \frac{A_2}{E-\nu_2} + \cdots + \frac{A_r}{E-\nu_r} + \cdots + \frac{A_n}{E-\nu_n} \tag{5.5.8}$$

由此离散系统可以分解为 n 个一阶系统之和,其单位函数响应等于这 n 个一阶系统的单位函数响应之和。设 $h_r(k) = \frac{A_r}{S-\nu_r}\delta(k)(r=1,2,\cdots,n)$,对应的一阶系统差分方程为

$$h_r(k+1) - \nu_r h_r(k) = A_r \delta(k) \tag{5.5.9}$$

利用 $h_r(-1)=0$(系统初始条件为零,激励信号在 $k=0$ 时才施加于系统),可以递推出一阶系统的单位函数响应:

$$h_r(k) = A_r \nu_r^{k-1} \varepsilon(k-1) \tag{5.5.10}$$

因此具有 n 个单根且 $n>m$ 的离散时间系统的单位函数响应为

$$h(k) = \sum_{r=1}^{n} A_r \nu_r^{k-1} \varepsilon(k-1) \tag{5.5.11}$$

根据特征根 ν_r 为单根、重根或共轭复根情况,列出几种基本形式的转移算子相对应的单位函数响应列表如表 5.5.2 所示,以备查用。观察该表,可发现先对 $\frac{H(E)}{E}$ 进行部分分式分解,可更快捷地写出对应的单位函数响应。

表 5.5.2 离散系统的转移算子及其对应的单位函数响应

	$H(E)$	$h(k)$
ν_r 为单根	$\dfrac{1}{E-\nu_r}$	$\nu_r^{k-1}\varepsilon(k-1)$
	$\dfrac{E}{E-\nu_r}$	$\nu_r^k \varepsilon(k)$
ν_r 为 n 阶重根	$\dfrac{E}{(E-\nu_r)^n}$	$\dfrac{1}{(n-1)!} \cdot \dfrac{k!}{(k-n+1)!} \nu_r^{k-n+1}\varepsilon(k)$
ν_r 为共轭复根	$A\dfrac{E}{E-\nu} + A^*\dfrac{E}{E-\nu^*}$	$2r\|\nu\|^k \cos(k\varphi_\nu + \theta)\varepsilon(k)$ (其中,$A = r \cdot e^{j\theta}, \nu = \|\nu\| \cdot e^{j\varphi_\nu}$)

【例 5.5.2】 一离散系统用以下差分方程描写:
(1) $y(k+2) + 5y(k+1) + 6y(k) = e(k+2)$;
(2) $y(k+2) + 2y(k+1) + 2y(k) = e(k+1) + 2e(k)$。
求系统的单位函数响应。

【解】 (1) 离散系统转移算子为 $H(E) = \dfrac{E^2}{E^2+5E+6}$,特征根为 $\nu_1 = -2, \nu_2 = -3$。

部分分式展开

$$\frac{H(E)}{E} = \frac{E}{E^2+5E+6} = \frac{-2}{E+2} + \frac{3}{E+3}$$

由表 5.5.2 单根情况,系统单位函数响应为

$$h(k) = H(E)\delta(k) = [(-2)^{k+1} - (-3)^{k+1}]\varepsilon(k)$$

(2) 离散系统转移算子为 $H(E) = \dfrac{E+2}{E^2+2E+2}$,有共轭复根 $\nu_{1,2} = -1 \pm j = \sqrt{2} \cdot e^{\pm j\frac{3\pi}{4}}$。

此时无法对 $\dfrac{H(E)}{E}$ 进行部分分式分解，转换思路，首先有

$$H(E) = \frac{A}{E+1-j} + \frac{A^*}{E+1+j} \tag{5.5.12}$$

$$A = \frac{E+2}{E+1+j}\bigg|_{E=-1+j} = \frac{1}{2}(1-j) = \frac{\sqrt{2}}{2}e^{-j\frac{\pi}{4}}$$

式(5.5.12)两边同乘以 E，等式右端的分子上将都含有 E，由表 5.5.2 共轭复根情况可得到对应单位函数响应表达式。但 $EH(E)\delta(k) = Eh(k) = h(k+1)$，因此求得的单位函数响应实为 $h(k+1)$。

$$h(k+1) = 2\frac{\sqrt{2}}{2}(\sqrt{2})^k \cos\left(\frac{3\pi}{4}k - \frac{\pi}{4}\right)\varepsilon(k)$$

所以

$$h(k) = (\sqrt{2})^k \cos\left[\frac{3\pi}{4}(k-1) - \frac{\pi}{4}\right]\varepsilon(k-1)$$

$$= (-1)^{k+1}(\sqrt{2})^k \cos\left(\frac{\pi}{4}k\right)\varepsilon(k-1)$$

利用激励和单位函数响应进行离散卷积（卷积和），就可以求解出离散系统的零状态响应。

5.6 离散系统的全响应

离散系统全响应的求解，可利用差分方程求出零输入分量和零状态分量，叠加得到方程的完全解。

5.6.1 离散系统全响应

离散系统全响应的求解过程如图 5.6.1 所示，这就是本章介绍的求系统的全响应时域分析法。

求解响应时，必然要利用系统的初始条件。在实际应用中，测量到的系统初始条件一般是零输入和零状态的初始条件之和，无法仅对其中一部分进行测量，所以通常所给的初始值在没有特别说明的情况下，是系统全响应的初始条件。

【例 5.6.1】 已知离散系统的转移算子 $H(E) = \dfrac{E(7E-2)}{(E-0.5)(E-0.2)}$，激励 $e(k) = \varepsilon(k)$。

(1) 初始条件为 $y_{zi}(0) = 2, y_{zi}(1) = 4$；

(2) 初始条件为 $y(0) = 9, y(1) = 13.9$。

求全响应 $y(k)$。

【解】 (1) 由系统转移算子可知系统特征根为 $\nu_1 = 0.5, \nu_1 = 0.2$。

求系统零输入响应

$$y_{zi}(k) = c_1 0.5^k + c_2 0.2^k$$

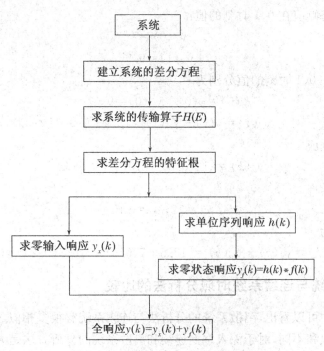

图 5.6.1 离散系统全响应求解过程

代入初始条件 $y_{zi}(0)=2$，$y_{zi}(1)=4$，解得 $c_1=12$，$c_2=-10$。
所以
$$y_{zi}(k)=[12(0.5)^k-10(0.2)^k]\varepsilon(k)$$

求系统单位函数
$$\frac{H(E)}{E}=\frac{7E-2}{(E-0.5)(E-0.2)}=\frac{A_1}{E-0.5}+\frac{A_2}{E-0.2}$$
$$\Rightarrow H(E)=\frac{5E}{E-0.5}+\frac{2E}{E-0.2}$$

所以 $h(k)=[5(0.5)^k+2(0.2)^k]\varepsilon(k)$。

求系统零状态响应
$$y_{zs}(k)=h(k)*e(k)=[5(0.5)^k+2(0.2)^k]\varepsilon(k)*\varepsilon(k)$$
$$=[5(0.5)^k\varepsilon(k)]*\varepsilon(k)+[2(0.2)^k\varepsilon(k)]*\varepsilon(k)$$

查卷积和表
$$y_{zs}(k)=\frac{5(1-0.5^{k+1})}{1-0.5}\varepsilon(k)+\frac{2(1-0.2^{k+1})}{1-0.2}\varepsilon(k)$$
$$=[12.5-5(0.5)^k-0.5(0.2)^k]\varepsilon(k)$$

求系统全响应
$$y(k)=y_{zi}(k)+y_{zs}(k)=[12.5+7(0.5)^k-10.5(0.2)^k]\varepsilon(k)$$

(2) 仅初始条件不一样，此时给出的初始条件是全响应对应的初始条件，其他保持不变。故零输入响应通解形式和(1)一样，系统单位函数和零状态响应也和(1)一样。有
$$y_{zs}(k)=[12.5-5(0.5)^k-0.5(0.2)^k]\varepsilon(k)$$

可得到零状态响应在 0、1 时刻的值：
$$y_{zs}(0)=7$$
$$y_{zs}(1)=9.9$$

所以零输入响应在 0、1 时刻的值分别为
$$y_{zi}(0)=y(0)-y_{zs}(0)=9-7=2$$
$$y_{zi}(1)=y(1)-y_{zs}(1)=13.9-9.9=4$$

代入零输入响应
$$y_{zi}(k)=[12(0.5)^k-10(0.2)^k]\varepsilon(k)$$

可求得初始条件
$$c_1=12,c_2=-10$$

系统全响应为
$$y(k)=y_{zi}(k)+y_{zs}(k)=[12.5+7(0.5)^k-10.5(0.2)^k]\varepsilon(k)$$

5.6.2　离散系统与连续系统时域分析法的比较

从前面内容中可以看出，离散系统的分析法与连续系统有很多相似之处，也有一定的不同。分析这些相似和不同，对于深入掌握连续和离散系统的分析方法是大有益处的。

离散系统的分析法与连续系统的分析法的相似和不同之处见表 5.6.1。

表 5.6.1　离散系统与连续系统时域分析法的比较

	线性非时变连续时间系统	线性非移变离散时间系统
系统描述	线性常系数微分方程	线性常系数差分方程
分析方法	$r(t)=r_{zi}(t)+r_{zs}(t)$	$y(k)=y_{zi}(k)+y_{zs}(k)$
零输入响应	由特征根和初值确定 基本模式：$c \cdot e^{\lambda t}$	由特征根和初值确定 基本模式：$c \cdot \gamma^k$
零状态响应	卷积积分	卷积和
系统稳定性	特征根位于左半平面	特征根位于单位圆内

5.7　MATLAB 仿真实例

本节给出了利用 MATLAB 仿真求解抽样、离散卷积、零输入响应、零状态响应的实例。

【例 5.7.1】　设连续时间信号为一个正弦信号 $f(t)=\sin(0.5\pi t)$，抽样频率取 3 rad/s，观察频谱随抽样频率的变化。

【解】　MATLAB 仿真程序如下：

```
tmax = 4;dt = 0.01;
t = 0:dt:tmax;
N = 100;
w0 = 20 * pi;dw = 0.1;
```

w = -w0:dw:w0;
Ts = 1/10;
Ts1 = 1/3;
ws = 2*pi/Ts;
ws1 = 2*pi/Ts1;
n = 0:Ts:tmax;
f = sin(0.5*pi*t);
fn = sin(0.5*pi*n);
F = f*exp(-j*t'*w)*dt;
plot(w,abs(F)),title('f(t)的频谱'),xlabel('频率/(rad/s)')

得到的图像如图 5.7.1 所示。

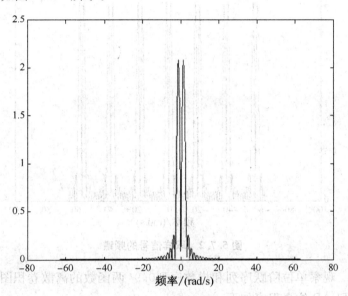

图 5.7.1 原正弦信号的频谱

tmax = 4;dt = 0.01;
t = 0:dt:tmax;
N = 100;
w0 = 20*pi;dw = 0.1;
w = -w0:dw:w0;
Ts = 1/10;
Ts1 = 1/3;
ws = 2*pi/Ts;
ws1 = 2*pi/Ts1;
n = 0:Ts:tmax;
f = sin(0.5*pi*t);
fn = sin(0.5*pi*n);
axis([-70,70,0,max(abs(f))]);
Fn = 0;

```
Fn1 = 0;
for k = -8:8;
    Fn = Fn + f * exp(-j * t' * (w-k * ws)) * dt;
    Fn1 = Fn1 + f * exp(-j * t' * (w-k * ws1)) * dt;
end
plot(w,abs(Fn1)),title('f(n1)的频谱'),xlabel('频率/(rad/s)')
axis([-100,100,0;2.5])
```
得到的图像如图 5.7.2 所示。

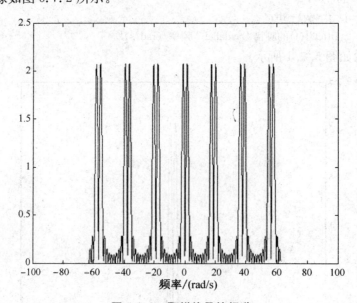

图 5.7.2 取样信号的频谱

【**例 5.7.2**】 观察单位阶跃序列和指数序列 0.9^n 两函数的离散卷积图形。

【**解**】   MATLAB 仿真程序如下：
```
n=-10:10;
y1=[zeros(1,10),1,ones(1,10)];
y2=power(0.9,n)
y = conv(y1,y2)
stem(n,y(11:31))
title('y(n)=f1(n) * f2(n)')
axis([-10,10,0,25]);
```
得到的图形如图 5.7.3 所示。

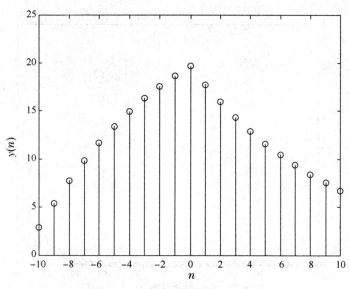

图 5.7.3 两函数的离散卷积图形

【例 5.7.3】 差分方程 $2y(n)-y(n-1)-3y(n-2)=2x(n)-x(n-1)$,$x(n)=0.5^n$,初始条件为 $y(-1)=1,y(-2)=3$,求系统的零输入响应。

【解】 MATLAB 仿真程序如下:

```
num=[2 -1 0];
den=[2 -1 -3];
n=0:50;
nl=length(n);
y01=[1 3];
x01=[0 0];
x1=zeros(1,nl);
zi1=filtic(num,den,y01,x01);
y1=filter(num,den,x1,zi1);
stem(n,y1);
title('零输入响应');
```

得到的图像如图 5.7.4 所示。

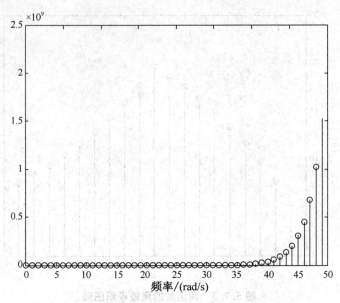

图 5.7.4　差分方程的零输入响应

【例 5.7.4】　差分方程 $y(n)-0.75y(n-1)+0.125y(n-2)=x(n)(n\geqslant 0)$，其中，$x(n)=\left(\dfrac{1}{2}\right)^n$，初始条件为 $y(-1)=3, y(-2)=10$，求零状态响应。

【解】　MATLAB 仿真程序如下

```
n = [0:15];
b = [1];a = [1,-3/4,0.125];
y0 = [3,10];xic = filtic(b,a,y0)
x0 = zeros(1,length(n));
format long
y1 = filter(b,a,x0,xic);
x = (1/2).^n;
y2 = filter(b,a,x);
y = y1+y2;
stem(n,y2)
title('系统零状态响应')
```

得到的图像如图 5.7.5 所示。

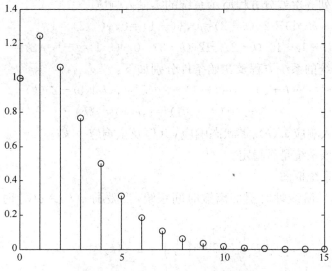

图 5.7.5 差分方程的零状态响应

习 题

【5.1】 试列出题图 5.1 所示系统的差分方程。

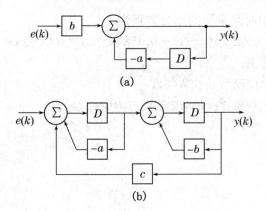

题图 5.1

【5.2】 试绘出下列离散系统的直接型模拟框图。

(1) $y(k+1)+\frac{1}{2}y(k)=-e(k+1)+2e(k)$;

(2) $y(k+2)+5y(k+1)+6y(k)=e(k+1)$。

【5.3】 求下列齐次差分方程所示系统的零输入响应。

(1) $y(k+2)+2y(k+1)+2y(k)=0, y(0)=0, y(1)=1$;

(2) $y(k+2)+2y(k+1)+y(k)=0, y(0)=1, y(1)=0$。

【5.4】 求下列齐次差分方程所示系统的零输入响应。
(1) $y(k)+3y(k-1)+2y(k-2)=0, y(-1)=0, y(-2)=1$；
(2) $y(k)-7y(k-1)+16y(k-2)-12y(k-3)=0, y(-1)=-1, y(2)=-3, y(3)=-5$。

【5.5】 一系统的系统方程及初始条件分别如下：
$$y(k+2)-3y(k+1)+2y(k)=e(k+1)-2e(k)$$
$$y_{zi}(0)=y_{zs}(1)=1, e(k)=\varepsilon(k)$$

求：(1) 零输入响应 $y_{zi}(k)$，零状态响应 $y_{zs}(k)$ 及全响应 $y(k)$；
(2) 判断该系统是否稳定；
(3) 绘出系统框图。

【5.6】 已知二阶线性时不变离散时间系统，当激励 $e(k)=\varepsilon(k)$ 时，系统的零状态响应为
$$\left[2^k+\left(\frac{1}{2}\right)^k-2\right]\varepsilon(k)$$

求：(1) 写出系统的差分方程；
(2) 若 $y(-1)=1, y(-2)=0$，求系统的零输入响应；
(3) 求 $e(k)=\left(\frac{1}{2}\right)^k\varepsilon(k)$ 时的零状态响应。

【5.7】 已知线性时不变系统的单位函数响应 $h(k)$ 及激励 $e(k)$，求输出 $y(k)$。
(1) $h(k)=2^k[\varepsilon(k)-\varepsilon(k-4)], e(k)=\delta(k)-\delta(k-2)$；
(2) $h(k)=e(k)=\varepsilon(k)-\varepsilon(k-4)$。

【5.8】 描述某离散时间系统的差分方程为
$$y(k)+0.2y(k-1)-0.15y(k-2)=e(k)+e(k-1)$$

求：(1) 绘出系统框图；
(2) 求系统的单位函数响应 $h(k)$；
(3) 若激励 $e(k)=0.6^k\varepsilon(k)$，求零状态响应 $y_{zs}(k)$。

第六章 离散时间信号与系统的 z 域分析

本章配套

上一章讨论了离散信号与系统的时域分析,它的分析过程和连续信号与系统的时域分析有很多相似之处。本章将讨论离散时间信号与系统的变换域分析。在连续时间信号与系统变换域分析中,分别讨论了傅里叶变换和拉普拉斯变换,本章主要讨论对应于拉普拉斯变换的序列的 z 变换。

在连续信号和系统理论中,拉普拉斯变换问题从时域转换到复频域(s 域),为求解常系数微分方程提供了一个有效的方法。在离散时间信号和系统中,z 变换与拉普拉斯变换的作用类似,也将问题从时域转换到复频域(z 域)进行分析和处理。

【学习要求】

掌握 z 变换定义和收敛域的定义;掌握常见的四种序列特性和收敛域的关系;掌握 z 反变换的定义和求解的方法;掌握利用 z 变换的性质分析和解决问题的方法;掌握利用单边 z 变换求解差分方程的方法。掌握离散时间系统的系统函数和稳定性。

6.1 z 变换定义及其收敛域

6.1.1 z 变换的定义

z 变换的定义可以借助抽样信号的拉普拉斯变换引出。在上一章 5.2 小节中介绍了离散信号可以由连续信号抽样得到:

$$f_s(t) = f(t) \cdot \sum_{k=-\infty}^{\infty} \delta(t-kT) = \sum_{k=-\infty}^{\infty} f(kT)\delta(t-kT) \tag{6.1.1}$$

式中,T 为抽样间隔。式(6.1.1)两边取双边拉普拉斯变换,并将积分与求和的次序对调,利用冲激函数的抽样特性,便可得到抽样信号的双边拉普拉斯变换:

$$L_d[f_s(t)] = \int_{-\infty}^{\infty} \sum_{k=-\infty}^{\infty} f(kT)\delta(t-kT) e^{-st} dt = \sum_{k=-\infty}^{\infty} f(kT) e^{-skT} \tag{6.1.2}$$

引入一个新的复变量 z,令 $z = e^{sT}$,且 $f(kT)$ 简记为 $f(k)$,式(6.1.2)变为

$$L_d[f_s(t)] = \sum_{k=-\infty}^{\infty} f(k) z^{-k} \tag{6.1.3}$$

定义序列 $f(k)$ 的双边 z 变换

$$Z_d[f(k)] = \sum_{k=-\infty}^{\infty} f(k) z^{-k} \tag{6.1.4}$$

类似于拉普拉斯变换,z 变换分为双边 z 变换和单边 z 变换。定义序列 $f(k)$ 的单边 z

变换

$$F(z) = Z[f(k)] = \sum_{k=0}^{\infty} f(k) z^{-k} \tag{6.1.5}$$

显然，如果序列 $f(k)$ 是从 0 时刻开始取值的因果序列，则其双边 z 变换与单边 z 变换是相同的。本书中如无特别指出，之后 z 变换均指单边 z 变换。

6.1.2 z 变换的收敛域

如同拉普拉斯变换一样，z 变换也存在收敛域问题。序列 $f(k)$ 作单边 z 变换后是一个关于 z^{-1} 的幂级数，其系数即序列的样值：

$$F(z) = \sum_{k=0}^{\infty} f(k) z^{-k} = f(0) + f(1) z^{-1} + f(2) z^{-2} + \cdots \tag{6.1.6}$$

只有当该级数收敛，即 $F(z)$ 为有限值时，序列 $f(k)$ 的单边 z 变换才存在。使级数收敛的 z 的取值范围称为**收敛域**。

由于级数 $F(z) = \sum_{k=0}^{\infty} f(k) z^{-k}$ 收敛的充分必要条件为

$$\left| \sum_{k=0}^{\infty} f(k) z^{-k} \right| \leqslant \sum_{k=0}^{\infty} |f(k)| |z|^{-k} < \infty \tag{6.1.7}$$

因此，为了确保级数 $F(z)$ 收敛，需要限制 $|z|$ 的取值范围，收敛域通常为一环状区域，如图 6.1.1 所示。收敛域通常表示为

$$R_{x-} < |z| < R_{x+} \tag{6.1.8}$$

式中，R_{x-}、R_{x+} 称为收敛半径，内半径 R_{x-} 可以小到零，而外半径 R_{x+} 可以大到无限大。存在 $z = z_i$，使得 $F(z)$ 的 z 变换 $X(z_i) = 0$，则 z_i 为 $X(z)$ 的零点。存在 $z = z_i$，使得 $F(z)$ 的 z 变换 $F(z_i) \to \infty$，则 z_i 为 $F(z)$ 的极点。

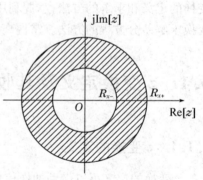

图 6.1.1 z 变换的收敛域

本书讨论单边 z 变换，收敛域为 $R_{x-} \leqslant |z| \leqslant +\infty$。

【**例 6.1.1**】 求序列 $f(k) = a^k \varepsilon(k)$ 的 z 变换。

【**解**】 依据 z 变换定义式，

$$F(z) = \sum_{k=0}^{\infty} f(k) z^{-k} = \sum_{k=0}^{\infty} a^k z^{-k} = \sum_{k=0}^{\infty} (az^{-1})^k$$

若保证上述幂级数收敛，则 $|az^{-1}| < 1$，或者等价于 $|z| > |a|$，那么这个幂级数收敛于 $\dfrac{1}{1-az^{-1}}$。从而得到 z 变换

$$Z[a^k \varepsilon(k)] = \frac{1}{1-az^{-1}}, \quad \text{收敛域：} |z| > |a|$$

收敛域是半径为 $|a|$ 的圆的外部，零点为 $z = 0$，极点为 $z = a$，相应的收敛域如图 6.1.2 所示。注意，

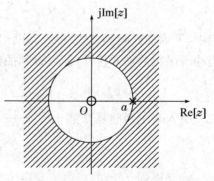

图 6.1.2 序列 $f(k) = a^k \varepsilon(k)$ 的 z 变换的收敛域

这里 a 不一定是实数。

z 变换的收敛域通常以极点为边界,收敛域内一定不存在极点,但零点可以在收敛域内,也可以在收敛域外。

6.1.3 常用序列的 z 变换

1. 单位函数 $\delta(k)$

$$Z[\delta(k)] = \sum_{k=0}^{\infty} \delta(k)z^{-k} = 1 \quad (0 \leqslant |z| \leqslant \infty) \tag{6.1.9}$$

单位函数 $\delta(k)$ 的 z 变换为 1,相当于单位冲激函数 $\delta(t)$ 的拉普拉斯变换为 1。其收敛域为整个 z 平面,包含原点和无穷远点。

2. 单位阶跃序列 $\varepsilon(k)$

$$Z[\varepsilon(k)] = \sum_{k=0}^{\infty} z^{-k} = \frac{1}{1-z^{-1}} = \frac{z}{z-1} \quad (|z|>1) \tag{6.1.10}$$

这是公比为 z^{-1} 的无穷等比级数,$|z^{-1}|<1$ 即 $|z|>1$ 时此级数收敛。

3. 单位指数序列 $\nu^k \varepsilon(k)$

$$Z[\nu^k \varepsilon(k)] = \sum_{k=0}^{\infty} \nu^k z^{-k} = \sum_{k=0}^{\infty} (\nu z^{-1})^k = \frac{1}{1-\nu z^{-1}} = \frac{z}{z-\nu} \quad (|z|>|\nu|) \tag{6.1.11}$$

这是公比为 νz^{-1} 的无穷等比级数,$|\nu z^{-1}|<1$ 即 $|z|>|\nu|$ 时此级数收敛。单位阶跃序列 $\varepsilon(k)$ 可以看作单位指数序列 $\nu^k \varepsilon(k)$ 参数 $\nu=1$ 的特殊情况。

4. 单位正弦序列 $\sin(\beta k)T\varepsilon(k)$ 和单位余弦序列 $\cos(\beta k)T\varepsilon(k)$

利用欧拉公式及上面的复指数序列的 z 变换,不难推导出单位正弦序列和单位余弦序列的 z 变换:

$$\begin{aligned} Z[\sin(\beta k)T\varepsilon(k)] &= Z\left[\frac{1}{2j}(e^{j\beta kT} - e^{-j\beta kT})\varepsilon(k)\right] \\ &= \frac{1}{2j}\{Z[e^{j\beta kT}\varepsilon(k)] - Z[e^{-j\beta kT}\varepsilon(k)]\} \\ &= \frac{1}{2j}\left(\frac{z}{z-e^{j\beta T}} - \frac{z}{z-e^{-j\beta T}}\right) \\ &= \frac{z \cdot \sin(\beta T)}{z^2 - 2z\cos(\beta T) + 1} \end{aligned} \tag{6.1.12}$$

收敛域 $|z| > \max\{|e^{j\beta T}|, |e^{-j\beta T}|\}$,即 $|z|>1$。

同理,

$$Z[\cos(\beta k)T\varepsilon(k)] = \frac{z \cdot [z - \cos(\beta T)]}{z^2 - 2z\cos(\beta T) + 1} \quad (|z|>1) \tag{6.1.13}$$

表 6.1.1 列出了一些常用序列的 z 变换。这些变换对也可以利用上面介绍的四个常用 z 变换对和相关 z 变换性质推导出。z 变换性质将于下一节介绍。

表 6.1.1 常用的 z 变换对

序列	z 变换	收敛域
$\delta(k)$	1	整个 z 平面
$\varepsilon(k)$	$\dfrac{z}{z-1}$	$\|z\|>1$
$k\varepsilon(k)$	$\dfrac{z}{(z-1)^2}$	$\|z\|>1$
$k^2\varepsilon(k)$	$\dfrac{z(z+1)}{(z-1)^3}$	$\|z\|>1$
$\nu^k\varepsilon(k)$	$\dfrac{z}{z-\nu}$	$\|z\|>\|\nu\|$
$\nu^{k-1}\varepsilon(k-1)$	$\dfrac{1}{z-\nu}$	$\|z\|>\|\nu\|$
$k\nu^k\varepsilon(k)$	$\dfrac{\nu z}{(z-\nu)^2}$	$\|z\|>\|\nu\|$
$\dfrac{1}{(n-1)!}\cdot\dfrac{k!}{(k-n+1)!}\nu^{k-n+1}\varepsilon(k)$	$\dfrac{z}{(z-\nu)^n}$	$\|z\|>\|\nu\|$
$\cos(\beta k)T\varepsilon(k)$	$\dfrac{z\cdot[z-\cos(\beta T)]}{z^2-2z\cos(\beta T)+1}$	$\|z\|>1$
$\sin(\beta k)T\varepsilon(k)$	$\dfrac{z\cdot\sin(\beta T)}{z^2-2z\cos(\beta T)+1}$	$\|z\|>1$
$\nu^k\cos(\beta k)T\varepsilon(k)$	$\dfrac{z\cdot[z-\nu\cos(\beta T)]}{z^2-2z\nu\cos(\beta T)+1}$	$\|z\|>\|\nu\|$
$\nu^k\sin(\beta k)T\varepsilon(k)$	$\dfrac{z\nu\cdot\sin(\beta T)}{z^2-2z\nu\cos(\beta T)+1}$	$\|z\|>\|\nu\|$

6.2 z 变换的性质

根据 z 变换的定义,可以推导出它的一些性质,这些性质说明了序列的时域特性和 z 域特性之间的关系。这些性质有助于 z 变换求解,有助于卷积和差分方程的求解。

1. 线性

如果 $Z[f_1(k)]=F_1(z)(R_{1-}<|z|<R_{1+})$, $Z[f_2(k)]=F_2(z)(R_{2-}<|z|<R_{2+})$, 那么
$$Z[a_1f_1(k)+a_2f_2(k)]=a_1F_1(z)+a_2F_2(z) \tag{6.2.1}$$
式中,a_1、a_2 为常数。收敛域为 $\max\{R_{1-},R_{2-}\}<|z|<\min\{R_{1+},R_{2+}\}$。一般情况下,线性叠加后,收敛域缩小。特殊情况下,线性组合后,某些极点刚好被引入的零点所对消,收敛域可能会扩大。

2. 序列的移位

如果 $Z[f(k)]=F(z)(R_-<|z|<R_+)$，且设 $n>0$，那么

$$f(k+n) \leftrightarrow z^n F(z) - z^n \sum_{k=0}^{n-1} f(k) z^{-k} \quad (R_-<|z|<R_+) \tag{6.2.2}$$

$$f(k-n)\varepsilon(k-n) \leftrightarrow z^{-n} F(z) \quad (R_-<|z|<R_+) \tag{6.2.3}$$

【证明】 根据 z 变换定义式，可得

$$Z[f(k+n)] = \sum_{k=0}^{\infty} f(k+n) z^{-k} = z^n \sum_{k=0}^{\infty} f(k+n) z^{-(k+n)}$$

$$\xrightarrow{\diamondsuit j=k+n} z^n \sum_{j=n}^{\infty} f(j) z^{-j} = z^n \left[\sum_{j=0}^{\infty} f(j) z^{-j} - \sum_{j=0}^{n-1} f(j) z^{-j} \right]$$

$$= z^n F(z) - z^n \sum_{k=0}^{n-1} f(k) z^{-k} \quad (R_-<|z|<R_+)$$

$$Z[f(k-n)\varepsilon(k-n)] = \sum_{k=0}^{\infty} f(k-n)\varepsilon(k-n) z^{-k} = \sum_{k=n}^{\infty} f(k-n) z^{-k}$$

$$= z^{-n} \sum_{k=n}^{\infty} f(k-n) z^{-(k-n)}$$

$$\xrightarrow{\diamondsuit j=k-n} z^{-n} \sum_{j=0}^{\infty} f(j) z^{-j} = z^{-n} F(z) \quad (R_-<|z|<R_+)$$

【例 6.2.1】 求序列 $f(k)=\nu^k \varepsilon(k+1)$ 的 z 变换。

【解】 将序列 $f(k)$ 展开可得

$$f(k)=\nu^k \varepsilon(k+1)=\nu^k \varepsilon(k)+\nu^k \delta(k+1)$$
$$=\nu^k \varepsilon(k)+\nu^{-1} \delta(k+1)$$

$Z[\delta(k)]=1$，由式 (6.2.2) 移位性质

$$z[\nu^{-1}\delta(k+1)]=\nu^{-1} \cdot z[\delta(k+1)]=\nu^{-1}[z-z\delta(0)]=0$$

又 $Z[\nu^k \varepsilon(k)]=\dfrac{z}{z-\nu}$，再由式 (6.2.1) 线性性质，序列 $f(k)$ 的 z 变换为

$$Z[f(k)]=\frac{z}{z-\nu}+0=\frac{\nu^{-1} z}{1-\nu z^{-1}} \quad (|\nu|<|z|<\infty)$$

【例 6.2.2】 求序列 $\varepsilon(k)-\varepsilon(k-N)$ 的 z 变换。

【解】 序列 $\varepsilon(k)$ 的 z 变换为

$$Z[\varepsilon(k)]=\frac{z}{z-1} \quad (1<|z|\leqslant \infty)$$

由式 (6.2.3) 移位性质，序列 $\varepsilon(k-N)$ 的 z 变换为

$$Z[\varepsilon(k-N)]=\frac{z^{-N}}{1-z^{-1}} \quad (1<|z|\leqslant \infty)$$

两个序列的线性组合的 z 变换为

$$Z[\varepsilon(k)-\varepsilon(k-N)]=\frac{1-z^{-N}}{1-z^{-1}} \quad (0<|z|\leqslant \infty)$$

收敛域最终为 $0<|z|\leqslant \infty$，这是因为序列 $\varepsilon(k)-\varepsilon(k-N)$ 是一个有限长的因果序列，故其收敛域为整个 z 平面。

3. z域尺度变换

如果 $Z[f(k)]=F(z)(R_-<|z|<R_+)$,那么

$$Z[\nu^k f(k)]=F\left(\frac{z}{\nu}\right) \quad (|\nu|R_-<|z|<|\nu|R_+) \tag{6.2.4}$$

【证明】 根据z变换定义式,可得

$$Z[\nu^k f(k)] = \sum_{k=0}^{\infty} \nu^k f(k) z^{-k} = \sum_{k=0}^{\infty} f(k)\left(\frac{z}{\nu}\right)^{-k} = F\left(\frac{z}{\nu}\right)$$

由于 $R_-<|\nu^{-1}z|<R_+$,所以收敛域为 $|\nu|R_-<|z|<|\nu|R_+$。

单位指数序列 $\nu^k \varepsilon(k)$ 的变换可以看作单位阶跃序列 $\varepsilon(k)$ 的z变换作了尺度变换。同理,表6.1.1中 $\nu^k \cos(\beta k)T\varepsilon(k)$ 和 $\nu^k \sin(\beta k)T\varepsilon(k)$ 的z变换,可以利用z变换的尺度变换性由 $\cos(\beta k)T\varepsilon(k)$ 和 $\sin(\beta k)T\varepsilon(k)$ 作z变换求得。

4. z域微分(序列线性加权)

如果 $Z[f(k)]=F(z)(R_-<|z|<R_+), n>0$,那么

$$Z[kf(k)]=-z\frac{\mathrm{d}F(z)}{\mathrm{d}z} \quad (R_{x-}<|z|<R_{x+}) \tag{6.2.5}$$

【证明】 根据z变换定义式,可得

$$\frac{\mathrm{d}}{\mathrm{d}z}F(z) = \frac{\mathrm{d}}{\mathrm{d}z}\sum_{k=0}^{\infty} f(k)z^{-k} = \sum_{k=0}^{\infty} f(k)\frac{\mathrm{d}z^{-k}}{\mathrm{d}z}$$

$$= \sum_{k=0}^{\infty} f(k)[-kz^{-k-1}] = -z^{-1}\sum_{k=0}^{\infty} kf(k)z^{-k}$$

$$= -z^{-1}Z[kf(k)]$$

所以

$$Z[kf(k)]=-z\frac{\mathrm{d}F(z)}{\mathrm{d}z} \quad (R_{x-}<|z|<R_{x+})$$

【例6.2.3】 求序列 $k\varepsilon(k)$、$k^2\varepsilon(k)$ 的z变换。

【解】 序列 $\varepsilon(k)$ 的z变换为

$$Z[\varepsilon(k)]=\frac{z}{z-1} \quad (1<|z|\leqslant\infty)$$

根据式(6.2.5),可得序列 $k\varepsilon(k)$、$k^2\varepsilon(k)$ 的z变换分别为

$$Z[k\varepsilon(k)]=-z\frac{\mathrm{d}}{\mathrm{d}z}\left(\frac{z}{z-1}\right)=\frac{z}{(z-1)^2} \quad (1<|z|\leqslant\infty)$$

$$Z[k^2\varepsilon(k)]=-z\frac{\mathrm{d}}{\mathrm{d}z}\left(\frac{z}{(z-1)^2}\right)=\frac{z(z+1)}{(z-1)^3} \quad (1<|z|\leqslant\infty)$$

z域微分性可以重复使用,求序列 $f(k)$ 的加权 $kf(k), k^2f(k), k^3f(k), \cdots$ 的z变换。

5. 时域卷积定理

如果 $Z[f_1(k)]=F_1(z)(R_{1-}<|z|<R_{1+}), Z[f_2(k)]=F_2(z)(R_{2-}<|z|<R_{2+})$,那么

$$Z[f_1(k)*f_2(k)]=F_1(z)\cdot F_2(z) \tag{6.2.6}$$

收敛域为 $\max\{R_{1-}, R_{2-}\}<|z|<\min\{R_{1+}, R_{2+}\}$。

【证明】 根据离散卷积定义式和z变换定义式,可得

$$Z[f_1(k)*f_2(k)] = Z\left[\sum_{j=0}^{k} f_1(j)\cdot f_2(k-j)\right] = \sum_{k=0}^{\infty}\left\{\left[\sum_{j=0}^{\infty} f_1(j)\cdot f_2(k-j)\right]\cdot z^{-k}\right\}$$

交换求和与求离散卷积的顺序，

$$Z[f_1(k) * f_2(k)] = \sum_{j=0}^{\infty} \left[f_1(j) \cdot \sum_{k=0}^{\infty} f_2(k-j) z^{-k} \right]$$

式中 $\sum_{k=0}^{\infty} f_2(k-j) z^{-k}$ 为对 $f_2(k-j)$ 进行 z 变换，利用 z 变换的移位性，

$$\sum_{k=0}^{\infty} f_2(k-j) z^{-k} = Z[f_2(k-j)] = z^{-j} \cdot F_2(z)$$

则有

$$Z[f_1(k) * f_2(k)] = F_2(z) \cdot \sum_{n=0}^{\infty} f_1(j) z^{-j} = F_1(z) \cdot F_2(z)$$

收敛域为 $F_1(z)$ 和 $F_2(z)$ 的重叠部分，因此 $\max\{R_{1-}, R_{2-}\} < |z| < \min\{R_{1+}, R_{2+}\}$。

【**例 6.2.4**】 若 $f_1(k) = \nu^k \varepsilon(k)$，$f_2(k) = \delta(k) - \nu\delta(k-1)$，求 $f_1(k) * f_2(k)$ 的 z 变换。

【**解**】 $Z[f_1(k)] = Z[\nu^k \varepsilon(k)] = \dfrac{z}{z-\nu}$ $(|z| > |\nu|)$

根据 z 变换的线性性质和移位性质，可得

$$Z[f_2(k)] = Z[\delta(k) - \nu\delta(k-1)] = 1 - \nu z^{-1} = \dfrac{z-\nu}{z} \quad (0 < |z| \leqslant \infty)$$

所以利用卷积定理，

$$Z[f_1(k) * f_2(k)] = Z[f_1(k)] \cdot Z[\delta(k) - \nu\delta(k-1)] = 1 \quad (0 \leqslant |z| \leqslant \infty)$$

收敛域为 $0 \leqslant |z| \leqslant \infty$，与常用变换对 $Z[\delta(k)] = 1$ 的收敛域一致。这是由于在 $z = \nu$ 处，$Z[f_1(k)]$ 的极点和 $Z[f_2(k)]$ 的零点抵消，所以卷积结果的收敛域扩大了。

6. 初值定理

如果 $Z[f(k)] = F(z)(R_- < |z| < R_+)$，那么

$$f(0) = \lim_{z \to \infty} F(z) \tag{6.2.7}$$

【**证明**】 考虑 $f(k)$ 为有始序列（因果序列），则

$$F(z) = \sum_{k=0}^{\infty} f(k) z^{-k} = f(0) + f(1) z^{-1} + f(2) z^{-2} + \cdots$$

可见当 $z \to \infty$ 时，上式右边的级数中除了第一项 $f(0)$ 外，其他各项都趋近于零，所以得式(6.2.7)。

7. 终值定理

如果 $Z[f(k)] = F(z)$，且收敛域是单位圆外的整个 z 平面，那么

$$f(\infty) = \lim_{z \to 1}(z-1) F(z) \tag{6.2.8}$$

【**证明**】 $Z[f(k+1) - f(k)] = \sum_{k=0}^{\infty} [f(k+1) - f(k)] z^{-k}$

$$= [f(1) - f(0)] + [f(2) - f(1)] z^{-1} + [f(3) - f(2)] z^{-2} + \cdots$$

等式两边取 $z \to 1$ 时，上式中右边仅余两项，即

$$\lim_{z \to 1} Z[f(k+1) - f(k)] = f(\infty) - f(0)$$

由式(6.2.2)移位性质

$$\lim_{z \to 1} Z[f(k+1) - f(k)] = \lim_{z \to 1} [zF(z) - zf(0)] - F(z)$$

$$= \lim_{z \to 1}(z-1)F(z) - f(0)$$

上两式的右方应相等,于是得式(6.2.8)。收敛域是单位圆外的整个 z 平面,即要求所有极点都在单位圆内,如在单位圆上有极点则必须是单阶的正实根。

【例 6.2.5】 已知序列 $f(k)$ 的 z 变换为 $F(z) = \dfrac{z^2}{(z-1)(2z+1)}$,求 $f(k)$ 的初值和终值。

【解】 序列 $f(k)$ 的初值为

$$f(0) = \lim_{z \to \infty} F(z) = \lim_{z \to \infty} \frac{1}{\left(1-\dfrac{1}{z}\right)\left(2+\dfrac{1}{z}\right)} = \frac{1}{2}$$

序列 $f(k)$ 的终值为

$$f(\infty) = \lim_{z \to 1}(z-1)F(z) = \lim_{z \to 1}\frac{z^2}{(2z+1)} = \frac{1}{3}$$

为了应用方便,常见 z 变换的性质列于表 6.2.1 中。

表 6.2.1 常见 z 变换的性质

	性质名称	有始序列 $f(k)$	$F(z)$
1	线性	$a_1 f_1(k) + a_2 f_2(k)$	$a_1 F_1(z) + a_2 F_2(z)$
2	移位性	$f(k+n)$	$z^n F(z) - z^n \sum\limits_{k=0}^{n-1} f(k)$
		$f(k-n)\varepsilon(k-n)$	$z^{-n} F(z)$
3	尺度变换性	$\nu^k f(k)$	$F\left(\dfrac{z}{\nu}\right)$
4	微分性	$k f(k)$	$-z \dfrac{dF(z)}{dz}$
5	卷积定理	$f_1(k) * f_2(k)$	$F_1(z) \cdot F_2(z)$
6	初值定理	$f(0)$	$\lim\limits_{z \to \infty} F(z)$
7	终值定理	$f(\infty)$	$\lim\limits_{z \to 1}(z-1)F(z)$

6.3 z 反变换

z 反变换的计算方法一般有三种,一种是把 z 变换式展开为 z^{-1} 的幂级数,由此可以直接得到一个原函数的序列;一种是把 z 变换式展开为它的部分分式之和,每一部分分式都是较简单的基本函数形式,以便分别进行反变换;还有一种方法是在 z 平面中进行围线积分。最后一种方法较为复杂,本节主要介绍前两种方法。

6.3.1 幂级数法

幂级数法求 z 反变换应用的条件是 $F(z)$ 为有理分式,利用长除法将 $F(z)$ 在收敛域内展开为 z^{-1} 的幂级数,则有

$$F(z) = A_0 + A_1 z^{-1} + A_2 z^{-2} + \cdots$$

由 z 变换定义式(6.1.5),可以看出 z^{-k} 项的系数就是 $f(k)$,即

$$A_0 = f(0), A_1 = f(1), A_2 = f(2), \cdots$$

【例 6.3.1】 计算 $F(z) = \dfrac{z}{z+a}$ 的 z 反变换 $f(k)$,收敛域为 $|z| > |a|$。

【解】 因为收敛域是圆的外围,所以原信号为因果序列。利用长除法:

$$\begin{array}{r}
1 - az^{-1} + a^2 z^{-2} - a^3 z^{-3} + \cdots \\
z+a \overline{\smash{\big)}\, z } \\
\underline{z + a} \\
-a \\
\underline{-a - a^2 z^{-1}} \\
a^2 z^{-1} \\
\underline{a^2 z^{-1} + a^3 z^{-2}} \\
-a^3 z^{-2} \\
\vdots
\end{array}$$

$$F(z) = \frac{z}{z+a} = 1 - az^{-1} + a^2 z^{-2} - a^3 z^{-3} + \cdots$$

对比 z 变换公式 $F(z) = \sum\limits_{k=0}^{\infty} f(k) z^{-k}$,可得

$$f(0) = 1, f(1) = -a, f(2) = a^2, f(3) = -a^3, \cdots$$

从而有 z 反变换 $f(k)$:

$$f(k) = (-a)^k \varepsilon(k)$$

【例 6.3.2】 计算 $F(z) = \dfrac{z^2}{z^2 - 1.5z + 0.5}$ 的 z 反变换 $f(k)$,收敛域为 $|z| > 1$。

【解】 因为收敛域是圆的外围,所以原信号为因果序列。利用长除法将 $F(z)$ 分子展开,可得幂级数

$$F(z) = \frac{z^2}{z^2 - 1.5z + 0.5} = 1 + 1.5z^{-1} + 1.75z^{-2} + 1.875z^{-3} + 1.9375z^{-4} + \cdots$$

将此关系式与 z 变换公式比较,可得 z 反变换为

$$f(k) = \{1, 1.5, 1.75, 1.875, 1.9375, \cdots\} \quad (k \geqslant 0)$$

显然除非结果的形式足够简单,才可以推断出 $f(k)$ 的通常形式,且当 k 很大时,长除法通常得不到答案 $f(k)$,即无法得到一个闭合形式的解。因此,长除法只适用于求取信号开始的几个采样值。

6.3.2 部分分式法

用部分分式法将 $F(z)$ 表达式展开成若干个简单的常见部分分式之和,对这些部分分式分别求 z 反变换。由于每个部分分式都可以在 z 变换表(表 6.1.1)中找到基本 z 变换式和相应的离散时间序列,因此计算简单。先来看一个例子。

【例 6.3.3】 求 $F(z) = \dfrac{2z-0.5}{z^2-0.5z-0.5}$ 的 z 反变换 $f(k)$,$f(k)$ 为有始序列。

【解】 分解部分分式:

$$F(z) = \frac{2z-0.5}{(z-1)(z+0.5)} = \frac{1}{z-1} + \frac{1}{z+0.5}$$

尽量利用已有的基本 z 变换表达式,故变换一下:

$$F(z) = z^{-1}\left(\frac{z}{z-1} + \frac{z}{z+0.5}\right)$$

其中

$$\varepsilon(k) \leftrightarrow \frac{z}{z-1},\ (-0.5)^k\varepsilon(k) \leftrightarrow \frac{z}{z+0.5}$$

而式中 z^{-1} 则可以用 z 变换的移位性质来解决,由式(6.2.3):

$$f(k) = [1+(-0.5)^{k-1}]\varepsilon(k-1)$$

收敛区域为 $|z|>1$。

z 反变换的基本形式为 $\dfrac{z}{z-\nu}$、$\dfrac{z}{(z-\nu)^2}$ 等,其分母上都有 z,为了保证 $F(z)$ 分解后的部分分式一定得到这样的标准形式,常常先把函数 $\dfrac{F(z)}{z}$ 分解为部分分式,然后等式两边同乘以 z。例如当 $F(z)$ 有 n 个单极点时,则先对 $\dfrac{F(z)}{z}$ 展开

$$\frac{F(z)}{z} = \frac{B_0}{z} + \frac{B_1}{z-\nu_1} + \cdots + \frac{B_r}{z-\nu_r} + \cdots + \frac{B_n}{z-\nu_n}$$

等式两边同乘以 z,得

$$F(z) = B_0 + \frac{B_1 z}{z-\nu_1} + \cdots + \frac{B_r z}{z-\nu_r} + \cdots + \frac{B_n z}{z-\nu_n}$$

利用已有变换对 $Z[\delta(k)] = 1$ 和 $Z[\nu^k\varepsilon(k)] = \dfrac{z}{z-\nu}$,即可得原序列

$$f(k) = B_0\delta(k) + B_1\nu_1^k\varepsilon(k) + \cdots + B_n\nu_n^k\varepsilon(k)$$

重新求解例 6.3.3。

【解】 分解部分分式

$$\frac{F(z)}{z} = \frac{2z-0.5}{z(z-1)(z+0.5)} = \frac{1}{z} + \frac{1}{z-1} - \frac{2}{z+0.5}$$

等式两边同乘以 z:

$$F(z) = 1 + \frac{z}{z-1} - \frac{2z}{z+0.5}$$

利用已有的基本 z 变换表达式得

$$f(k)=\delta(k)+[1-2(-0.5)^k]\varepsilon(k)$$

由于
$$f(0)=\delta(0)+[1-2(-0.5)^0]\varepsilon(0)=0$$

所以也可以写为同上面解法相同的结果
$$f(k)=[1+(-0.5)^{k-1}]\varepsilon(k-1)$$

收敛区域为$|z|>1$。

根据$F(z)$极点的三种不同情况,不同极点情况的最简分式$F(z)$对应不同序列$f(k)$。

1. 单极点情况

常用变换对为
$$Z^{-1}\left[\frac{z}{z-\nu}\right]=\nu^k\varepsilon(k) \tag{6.3.1}$$

2. n阶重极点情况

常用变换对为
$$Z^{-1}\left[\frac{z}{(z-\nu)^n}\right]=\frac{1}{(n-1)!}\cdot\frac{k!}{(k-n+1)!}\nu^{k-n+1}\varepsilon(k) \tag{6.3.2}$$

3. ν、ν^* 为一对共轭复根,通常作为一个整体处理

常用变换对为
$$Z^{-1}\left[\frac{z\cdot[z-\cos(\beta T)]}{z^2-2z\cos(\beta T)+1}\right]=\cos(\beta k)T\varepsilon(k) \tag{6.3.3}$$

$$Z^{-1}\left[\frac{z\cdot\sin(\beta T)}{z^2-2z\cos(\beta T)+1}\right]=\sin(\beta k)T\varepsilon(k) \tag{6.3.4}$$

【例 6.3.4】 已知 $F(z)=\dfrac{z^2+0.5z}{(z-0.5)^3}$,收敛区域为 $|z|>0.5$,求 z 反变换对应的有始序列 $f(k)$。

【解】 分解部分分式
$$\frac{F(z)}{z}=\frac{z+0.5}{(z-0.5)^3}=\frac{1}{(z-0.5)^3}+\frac{1}{(z-0.5)^2}$$

等式两边同乘以 z:
$$F(z)=\frac{z}{(z-0.5)^3}+\frac{z}{(z-0.5)^2}$$

为3阶重极点和2阶重极点情况,根据式(6.3.2)有
$$Z^{-1}\left[\frac{z}{(z-\nu)^2}\right]=k\nu^{k-1}\varepsilon(k)$$

$$Z^{-1}\left[\frac{z}{(z-\nu)^3}\right]=\frac{1}{2}k(k-1)\nu^{k-2}\varepsilon(k)$$

从而
$$f(k)=\frac{1}{2}k(k-1)(0.5)^{k-2}\varepsilon(k)+k(0.5)^{k-1}\varepsilon(k)$$
$$=2k^2(0.5)^k\varepsilon(k)$$

$$= k^2(0.5)^{k-1}\varepsilon(k)$$

6.4 离散系统的 z 域分析

与连续系统的拉普拉斯变换分析类似,分析离散时间系统时可以通过 z 变换把差分方程转换为代数方程,求解该代数方程,从而得到系统全响应;也可以使用 z 变换分析法,分别求出零输入响应和零状态响应。

此外与拉普拉斯分析法类似,z 域导出的离散系统函数的概念能更方便、深入地描述离散系统本身的固有特性,也可以由系统函数去求解零输入响应和零状态响应。

下面先讲解系统函数的概念,然后介绍 z 域分析法,最后介绍离散系统稳定性的判断。

6.4.1 离散系统的系统函数

线性移不变的离散时间系统系统函数定义为系统单位函数响应 $h(k)$ 的 z 变换,记作 $H(z)$,即

$$H(z) = Z[h(k)] = \sum_{k=0}^{+\infty} h(k) z^{-k} \quad (R_- < |z| < R_+) \tag{6.4.1}$$

系统函数可以通过多种方式求解到,下面介绍三种方法:

(1) 对于线性移不变系统,任意一个信号 $e(k)$ 经过系统的输出响应 $y_{zs}(k)$ 为

$$y_{zs}(k) = e(k) * h(k)$$

根据 z 变换的卷积定理,可得

$$Y_{zs}(z) = E(z) H(z)$$

因此系统函数 $H(z)$ 可以通过零状态响应 $Y_{zs}(z)$ 和激励 $E(z)$ 表示为

$$H(z) = \frac{Y_{zs}(z)}{E(z)} \tag{6.4.2}$$

(2) 考虑转移算子 $H(E)$ 与单位函数 $h(k)$ 的关系:$h(k) = H(E)\delta(k)$,两边作 z 变换,则有

$$H(z) = H(E)\Big|_{E=z}$$

故系统函数 $H(z)$ 也可以由转移算子 $H(E)$ 求得,只需将转移算子 $H(E)$ 中的移位算子 E 换成 z。

(3) 系统函数 $H(z)$ 也可以由离散系统的方框图求解。如图 6.4.1 为某二阶离散系统的模拟框图:

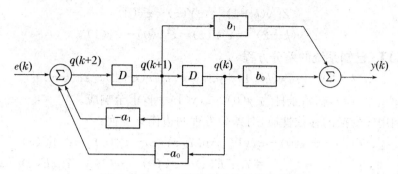

图 6.4.1 某二阶离散系统的模拟框图

该离散系统的差分方程为 $y(k+2)+a_1y(k+1)+a_0y(k)=b_1e(k+1)+b_0e(k)$,可以写出转移算子 $H(E)=\dfrac{b_1E+b_0}{E^2+a_1E+a_0}$,从而写出系统函数 $H(z)=\dfrac{b_1z+b_0}{z^2+a_1z+a_0}$。熟悉后可直接由离散系统的模拟框图来写系统函数 $H(z)$。

也可以根据系统函数 $H(z)$ 来画离散系统的 z 域框图,如图 6.4.2 所示为由二阶离散系统的系统函数画出的 z 域框图。

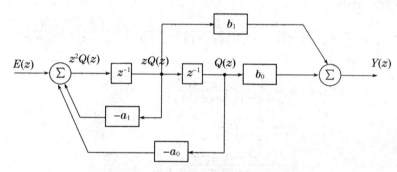

图 6.4.2 某二阶离散系统的 z 域框图

图 6.4.2 和图 6.4.1 没有本质区别,只是将单位延迟器 D 换成了 z^{-1},相应变量改为 z 域变量。

将系统函数

$$H(z)=H_0\frac{(z-z_1)(z-z_2)\cdots(z-z_r)\cdots(z-z_m)}{(z-\nu_1)(z-\nu_2)\cdots(z-\nu_r)\cdots(z-\nu_n)} \quad (H_0=b_m) \quad (6.4.3)$$

写成级联和并联形式

$$H(z)=H_1(z)\cdot H_2(z)\cdots H_r(z) \quad (6.4.4)$$

$$H(z)=H_1(z)+H_2(z)+\cdots+H_r(z) \quad (6.4.5)$$

也可画出离散系统的级联型和并联型 z 域框图。

6.4.2 z 变换求解全响应

利用 z 变换将差分方程转换为代数方程求解,其求解过程如同用拉普拉斯变换求解微分方程一样。主要利用式(6.2.2)给出的 z 变换的移位性质,设 $Z[f(k)]=F(z)$,利用 z 变换求解过程中较常用的有

$$Z[y(k+1)] = zY(z) - zy(0) \tag{6.4.6}$$

$$Z[y(k+2)] = z^2Y(z) - z^2y(0) - zy(1) \tag{6.4.7}$$

【例 6.4.1】 已知系统的差分方程

$$y(k+2) - 0.7y(k+1) + 0.1y(k) = 7e(k+2) - 2e(k+1)$$

系统的激励 $e(k) = \varepsilon(k)$，初始条件为 $y(0) = 2, y(1) = 4$，求全响应。

【解】 利用 z 变换的移位性质，对差分方程两边作 z 变换：

$$[z^2Y(z) - z^2y(0) - zy(1)] - 0.7[zY(z) - zy(0)] + 0.1Y(z)$$
$$= 7[z^2E(z) - z^2e(0) - ze(1)] - 2[zE(z) - ze(0)]$$

激励为 $e(k) = \varepsilon(k)$，故等式右边 $e(0) = \varepsilon(0) = 1, e(1) = \varepsilon(1) = 1$，代入上述式子，并将初始条件 $y(0) = 2, y(1) = 4$ 也代入，得

$$(z^2 - 0.7z + 0.1)Y(z) = (7z^2 - 2z)E(z) - 5z^2 - 2.4z$$

式中，$E(z) = Z[\varepsilon(k)] = \dfrac{z}{z-1}$，代入，整理得

$$Y(z) = \frac{2z(z^2 + 0.3z + 1.2)}{(z^2 - 0.7z + 0.1)(z-1)}$$

进行部分分式分解

$$\frac{Y(z)}{2z} = \frac{z^2 + 0.3z + 1.2}{(z-0.2)(z-0.5)(z-1)} = \frac{k_1}{z-0.2} + \frac{k_2}{z-0.5} + \frac{k_3}{z-1}$$

式中，k_1、k_2、k_3 的计算：

$$k_1 = \left.\frac{z^2 + 0.3z + 1.2}{(z-0.5)(z-1)}\right|_{z=0.2} = \frac{65}{12}$$

$$k_2 = \left.\frac{z^2 + 0.3z + 1.2}{(z-0.2)(z-1)}\right|_{z=0.5} = -\frac{32}{3}$$

$$k_3 = \left.\frac{z^2 + 0.3z + 1.2}{(z-0.2)(z-0.5)}\right|_{z=1} = \frac{25}{4}$$

所以

$$Y(z) = \frac{65}{12} \cdot \frac{2z}{z-0.2} - \frac{32}{3} \cdot \frac{2z}{z-0.5} + \frac{25}{4} \cdot \frac{2z}{z-1}$$

进行 z 反变换，系统全响应为

$$y(k) = \left[\frac{25}{2} - \frac{64}{3} \cdot (0.5)^k + \frac{65}{6} \cdot (0.2)^k\right]\varepsilon(k) \tag{6.4.8}$$

利用 z 变换求解离散系统全响应的实质是将系统常系数差分方程通过 z 变换转换为代数方程，求解代数方程从而得到离散系统全响应的 z 变换，进行 z 反变换从而得到全响应。

6.4.3 从信号分解的角度分析系统

全响应分为零输入响应和零状态响应，即 $y(k) = y_{zi}(k) + y_{zs}(k)$。可以通过 z 变换分别求解 $y_{zi}(k)$、$y_{zs}(k)$，也可以通过系统函数 $H(z)$ 求解 $y_{zi}(k)$、$y_{zs}(k)$。

1. 通过 z 变换分别求解 $y_{zi}(k)$、$y_{zs}(k)$

下面通过例子来说明。注意在求零输入响应确定其系数时，应代入不包含激励部分引起的初始条件。

【例 6.4.2】 已知系统的差分方程
$$y(k+2)-0.7y(k+1)+0.1y(k)=7e(k+2)-2e(k+1)$$
系统的激励 $e(k)=\varepsilon(k)$,初始条件为 $y_{zi}(0)=2, y_{zi}(1)=4$,求 $y_{zi}(k)$、$y_{zs}(k)$。

【解】 (1) 令激励为 0,对差分方程进行 z 变换:
$$[z^2 Y_{zi}(z)-z^2 y_{zi}(0)-z y_{zi}(1)]-0.7[z Y_{zi}(z)-z y_{zi}(0)]+0.1Y_{zi}(z)=0$$
代入初始条件 $y_{zi}(0)=2, y_{zi}(1)=4$,得
$$Y_{zi}(z)=\frac{2z^2+2.6z}{z^2-0.7z+0.1}=\frac{12z}{z-0.5}-\frac{10z}{z-0.2}$$
进行 z 反变换,得零输入响应
$$y_{zi}(k)=[12\cdot(0.5)^k-10\cdot(0.2)^k]\varepsilon(k)$$

(2) 对差分方程进行 z 变换,并令初始条件为 0,有
$$(z^2-0.7z+0.1)Y_{zs}(z)=(7z^2-2z)E(z)$$
式中,$E(z)=Z[\varepsilon(k)]=\dfrac{z}{z-1}$,代入,整理得
$$Y_{zs}(z)=\frac{z(7z^2-2z)}{(z^2-0.7z+0.1)(z-1)}=\frac{12.5z}{z-1}-\frac{5z}{z-0.5}-\frac{0.5z}{z-0.2}$$
进行 z 反变换,得零状态响应
$$y_{zs}(k)=[12.5-5\cdot(0.5)^k-0.5\cdot(0.2)^k]\varepsilon(k)$$

注意区别本例和例 6.4.1。例 6.4.1 给出的初始条件是全响应,包含了激励引起的初始条件,本例中给出的初始条件则是零输入响应对应的初始条件。本例的全响应结果为
$$y(k)=y_{zi}(k)+y_{zs}(k)=[12.5+7\cdot(0.5)^k-10.5\cdot(0.2)^k]\varepsilon(k)$$
显然与式(6.4.8)结果的系数不一样。

2. 通过系统函数 $H(z)$ 求解 $y_{zi}(k)$、$y_{zs}(k)$

系统函数 $H(z)$ 的极点就是系统的特征根,所以可由极点写出零输入响应 $y_{zi}(k)$ 的一般形式,根据系统的初始条件确定系数;由于零状态响应 z 变换有 $Y_{zs}(z)=E(z)H(z)$,所以可以通过系统函数 $H(z)$ 及 z 反变换求解出零状态响应 $y_{zs}(k)$。

【例 6.4.3】 已知离散系统的差分方程
$$y(k+2)+3y(k+1)+2y(k)=e(k+2)$$
系统的激励 $e(k)=2^k\varepsilon(k)$,初始条件为 $y(0)=0, y(1)=2$,求 $y_{zi}(k)$、$y_{zs}(k)$。

【解】 (1) 求零输入响应 $y_{zi}(k)$,直接由系统差分方程写出系统函数 $H(z)$:
$$H(z)=\frac{z^2}{z^2+3z+2}=\frac{z^2}{(z+1)(z+2)}$$
极点为 -1、-2,可写出零输入响应的通解形式
$$y_{zi}(k)=c_1(-1)^k+c_2(-2)^k$$
式中,系数 c_1、c_2 的确定必须是零输入响应对应的初始条件,题设条件是包含了激励引起的初始条件,暂时还无法确定系数 c_1、c_2。

(2) 由系统函数 $H(z)$ 求零状态响应 $y_{zs}(k)$。

激励 z 变换

$$E(z) = Z[e(k)] = \frac{z}{z-2}$$

整理式子,得

$$Y_{zs}(z) = E(z)H(z) = \frac{z^3}{(z-2)(z^2+3z+2)}$$

$$= \frac{\frac{1}{3}z}{z-2} - \frac{\frac{1}{3}z}{z+1} + \frac{z}{z+2}$$

进行 z 反变换,得零状态响应

$$y_{zs}(k) = \left[\frac{1}{3}(2)^k - \frac{1}{3}(-1)^k + (-2)^k\right]\varepsilon(k)$$

利用零状态响应和题设条件可以确定零输入响应对应的初始条件

$$y_{zi}(0) = y(0) - y_{zs}(0) = 0 - 1 = -1$$
$$y_{zi}(1) = y(1) - y_{zs}(1) = 2 - (-1) = 3$$

代入零输入响应 $y_{zi}(k)$,得

$$\begin{cases} c_1 + c_2 = -1 \\ c_1 + 2c_2 = -3 \end{cases}$$

解得 $c_1 = 1, c_2 = -2$。

因此零输入响应为

$$y_{zi}(k) = [(-1)^k - 2(-2)^k]\varepsilon(k)$$

6.4.4 离散系统的稳定性

与拉普拉斯变换一样,在离散时间系统中也可以根据系统函数的极点确定系统是否稳定。在判别系统是否稳定时,在 s 域是看系统函数 $H(s)$ 的极点是否全部在 s 平面的左半面内,而在 z 域则是看系统函数 $H(z)$ 的极点是否全部在 z 平面的单位圆内,在单位圆上的单阶极点对应于临界稳定。

【**例 6.4.4**】 已知差分方程为 $y(k) - \frac{5}{2}y(k-1) + y(k-2) = 2e(k) - \frac{5}{2}e(k-1)$ 的线性移不变系统。

(1) 求系统的单位函数响应 $h(k)$;

(2) 判断系统是否稳定。

【**解**】 (1) 这里给出的差分方程为后向差分方程,可以转换为前向差分方程进行 z 变换,为了求系统函数,需要将初始条件都设为零;也可以利用式(6.2.3)给出的移位性质直接对后向差分方程进行 z 变换,初始条件没有被代入。得

$$Y_{zs}(z) - \frac{5}{2}z^{-1}Y_{zs}(z) + z^{-2}Y_{zs}(z) = 2E(z) - \frac{5}{2}z^{-1}E(z)$$

$$H(z) = \frac{Y_{zs}(z)}{E(z)} = \frac{2z^2 - \frac{5}{2}}{\left(z - \frac{1}{2}\right)(z-2)} = \frac{z}{z - \frac{1}{2}} + \frac{z}{z-2}$$

进行 z 反变换,得单位函数响应

$$h(k)=\left(\frac{1}{2}\right)^k\varepsilon(k)+2^k\varepsilon(k)$$

（2）从 $H(z)$ 的式子可以看出，系统有两个极点 $z_1=\frac{1}{2}$，$z_2=2$，由于有一个极点在单位圆外，因此系统为因果非稳定系统。

6.5 MATLAB 仿真实例

MATLAB 工具栏提供了 zplane 函数，用来显示线性移不变系统的零、极点图。函数 zplane(b,a) 自动设定坐标刻度，以便绘出所有的零、极点。

【例 6.5.1】 一个滤波器的系统函数如下，画出零、极点图。
$$H(z)=\frac{z^3-5.6z^2+0.65z-0.05}{z^3-7.3z^2+15.1z-3}$$

【解】 MATLAB 仿真程序如下：
%绘制零、极点图
b=[1 −5.6 0.65 −0.05];
a=[1 −7.3 15.1 −3];
zplane(b,a)

得到的零、极点如图 6.5.1 所示。

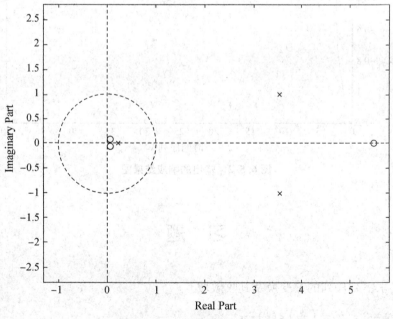

图 6.5.1 系统的零、极点图

【例 6.5.2】 设一个系统的差分方程描述如下：
$y(k+2)-0.143y(k+1)+0.6128y(k)=0.675e(k+2)+0.1259e(k+1)+0.025e(k)$

求系统在初始条件 $y(-1)=1$、$y(-2)=2$ 下的响应。

【解】 MATLAB 仿真程序如下：

```
%差分方程的模拟
a=[1,-0.143,0.6128];
b=[0.675,0.1259,0.025];
x=zeros(1,50);
zi=filtic(b,a,[1,2]);
y=filter(b,a,x,zi);
n=1:50;
plot(n,y);
xlabel('时间序列 n');ylabel('y(n)');
```

得到的输出图像如图 6.5.2 所示。

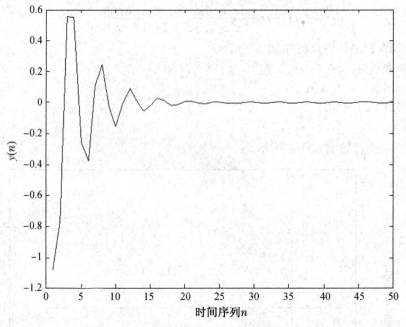

图 6.5.2 输出的响应结果图

习 题

【6.1】 求下列序列的 z 变换及其收敛域。

(1) $f(k)=3^k\varepsilon(k)-\left(\dfrac{1}{3}\right)^k\varepsilon(k)$；

(2) $f(k)=3\left(\dfrac{1}{3}\right)^k\varepsilon(k)-(4)^k\varepsilon(k+2)$；

(3) $f(k)=\delta(k-2)-6\delta(k+3)$；

(4) $f(k)=\delta(k)+\delta(k-2)-4\delta(k-3)$;

(5) $f(k)=e^{-2k}\cos(\pi k/6)\varepsilon(k)$。

【6.2】 设 $X(z)$ 是 $x(k)$ 的 z 变换，利用 z 变换的性质和定理求解下列 z 变换。

(1) $k^2 x(k)$; (2) $a^k u(k-1)$; (3) $(k-1)^2 \varepsilon(k-1)$。

【6.3】 已知系统函数如下，试作其 z 域框图。

(1) $H(z)=\dfrac{z^2}{(z+0.5)^3}$; (2) $H(z)=\dfrac{z^2+z+1}{z^2-0.2z+1}$; (3) $H(z)=\dfrac{3+3.6z^{-1}+0.6z^{-2}}{1+0.1z^{-1}-0.2z^{-2}}$。

【6.4】 用 z 变换法求解下列差分方程。

(1) $y(k+2)+3y(k+1)+2y(k)=3^k\varepsilon(k), y(0)=y(1)=0$;

(2) $y(k+2)+y(k+1)+y(k)=\varepsilon(k), y(0)=1, y(1)=1$;

(3) $y(k+2)-y(k+1)-2y(k)=\varepsilon(k), y(0)=1, y(1)=1$。

【6.5】 求下列差分方程描述的离散系统的单位函数响应和零状态响应。

(1) $y(k+2)-5y(k+1)+6y(k)=2e(k), e(k)=\varepsilon(k)$;

(2) $y(k+2)+\dfrac{1}{2}y(k+1)-\dfrac{1}{2}y(k)=e(k+1), e(k)=\left(\dfrac{1}{2}\right)^k\varepsilon(k)$。

【6.6】 已知一线性移不变离散时间系统的差分方程

$$H(z)=\dfrac{z+0.5}{z+0.25}$$

(1) 求系统函数 $H(z)$;

(2) 求单位取样响应 $h(k)$;

(3) 判断系统是否稳定。

【6.7】 一线性移不变系统由以下差分方程描述：

$$y(k)=\dfrac{5}{6}y(k-1)-\dfrac{1}{6}y(k-2)+e(k)$$

求系统对输入信号 $e(k)=\delta(k)-\dfrac{1}{3}\delta(k-1)$ 的响应。

【6.8】 求解以下情况的 $y(k)(k\geq 0)$。

(1) $y(k)-0.5y(k-1)=x(k), e(k)=\left(\dfrac{1}{2}\right)^k\varepsilon(k), y(-1)=\dfrac{1}{4}$;

(2) $y(k)-1.5y(k-1)+0.5y(k-2)=0, y(-1)=1, y(-2)=0$。

【6.9】 已知离散系统的差分方程

$$y(k+2)-5y(k+1)+6y(k)=\varepsilon(k+1)+\varepsilon(k)$$

初始条件为(1) $y_{zi}(0)=0, y_{zi}(1)=0$; (2) $y(0)=0, y(1)=0$。求系统分别在这两种初始条件下的响应。

【6.10】 用 z 变换法求解下列系统的全响应。

(1) $y(k)+3y(k-1)+2y(k-2)=\varepsilon(k), y(-1)=0, y(-2)=\dfrac{1}{2}$;

(2) $y(k+2)+2y(k+1)+y(k)=\dfrac{4}{3}(3)^k\varepsilon(k), y(-1)=0, y(0)=\dfrac{4}{3}$;

(3) $2y(k+2)+3y(k+1)+y(k)=(0.5)^k\varepsilon(k), y(0)=0, y(1)=-1$。

附录 A 符号一览

$\delta(t)$	单位冲激信号
$\delta'(t)$	单位冲激偶信号
$\delta(k)$	单位函数信号
$\varepsilon(t)$	连续单位阶跃信号
$\varepsilon(k)$	离散单位阶跃序列
$G_\tau(t)$	单位门信号
$G_N(k)$	单位矩形序列
$Sa(t)$	抽样信号
$f(t)$	连续时间信号
$f(k)$	离散时间信号
T, ω_0	连续时间信号的基本周期,基频
N, Ω_0	离散时间信号的基本周期,基频
$e(t)$	连续时间系统激励/系统输入
$r(t)$	连续时间系统响应/系统输出
$e(k)$	离散时间系统激励/系统输入
$y(k)$	离散时间系统响应/系统输出
$r_{zi}(t)$	连续时间系统零输入响应
$r_{zs}(t)$	连续时间系统零状态响应
$y_{zi}(k)$	离散时间系统零输入响应
$y_{zs}(k)$	离散时间系统零状态响应
$h(t)$	冲激响应
$r_\varepsilon(t)$	阶跃响应
$H(p)$	连续时间系统转移算子
$H(E)$	离散时间系统转移算子
$H(j\omega)$	连续时间系统的频率响应
$\lvert H(j\omega) \rvert$	连续时间系统的幅频响应(幅频特性)
$H(s)$	连续时间系统的系统函数

$F(j\omega)$	$f(t)$的傅里叶变换
$F(s)$	$f(t)$的拉普拉斯变换
$h(k)$	单位函数响应
$H(z)$	离散时间系统系统函数
$F(z)$	$f(k)$的z变换

附录 B　主要术语中英文对照

B

变换域分析法 transform domain method
波特图 Bode plot(Bode diagram)
不连续频谱 non-continuous spectrum
部分分式展开法 partial-fraction expansion method
闭环 close loop

C

冲激偶 doublet
冲激响应(格林函数) impulse response(Green's function)
出支路 outgoing branch
初始状态(初始条件) initial state(initial condition)
传输值 transmittance

D

单边拉普拉斯变换 unilateral(single-sided)Laplace transform
单边指数信号 single-side exponential signal
单环 single loop
单位冲击函数(狄拉克函数) unit impulse function (Dirac delta function, delta function)
单位阶跃函数 unit step function
等起伏型滤波器(切比雪夫滤波器) equal ripple type filter (Chebyshev filter)
狄利克雷条件 Dirichlet conditions
断点 break point
对数增益 logarithmic gain
多环 multiple loop

F

反馈路径 feedback path
反馈系统 feedback system
非时变系统(时不变系统,定常系统) time-invariant system(fixed system)
非线性系统 nonlinear system
非周期信号 non-periodic signal
非周期信号的频谱 frequency spectrum of non-periodic signal
非因果系统 non-causal system

分贝 deci-Bel(dB)
幅度失真 amplitude distortion
复频谱 complex frequency spectrum
傅里叶变换 Fourier transform
傅里叶变换表 table of Fourier transform
傅里叶变换的性质 properties of Fourier transform
傅里叶变换分析法 Fourier transform analysis method
傅里叶级数 Fourier series
傅里叶积分 Fourier integral

G

根轨迹 root locus
功率信号 power signal
广义傅里叶变换 generalized Fourier transform
广义函数(分配函数) generalized function(distribution function)
轨迹 locus

H

环(闭环) loop(closed loop)
汇结点 sink node
混合系统 hybrids ystem

J

基波分量 fundamental component
基波频率 fundamental frequency
激励 excitation
极点 pole
极零图(极、零点分布图) pole-zero diagram, pole-zero plot
加法器 summer
检验函数 testing function
建立时间 rise time
阶跃响应 step response
阶跃函数 step function
结点 node
解析信号 analyticsignal
卷积 convolution
卷积表 table of convolution
卷积的性质 properties of convolution
卷积定理 convolution theorem
卷积积分 convolution integrable
绝对可积 absolutely integrable

L

拉普拉斯变换 Laplace transform
拉普拉斯变换表 table of Laplace transform
拉普拉斯变换的性质 properties of Laplace transform
拉普拉斯变换分析法 Laplace transform analysis method
拉普拉斯反变换 inverse Laplace transform
离散频谱(不连续频谱) discrete frequency spectrum
离散时间系统 discrete-time system
离散信号(离散时间信号) discrete signal(discrete-time signal)
理想低通滤波器 ideal low-pass filter
连续频谱 continuous frequency spectrum
连续时间系统 continuous-time system
连续时间线性系统的模拟 simulation of continuous-time linear system
连续信号(连续时间信号) continuous signal(continuous-time signal)
零点 zero
零输入响应 zero-input response
零状态响应 zero-state response
路径 path
路径因子 path factor
罗斯-霍维茨判据 Routh-Hurwitz criterion
罗斯-霍维茨阵列 Routh-Hurwitz array
罗斯-霍维茨数列 Routh-Hurwitz series
临界稳定 marginally stable

M

梅森公式 Mason's formula
门函数 gate function
模型 model

N

奈奎斯特判据 Nyquist criterion
奈奎斯特图 Nyquist plot
能量频谱 energy frequency spectrum
能量信号 energy signal

O

偶函数 even function
偶谐函数 even harmonic function

P

帕塞瓦尔定理 Parseval's theorem

频带 frequency band
频带宽度 frequency band width
频率特性曲线 frequency characteristic curve
频谱 frequency spectrum, spectrum
频谱密度 frequency spectrum density
频谱密度函数 frequency spectrum density function
频域分析法 frequency-domain analysis method

Q

齐次性 homogeneity
奇函数 odd function
奇谐函数 odd harmonic function
奇异函数 singularity function
前向路径 forward path
取样函数 sampling function
取样性质 sampling property
全通函数 all-pass function
确定信号 determinate signal
群时延 group delay

R

入支路 incoming branch
瑞利定理 Rayleigh's theorem

S

三角傅里叶级数 trigonometric Fourier series
失真 distortion
时变系统 time-varying system
时间常数 time constant
时域分析法 time-domain analysis method
实有理函数 real rational function
收敛边界,收敛轴 boundary of convergence, axis of convergence
收敛区 region of convergence(ROC)
收敛坐标 abscissa of convergence
受迫响应 forced response
输入-输出方程 input-output equation
输入函数 input function
衰减函数 damping constant
双边拉普拉斯变换 bilateral(two-sided)Laplace transform
双边指数信号 two-sided exponential signal
瞬态响应分量 transient response components
随机信号 random signal

T

特征方程 characteristic equation(eigenfunction)
特征根 characteristic root(eigenvalue)

W

完备 complete
完备的正交函数集 complete set of orthogonal functions
完备的正交矢量集 complete set of orthogonal vectors
网络函数 network function
围线积分法 contour integral method
稳定性 stability
稳态响应 steady-state response
稳态响应分量 steady-state response components

X

希尔伯特变换 Hilbert transformer
希尔伯特反变换 inverse Hilbert transformer
系统 system
系统函数 system function
线性失真 linear distortion
线性系统 linear system
相位频谱 phase frequency spectrum
相位失真 phase distortion
响应 response
斜变函数 ramp function
谐波分量 harmonic component
谐波频率 harmonic frequency
信道 channel
信号 signal
信号空间 signal space
信号流图 signal flow graph

Y

因果系统 causality system
有始函数 causal function
有始信号 causal signal
原函数 original function
源结点 source node

Z

z 变换 z-transform

振幅频谱 amplitude frequency spectrum
正交 orthogonal
正交函数集 set of orthogonal functions
正交矢量集 set of orthogonal vectors
正交矢量空间 orthogonal vector space
正交信号空间 orthogonal signal space
正弦积分 sine integral
支路 branch
支路传输值 branch transmittance
直流分量 direct component
指数傅里叶级数 exponential Fourier series
指数阶函数 function of exponential order
周期信号 periodic signal
周期信号的频谱 frequency spectrum of periodic signal
转移函数 transfer function
转移函数的并联模拟 parallel simulation of transfer function
转移函数的直接模拟 direct simulation of transfer function
转移算子 transfer operator
状态方程(状态变量方程,状态微分方程) state equation(state variable equation, differential equation)
自环 self-loop
自然频率 natural frequency
自然响应 natural response
自相关函数 autocorrelation function

参考文献

[1] 管致中.信号与线性系统[M].5版.北京:高等教育出版社,2011.
[2] 邢丽冬,潘双来.信号与线性系统[M].2版.北京:清华大学出版社,2012.
[3] 郑君里,应启珩,杨为礼.信号与线性[M].2版.北京:高等教育出版社,2000.
[4] 熊庆旭,刘锋,常青.信号与系统[M].北京:高等教育出版社,2011.
[5] 黄文梅,熊桂林,杨勇.信号分析与处理——MATLAB语言及应用[M].长沙:国防科技大学出版社,2000.
[6] 楼顺天,李博菡.基于MATLAB的系统分析与设计——信号处理[M].西安:电子科技大学出版社,2000.
[7] 季秀霞,张小琴,卞晓晓.数字信号处理[M].北京:国防工业出版社,2013.
[8] 吴镇扬.数字信号处理[M].2版.北京:高等教育出版社,2010.
[9] Yang W. Y., et al. Signals and Systems with MATLAB [M]. Berlin:Springer-Verlag Berlin Heidel-berg, 2009.
[10] Girod B. Signals and Systems [M]. New York:John Wiley & Sons ,2001.